全国中等职业学校电工类专业通用

全国技工院校电工类专业通用（中级技能层级）

电子技术基础课教学设计方案

——与《电子技术基础（第六版）》配套

郭 赟 主编

中国劳动社会保障出版社

简介

本书是全国中等职业学校电工类专业通用教材/全国技工院校电工类专业通用教材（中级技能层级）《电子技术基础（第六版）》的配套用书，供教师在教学中使用。本书按照教材章节顺序编写，书中每节均提供“教案首页”和“教学过程与教学内容”两部分内容，“教案首页”明确本节的教学思路、教学目标、教学重点、教学难点、教学资源、教学方法等，“教学过程与教学内容”分为课前、课中、课后三部分。全书的内容安排体现教材的编写意图，力求为教师授课提供多方面的帮助。

本书由郭赟任主编，郑宏任副主编，苗小利、王帅军、张坤平、任甜甜、任晓鸽、李素敏参加编写；李莲英任主审。

图书在版编目（CIP）数据

电子技术基础课教学设计方案：与《电子技术基础（第六版）》配套/郭赟主编. -- 北京：中国劳动社会保障出版社，2023

全国中等职业学校电工类专业通用　全国技工院校电工类专业通用. 中级技能层级

ISBN 978-7-5167-5601-0

Ⅰ. ①电…　Ⅱ. ①郭…　Ⅲ. ①电子技术-教学设计-中等专业学校　Ⅳ. ①TN

中国国家版本馆CIP数据核字（2023）第027577号

中国劳动社会保障出版社出版发行

（北京市惠新东街1号　邮政编码：100029）

*

北京市科星印刷有限责任公司印刷装订　　新华书店经销

787毫米×1092毫米　16开本　23.5印张　445千字

2023年3月第1版　　2023年3月第1次印刷

定价：47.00元

营销中心电话：400-606-6496

出版社网址：http://www.class.com.cn

http://jg.class.com.cn

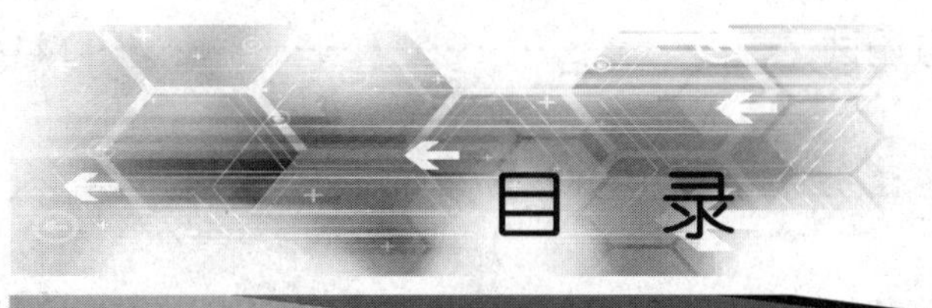

目 录

第四章　正弦波振荡电路

第五章　直流稳压电源

第六章　门电路及组合逻辑电路

第七章　触发器及时序逻辑电路

第八章　晶闸管及其应用电路

电子技术基础课授课进度计划表

序号	周次	授课日期	课时	章节名称	合计课时
				第一章　半导体二极管	
1			2	§1–1　半导体的基本知识	7
2			2	§1–2　半导体二极管	
3			1	技能训练1　认识电子实训室	
4			2	技能训练2　发光二极管电平指示电路的安装与调试	
				第二章　半导体三极管及放大电路	
5			6	§2–1　半导体三极管	33
6			2	技能训练3　半导体三极管的识别与检测	
7			6	§2–2　共射极基本放大电路	
8			2	§2–3　分压式射极偏置电路	
9			2	技能训练4　单管放大电路的安装与调试	
10			1	§2–4　多级放大电路	
11			6	§2–5　反馈放大电路	
12			2	技能训练5　多级负反馈放大电路的安装与调试	
13			4	§2–6　功率放大电路	
14			2	技能训练6　分立元件功率放大电路的安装与调试	
				第三章　集成运算放大器及其应用	
15			2	§3–1　差动放大电路	11
16			1	§3–2　集成运算放大器概述	
17			2	§3–3　集成运算放大器的基本电路	
18			2	§3–4　集成运算放大器的应用电路	
19			2	§3–5　集成运算放大器的使用常识	
20			2	技能训练7　呼吸灯电路的安装与调试	

序号	周次	授课日期	课时	章节名称	合计课时
				第四章　正弦波振荡电路	
21			1	§4–1　正弦波振荡电路的基本概念	8
22			2	§4–2　LC 正弦波振荡电路	
23			2	§4–3　RC 正弦波振荡电路	
24			2	技能训练 8　RC 正弦波振荡电路的安装与调试	
25			1	§4–4　石英晶体振荡电路	
				第五章　直流稳压电源	
26			4	§5–1　整流电路	14
27			2	§5–2　滤波电路	
28			3	§5–3　稳压电路	
29			2	技能训练 9　三极管串联稳压电路的安装与调试	
30			2	§5–4　集成稳压器	
31			1	§5–5　开关稳压电源	
				第六章　门电路及组合逻辑电路	
32			2	§6–1　分立元件门电路	18
33			4	§6–2　集成门电路	
34			4	§6–3　逻辑代数基础	
35			2	技能训练 10　三人表决器电路的安装与调试	
36			4	§6–4　组合逻辑电路	
37			2	技能训练 11　八路抢答器电路的安装与调试	
				第七章　触发器及时序逻辑电路	
38			4	§7–1　触发器	16
39			4	§7–2　常用的时序逻辑电路	
40			4	§7–3　555 定时器及其应用电路	
41			2	技能训练 12　叮咚门铃电路的安装与调试	
42			2	§7–4　数 / 模与模 / 数转换器	

序号	周次	授课日期	课时	章节名称	合计课时
第八章　晶闸管及其应用电路					
43			4	§8–1　晶闸管	19
44			6	§8–2　晶闸管整流电路	
45			2	§8–3　晶闸管的选择和保护	
46			2	§8–4　晶闸管的触发电路	
47			2	技能训练 13　调光灯电路的安装与调试	
48			3	§8–5　晶闸管的其他应用电路	
合计 126 课时（理论 101 课时，技能训练 25 课时）					

第一章
半导体二极管

本章主要介绍与半导体器件有关的基本知识及半导体二极管的结构、伏安特性和主要参数。本章主要内容及其相互关系如下图所示。

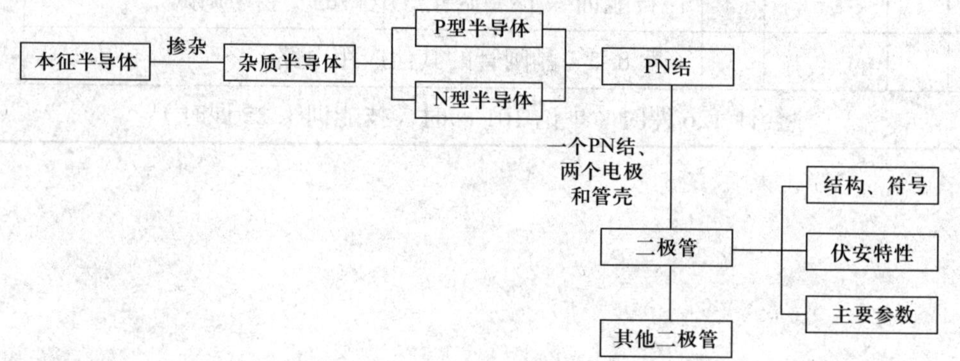

§1-1 半导体的基本知识

<table>
<tr><th colspan="4">教 案 首 页</th></tr>
<tr><td>序号</td><td>1</td><td>授课地点</td><td></td></tr>
<tr><td>授课专业</td><td></td><td>授课班级</td><td></td></tr>
<tr><td>授课日期</td><td></td><td>授课时数</td><td>2</td></tr>
<tr><th colspan="4">教 学 思 路</th></tr>
<tr><td colspan="4">教师可通过列举现实生活中电子技术应用的实例，介绍电子技术的发展情况，说明电子器件、电子电路的发展及应用概况，激发学生的学习兴趣，调动学生的学习积极性。教师要引导学生了解本门课的教材内容是电子技术中最基础的知识、本门课是电工类专业的一门专业基础课程，并强调本门课是学习后续课程的基础。教师还应介绍本门课的特点、学习方法、教学要求，以上内容虽然在教材中并未体现，但本节课是本门课的开篇，教师不能忽视这些必备内容，它们对后续的教学至关重要。
本节课主要介绍半导体的导电特性、半导体的分类及半导体的 PN 结，并重点介绍 PN 结的单向导电性。本节课的目的是让学生了解半导体的基本知识，掌握 PN 结的单向导电性，打好学习电子技术的基础。</td></tr>
<tr><th colspan="4">教 学 目 标</th></tr>
<tr><td>知识目标</td><td colspan="3">1. 了解半导体的导电特性。
2. 理解 PN 结正偏、反偏的含义。
3. 掌握 PN 结的单向导电性。</td></tr>
<tr><td>技能目标</td><td colspan="3">1. 能根据 PN 结两端电位高低，判断 PN 结的偏置类型（正偏或反偏）和工作状态（导通或截止）。
2. 通过小组任务，增强合作意识，提高社交能力。
3. 提高分析、概括、分类等逻辑思维能力。</td></tr>
<tr><td>情感目标</td><td colspan="3">1. 通过参与课堂活动，培养学习兴趣。
2. 通过体验积分奖励等环节，建立和增强学习的自信心。
3. 培养乐于探究的精神。</td></tr>
</table>

<table>
<tr><td colspan="2">教学重、难点</td></tr>
<tr><td>教学重点</td><td>1. 半导体的导电特性。
2. PN 结的单向导电性。</td></tr>
<tr><td>教学难点</td><td>1. PN 结的偏置类型。
2. PN 结的单向导电性。</td></tr>
<tr><td colspan="2">教 学 资 源</td></tr>
<tr><td>教学环境</td><td>多媒体教室。</td></tr>
<tr><td>教学设备</td><td>互联网学习平台、移动终端（手机）、演示示教板、黑板。</td></tr>
<tr><td>教学材料</td><td>视频资源、教学课件、电子元器件、电子电路板、彩色粉笔。</td></tr>
<tr><td colspan="2">教 学 方 法</td></tr>
<tr><td colspan="2">讲授法、演示法、讨论法、实验法。</td></tr>
<tr><td colspan="2">审 批 意 见</td></tr>
<tr><td colspan="2">签字：
年　　月　　日</td></tr>
</table>

<table>
<tr><th colspan="2">教学过程与教学内容</th></tr>
<tr><th colspan="2">课　　前</th></tr>
<tr><td colspan="2">1. 通过互联网学习平台布置任务，让学生明确学习目标，了解学习任务。
2. 准备教学课件、电子教案，并将其上传至互联网学习平台。
3. 准备演示示教板、电子元器件、电子电路板等。</td></tr>
<tr><th colspan="2">课　　中</th></tr>
<tr><td>教学引入
（45 min）</td><td>准备上课：
组织学生利用互联网学习平台的点名功能签到，师生相互问好。
多媒体播放：
播放日常生活及生产应用中的电子设备及仪器的相关视频。说明电子设备及仪器的内部电路都是电子电路，而构成电子电路最基本的器件是电子元器件（主要是二极管、三极管及集成电路），本门课主要介绍一些常用的电子元器件和一些由电子元器件构成的最基础电路。
多媒体课件展示：
介绍电子技术的三个分支，它们分别是模拟电子技术、数字电子技术和电力电子技术。
介绍电子计算机的发展情况，说明电子元器件、电子电路的发展及应用概况，激发学生的学习兴趣，增强学生的学习积极性。
介绍本门课的性质、特点、学习方法、教学计划和教学要求。</td></tr>
<tr><td>讲授新课
（40 min）</td><td>一、半导体的导电特性
提出问题：
“在我们的生活中哪些物质导电？哪些物质不导电？”
提示：
从生活中比较熟悉的导体和绝缘体的实例开始讲起，提出还有一种既不同于导体又不同于绝缘体的特殊物质——半导体，并向学生说明目前制造半导体器件用得最多的是硅和锗两种材料。
讲授：
很多常用的电子元器件是由半导体材料制成的。
硅和锗是单晶体，将它们作为半导体材料制成的半导体管属于晶体管。
半导体的导电特性有热敏特性、光敏特性、掺杂特性。
利用半导体的掺杂特性，可制成 P 型和 N 型两种杂质半导体。</td></tr>
</table>

<table>
<tr>
<td>讲授新课
（40 min）</td>
<td>

二、PN 结及其单向导电性

1. PN 结

多媒体动画演示：

通过动画，演示 PN 结的形成。

2. PN 结的单向导电性

实验演示：

用演示示教板进行 PN 结单向导电性的演示，指明二极管实质上由一个 PN 结、两个电极和管壳组成。

互动游戏：

引导学生以从不同方向推教室门为例来理解和掌握 PN 结的单向导电性。

讲授：

（1）PN 结的偏置

正向偏置（简称“正偏”）——P 区接电源正极，N 区接电源负极。

反向偏置（简称“反偏”）——P 区接电源负极，N 区接电源正极。

（2）PN 结的工作状态

正向导通、反向截止。

（3）PN 结的单向导电性

PN 结加正向电压导通，加反向电压截止，这是 PN 结的重要特性，简称单向导电性。

课堂练习 1：

判断下图所示 PN 结的偏置类型。

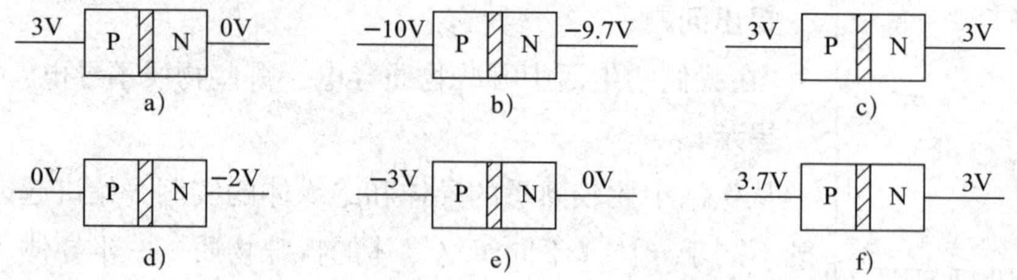

课堂练习 2：

判断下图所示电路中的 PN 结的工作状态。

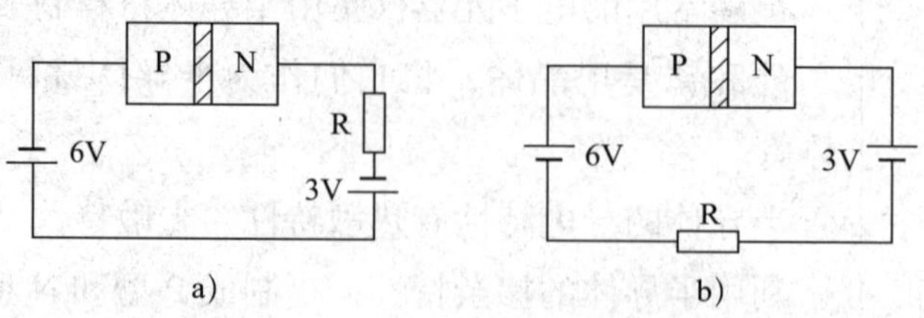

</td>
</tr>
</table>

归纳总结 （4 min）	1. 常用的半导体制造材料：硅、锗。 2. 半导体的导电特性：（1）热敏特性。 （2）光敏特性。 （3）掺杂特性。 3. PN 结的单向导电性：PN 结加正向电压导通，加反向电压截止。
布置作业 （1 min）	1. 作业：习题册 §1–1。 2. 拓展任务：查阅资料，说一说半导体的光敏特性和热敏特性在实际生活中有哪些应用。
课　　后	
学业评价	学业评价包括过程性评价和期末考试评价。过程性评价主要包括课前测试、课前讨论、资源学习、课堂签到、课堂活动、课堂考核、课后测试、课后拓展等要素。 课前测试、课后测试、课堂签到、课堂活动参与情况等由互联网学习平台自动记录并打分，课堂考核由学生和教师共同评价，课后拓展主要由教师评价。学业评价贯穿整个学习过程，多方面考核学生的学习效果，有助于全面培养学生的综合职业能力。
教学反思	一、教学效果及创新 二、回顾与改进

§1-2 半导体二极管

<table>
<tr><td colspan="4">教 案 首 页</td></tr>
<tr><td>序号</td><td>2</td><td>授课地点</td><td></td></tr>
<tr><td>授课专业</td><td></td><td>授课班级</td><td></td></tr>
<tr><td>授课日期</td><td></td><td>授课时数</td><td>2</td></tr>
<tr><td colspan="4">教 学 思 路</td></tr>
<tr><td colspan="4">本节课主要介绍二极管的结构、符号、分类，重点介绍二极管的伏安特性及二极管的主要参数，拓展介绍二极管的型号命名方法。本节课内容是本章的核心内容，教师应在此基础上简要介绍发光二极管、光电二极管和变容二极管的图形符号、作用、工作电压、特性及应用等内容。
本节课的特点是基本概念多、知识新且抽象，特别是二极管的伏安特性等概念会让学生觉得不易理解，因此，教师在教学过程中，应根据学生的具体情况，灵活运用多种教学手段，如多媒体课件展示、实物展示、实验演示、互动游戏等，使学生牢固掌握知识及概念，为将来学习有关其他电子技术电子元器件的内容打下牢固的基础。
电子技术基础课的学习方法与电工其他课程的学习方法不同，学习电子技术基础课需要学生有较好的电工基础和数学功底，而这恰恰是技工院校学生的软肋，这就给实际教学带来了困难。因此，教师在教学时应按照从具体到抽象、再由抽象到具体的认知规律组织教学，同时注意加强复习、精讲多练、突出重点，以免使学生丧失学习的信心。</td></tr>
<tr><td colspan="4">教 学 目 标</td></tr>
<tr><td>知识目标</td><td colspan="3">1. 了解二极管的结构及分类。
2. 熟悉二极管的符号、特性和主要参数。
3. 了解发光二极管、光电二极管和变容二极管的作用及特性。</td></tr>
<tr><td>技能目标</td><td colspan="3">1. 根据电路中二极管两引脚电位的高低，能判断二极管的偏置类型及工作状态。
2. 会画二极管的图形符号，能识别二极管的引脚极性。
3. 会画二极管的伏安特性曲线。
4. 会计算二极管电路的输出电压及输出电流。
5. 会查阅二极管的主要参数。</td></tr>
</table>

<table>
<tr><td>技能目标</td><td>6. 通过小组任务，增强合作意识，提高社交能力。
7. 提高分析、概括、分类等逻辑思维能力。</td></tr>
<tr><td>情感目标</td><td>1. 通过参与课堂活动，培养学习兴趣。
2. 通过体验积分奖励等环节，建立和增强学习的自信心。
3. 培养乐于探究的精神。</td></tr>
<tr><td colspan="2">教学重、难点</td></tr>
<tr><td>教学重点</td><td>1. 二极管的结构、符号。
2. 二极管的伏安特性曲线各象限表示的二极管特性。
3. 二极管的主要参数。
4. 二极管工作状态的判断。
5. 发光二极管、光电二极管和变容二极管的工作电压及特性。</td></tr>
<tr><td>教学难点</td><td>1. 二极管的伏安特性曲线。
2. 二极管电路的相关计算。</td></tr>
<tr><td colspan="2">教 学 资 源</td></tr>
<tr><td>教学环境</td><td>多媒体教室。</td></tr>
<tr><td>教学设备</td><td>互联网学习平台、移动终端（手机）、演示示教板、黑板。</td></tr>
<tr><td>教学材料</td><td>视频资源、教学课件、各种外形的二极管（包括整流、稳压、发光、光电二极管等）若干只、电子电路板、彩色粉笔。</td></tr>
<tr><td colspan="2">教 学 方 法</td></tr>
<tr><td colspan="2">讲授法、演示法、讨论法、探究法、自主学习法。</td></tr>
<tr><td colspan="2">审 批 意 见</td></tr>
<tr><td colspan="2">签字：
年　月　日</td></tr>
</table>

<table>
<tr><th colspan="2">教学过程与教学内容</th></tr>
<tr><td colspan="2">课　　前</td></tr>
<tr><td colspan="2">1. 通过互联网学习平台布置任务，让学生明确学习目标，了解学习任务。
2. 准备教学课件、电子教案，并将其上传至互联网学习平台。
3. 准备演示示教板、各种外形的二极管若干只、电子电路板等。</td></tr>
<tr><td colspan="2">课　　中</td></tr>
<tr><td>教学引入
（5 min）</td><td>准备上课：
组织学生利用互联网学习平台的点名功能签到，师生相互问好。
多媒体播放：
播放日常生活中应用二极管的场景或物体（如霓虹灯、手机、电脑等）的相关视频，指出在常见的电源指示灯、霓虹灯等中都有二极管，让学生直观地感知到电子技术离生活很近，激发学生学习电子技术的好奇心。</td></tr>
<tr><td>讲授新课
（80 min）</td><td>一、二极管的结构、符号和分类
1. 结构和符号
多媒体课件展示：
展示二极管的结构和图形符号。
讲授：
（1）二极管的图形符号与二极管实物的内部结构及其引出电极的对应关系。
（2）二极管的图形符号可形象地表示二极管具有单向导电性。
（3）当电流由二极管正极流向负极时二极管导通，电流反向时则不通。
2. 分类
实物展示：
展示不同种类的二极管实物或不同电路板上的二极管，让学生认识不同材料、不同用途、不同外壳封装材料的二极管。
3. 半导体二极管的型号命名方法
多媒体课件展示：
介绍二极管的型号命名方法及识记方法，并举例说明。</td></tr>
</table>

<table>
<tr><td>讲授新课
（80 min）</td><td>
小组任务：
“请说明 2CW、2AP、2DZ、2AK 分别是什么二极管。”
二、二极管的伏安特性
实验演示：
用演示示教板演示改变二极管两端电压和通过二极管的电流的实验，可让学生动手参与其中。
多媒体课件展示：
展示二极管的伏安特性曲线。
小组任务：
“观察二极管的伏安特性曲线在不同象限的形状特点。”
“观察二极管的伏安特性曲线坐标系各坐标轴上的标识的特点。”
“硅管和锗管的伏安特性曲线有哪些异同点？死区电压和导通管压降有什么不同？”
讲授：
不同材料二极管的伏安特性曲线形状相似。
二极管是非线性元器件。
硅管的导通管压降为 0.7 V，锗管的导通管压降为 0.3 V。
二极管加正向电压至死区电压时，二极管处于微导通状态。硅管的死区电压为 0.5 V，硅管在管压降为 0.5 ～ 0.7 V 时处于微导通状态；锗管的死区电压为 0.1 V，锗管在管压降为 0.1 ～ 0.3 V 时处于微导通状态。
互动游戏：
引导学生以教室门的开关为例来理解二极管的伏安特性和单向导电性。
归纳总结：
1. 二极管所加电压为正向电压且大于死区电压时，二极管才能导通，导通后，二极管的导通电流随正向电压的增大而增大。
2. 二极管所加电压为反向电压且小于反向击穿电压时，二极管截止，但若反向电压超过反向击穿电压，二极管会因反向击穿、电流过大而损坏。
课堂练习 1：
判断下图所示各二极管的偏置类型，并判断各二极管的工作状态。
</td></tr>
</table>

讲授新课（80 min）

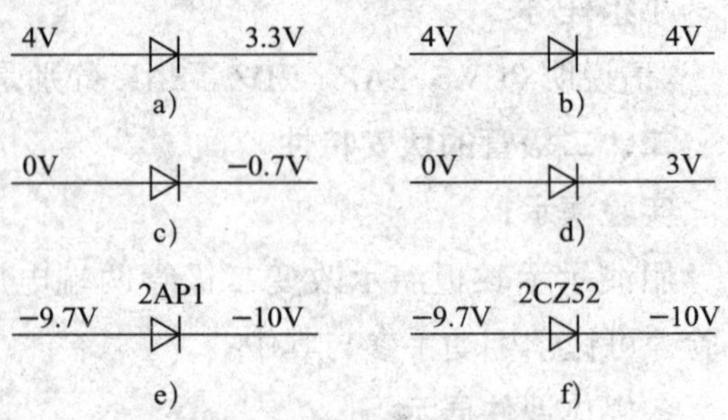

课堂练习 2：

如下图所示，设图中各二极管都是理想二极管，即正向导通时其正向压降为零，反向截止时其反向电流为零，$R = 1\ \Omega$。试根据 A、B 两输入端不同的电压情况，判断各二极管的工作状态，并求 U_F 和流过 R 的电流的值。

（1）$U_A=U_B=0$ V （2）$U_A=0$ V，$U_B=3$ V （3）$U_A=3$ V，$U_B=0$ V （4）$U_A=U_B=3$ V

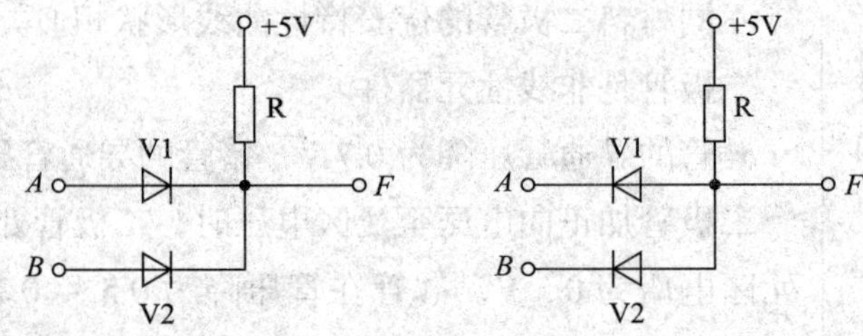

三、二极管的主要参数

提示：

二极管的主要参数是选择和使用二极管的主要依据。在教学时，不能单纯地只讲解参数，还要结合二极管的伏安特性曲线。

讲授：

为了保证二极管安全、可靠地工作，流过二极管的电流不能超过其最大整流电流；加在二极管两端的反向电压不能超过其最高反向工作电压。

二极管反向电流的大小反映了二极管单向导电性能的优劣，在选择时，应选反向电流数值小的二极管。

提示：

指导学生根据二极管型号查阅晶体管手册，查出其主要参数。

讲授新课 （80 min）	**课堂练习 3：** 查阅二极管 2CW、2AP、2DZ、2AK 的主要参数。 **四、其他二极管** **多媒体课件展示：** 展示生活及生产中常用的发光二极管、光电二极管和变容二极管，让学生对特殊用途二极管有一个直观的认识。 **实物展示：** 展示不同类型的特殊用途二极管，让学生观察它们的区别，增强学生对二极管的直观认识。重点介绍不同类型的特殊用途二极管的图形符号、作用、工作电压及特性等。 **讲授：** 工作时，发光二极管加正向电压，光电二极管和变容二极管加反向电压。
归纳总结 （4 min）	1. 二极管的结构、符号。 2. 二极管伏安特性曲线的特点。 3. 硅和锗二极管的导通管压降。 4. 二极管的主要参数。
布置作业 （1 min）	1. 作业：习题册 §1–2。 2. 拓展任务：查阅资料，说一说二极管在实际生活中还有哪些应用。
课　　后	
学业评价	学业评价包括过程性评价和期末考试评价。过程性评价主要包括课前测试、课前讨论、资源学习、课堂签到、课堂活动、课堂考核、课后测试、课后拓展等要素。 课前测试、课后测试、课堂签到、课堂活动参与情况等由互联网学习平台自动记录并打分，课堂考核由学生和教师共同评价，课后拓展主要由教师评价。学业评价贯穿整个学习过程，多方面考核学生的学习效果，有助于全面培养学生的综合职业能力。

教学反思	一、教学效果及创新 二、回顾与改进

技能训练 1　认识电子实训室

<table>
<tr><th colspan="4">教 案 首 页</th></tr>
<tr><td>序号</td><td>3</td><td>授课地点</td><td></td></tr>
<tr><td>授课专业</td><td></td><td>授课班级</td><td></td></tr>
<tr><td>授课日期</td><td></td><td>授课时数</td><td>1</td></tr>
<tr><td colspan="4">教 学 思 路</td></tr>
<tr><td colspan="4">电子实训室（以下简称“实训室”）是为电子技术、电工电子技术实践课提供实训教学的场所，它承担着电子技术、电工电子技术实训和实习的教学任务。根据教学内容和不同专业的要求，在实训室可进行电子元器件的检测教学，还可通过电子实训台（以下简称“实训台”）进行电子产品的装配、制作和调试教学，以及电子线路故障的查找与排除教学。学生经过电子技术实训教学，能掌握基本的电子电路安装调试技术，提高实际动手能力，将理论与实践相结合，为以后参加相关的技术工作打好基础。实训室不仅能满足电子技术、电工电子技术等课程的实训教学需要，还可为企业员工培训、教学科研、技能考核及技能竞赛提供场所。
本实训的主要目的是使学生熟悉实训室的工作环境，了解实训室的安全操作规程，认识常用电子装配工具，熟悉实训室内常用的仪器和设备，掌握常用仪表和仪器的使用方法，为后期进行电子技术实训打好基础。</td></tr>
<tr><td colspan="4">教 学 目 标</td></tr>
<tr><td>知识目标</td><td colspan="3">1. 熟悉实训室的工作环境，了解实训室的安全操作规程。
2. 认识电子装配工具，掌握万用表、毫伏表和示波器的使用方法，了解其使用注意事项。
3. 掌握实训台面板上的直流稳压电源、低压交流电源、函数信号发生器及数字频率计的使用方法。</td></tr>
<tr><td>技能目标</td><td colspan="3">1. 会使用万用表、毫伏表和示波器。
2. 会使用实训台的直流稳压电源、低压交流电源、函数信号发生器及数字频率计。</td></tr>
</table>

<table>
<tr><td>情感目标</td><td>1. 通过积极主动地参与训练，培养学习专业技能的兴趣。
2. 培养合作意识和团队精神。
3. 能自觉遵守安全操作规程，通过6S现场管理培养良好的工作习惯和劳动光荣的职业素养。</td></tr>
<tr><td colspan="2">教学重、难点</td></tr>
<tr><td>教学重点</td><td>1. 常用电子装配工具的使用方法。
2. 实训台面板各组成部分的使用方法。
3. 常用万用表、示波器的使用方法及使用注意事项。</td></tr>
<tr><td>教学难点</td><td>万用表和示波器的使用方法。</td></tr>
<tr><td colspan="2">教 学 资 源</td></tr>
<tr><td>教学环境</td><td>电子实训室、开放式的校园网。</td></tr>
<tr><td>教学设备</td><td>一体机、互联网学习平台、移动终端（手机）。</td></tr>
<tr><td>教学材料</td><td>微课、教学课件、数字式和指针式万用表、示波器、毫伏表、常用电子装配工具、工作页等。</td></tr>
<tr><td colspan="2">审 批 意 见</td></tr>
<tr><td colspan="2">

签字：
年　　月　　日</td></tr>
</table>

<table>
<tr><th colspan="4">教学过程与教学内容</th></tr>
<tr><th colspan="4">课　前</th></tr>
<tr><th>教师活动</th><th>学生活动</th><th>教学手段</th><th>教学方法</th></tr>
<tr><td>1. 通过互联网社交软件群通知学生按时登录互联网学习平台学习，并及时沟通。
2. 在互联网学习平台上传相关的教学课件和微课等学习资料，提醒学生预习。
3. 针对课程内容在互联网学习平台上发布测试题，对学生的学习结果进行检测。
4. 根据互联网学习平台统计的学生测试成绩将学生分组，实现学生间的优势互补，确定各小组名称。
5. 设计并打印工作页。工作页内容包括任务描述、工作要求和测量记录表等。</td><td>1. 通过互联网社交软件群与教师及时沟通。
2. 自主查阅教师上传的学习资料并预习。
3. 自主查阅教师在互联网学习平台上发布的测试题，完成测试。
4. 小组讨论，合理安排分工。
5. 准备好教材、笔记本、笔等学习用品。</td><td>互联网社交软件、手机、互联网学习平台、微课、工作页</td><td>自主学习法</td></tr>
<tr><th colspan="4">课　中</th></tr>
<tr><th>教师活动</th><th>学生活动</th><th>教学手段</th><th>教学方法</th></tr>
<tr><td>一、组织教学（2 min）
1. 按照课前分组安排学生就座。
2. 组织学生利用互联网学习平台的点名功能签到。
3. 师生相互问好。
4. 组织学生整理着装，并按照职业素养要求检查学生着装。</td><td>一、准备上课
1. 按照课前分组就座。
2. 使用手机登录互联网学习平台，在线签到。
3. 师生相互问好。
4. 整理着装。</td><td>互联网学习平台、手机</td><td></td></tr>
</table>

教师活动	学生活动	教学手段	教学方法
二、下发工作任务单及工作页（3 min） 1. 详细描述工作任务及要求，下发工作任务单。 2. 引导学生小组讨论，明确工作内容、要求和工时等。 3. 发放工作页。	**二、领取工作任务单及工作页** 1. 倾听工作任务描述，领取工作任务单。 2. 小组讨论，明确工作内容、要求和工时等，并填写工作任务单。 3. 领取工作页。	工作任务单、一体机、教学课件、工作页	情境导入法、任务驱动法
三、介绍实训室（7 min） 1. 介绍实训规章制度。 2. 介绍实训室安全操作规程和6S现场管理要求。 **强调：** 在实训中一定要遵守安全操作规程，保证人身及设备的安全。 3. 带领学生参观实训室，介绍实训室各模块及其功能，以及学生将会参与的实验和实训项目。	**三、参观实训室** 1. 倾听实训规章制度。 2. 倾听并记录安全操作规程和6S现场管理要求。 3. 认真观察、观看、倾听、记忆。	一体机、教学课件、实训室安全操作手册	参观法
四、介绍实训台（3 min） 1. 引导学生观察实训台，介绍实训台各模块的功能。 **讲授：** 实训台的六个模块分别为直流稳压电源、低压交流电源、函数信号发生器、数字频率计、电源插座和电源开关。	**四、认识实训台** 1. 认真观察实训台，聆听教师的讲解。 2. 认真阅读实训指导书，熟悉实训台，掌握实训台各模块的使用方法。	一体机、教学课件、黑板、实训指导书、手机	任务驱动法、头脑风暴法

教师活动	学生活动	教学手段	教学方法
2. 引领学生熟悉实训台各模块，要求其认真阅读实训指导书，了解实训台各模块的功能和使用方法。		一体机、教学课件、黑板、实训指导书、手机	任务驱动法、头脑风暴法
五、介绍常用电子装配工具和仪器仪表（15 min） 1. 和物料管理员（由学生扮演）一起给各小组学生发放常用电子装配工具、仪器仪表。 2. 示范常用电子装配工具的使用方法。 **讲授：** 常用电子装配工具有常用紧固工具、常用钳口工具、常用焊接工具。 3. 引导学生认识常用的仪器仪表。 **讲授：** 常用的仪器仪表有万用表、毫伏表、示波器。 4. 示范用万用表测量电流、电压和电阻的方法，讲解万用表的使用注意事项。 5. 指导学生练习使用万用表。 6. 示范毫伏表的使用方法，讲解毫伏表的使用注意事项。	**五、认识常用电子装配工具和仪器仪表** 1. 各小组物料管理员根据工作页中的清单，到物料间领取常用电子装配工具、仪器仪表。 2. 采用角色互换的方式，轮流对发放的电子装配工具及仪器仪表进行清点，填写工作页。 3. 认真倾听、观看教师讲解常用电子装配工具、万用表和毫伏表的使用方法，掌握其使用要点。 4. 练习使用常用电子装配工具、万用表和毫伏表。	手机、互联网学习平台	任务驱动法、讲授法、展示法、小组合作法、头脑风暴法

教师活动	学生活动	教学手段	教学方法
7. 指导学生练习使用毫伏表。 8. 示范示波器的使用方法，讲解示波器的使用注意事项。 9. 指导学生练习使用示波器。	5. 认真研读示波器的使用说明书，熟悉示波器各旋钮、按键的功能，练习操作示波器。	手机、互联网、学习平台	任务驱动法、讲授法、展示法、小组合作法、头脑风暴法
六、介绍实训台面板上的仪器（7 min） 1. 引导学生认真阅读教材，明确实训要求。 2. 演示实训台面板常用仪器的使用方法。 3. 根据实训要求，演示使用直流稳压电源、函数信号发生器及数字频率计的相关工作任务，指导各小组记录测量结果和数据，填写工作页。 4. 讲授操作规范和用电安全等内容。 5. 对各小组巡回指导，针对学生在实训过程中遇到的问题进行针对性指导和答疑。	**六、使用实训台面板上的仪器** 1. 认真阅读教材，明确实训要求。 2. 认真观看教师演示，掌握实训台面板上的常用仪器的使用方法。 3. 按照实训要求，完成工作任务，总结实训要点，填写工作页。 4. 注意操作规范和用电安全。 5. 若实训过程中出现问题，小组讨论或向教师请教，查找原因并解决。	一体机、工作页、互联网学习平台	演示法、任务驱动法、讲授法、讨论法
七、清理现场（3 min） 1. 组织各小组物料管理员在物料间收取并复核工具和仪器仪表。	**七、清理现场** 1. 按清单返还工具和仪器仪表。		

教师活动	学生活动	教学手段	教学方法
2. 按照6S现场管理要求督促学生清扫、整理工作现场。	2. 按照6S现场管理要求清扫、整理工作现场。		
八、实训测评（5 min） 1. 引导学生结合实训过程中的成功经验和遇到的问题进行总结。 2. 带领学生回顾本节课的训练目标，总结各小组表现，表扬其优点、指出不足，并进行点评，提出改进意见。 3. 根据学业评价标准，在互联网学习平台上指导小组完成自评和互评，并进行教师评价。	**八、自评和互评** 1. 各小组代表上台分享本次实训过程中的心得体会。 2. 倾听教师点评。 3. 根据学业评价标准，在互联网学习平台上完成小组自评和互评。	一体机、互联网学习平台、手机	演示法、评价法、讲授法

课　　后	
学业评价	1. 采用过程性评价与终结性评价相结合的评价方式。 2. 采用小组自评、互评和教师评价相结合的多元化评价方式。 3. 学业评价贯穿整个技能训练过程，多方面考核学生的学习效果，有助于全面培养学生的综合职业能力。
教学反思	一、教学效果及创新 二、回顾与改进

技能训练2　发光二极管电平指示电路的安装与调试

<table>
<tr><td colspan="4">教 案 首 页</td></tr>
<tr><td>序号</td><td>4</td><td>授课地点</td><td></td></tr>
<tr><td>授课专业</td><td></td><td>授课班级</td><td></td></tr>
<tr><td>授课日期</td><td></td><td>授课时数</td><td>2</td></tr>
<tr><td colspan="4">教 学 思 路</td></tr>
<tr><td colspan="4">本实训选取发光二极管电平指示电路的安装与调试作为实训内容，目的是让学生学习电阻、电容和二极管的识别及检测方法，常用电子装配工具的使用方法及电子电路的装配工艺，为后续进行较复杂电子电路的安装和调试打下良好的基础。本实训有重要意义，具有一定的代表性。在实训过程中，要让学生“做中学、学中做”，提升其综合职业能力。</td></tr>
<tr><td colspan="4">教 学 目 标</td></tr>
<tr><td>知识目标</td><td colspan="3">1. 理解发光二极管电平指示电路的工作原理。
2. 掌握色环电阻的识别及检测方法。
3. 掌握二极管和电解电容器的识别与检测方法。
4. 掌握电子元器件的焊接方法。
5. 了解电子电路装配的工艺流程。</td></tr>
<tr><td>技能目标</td><td colspan="3">1. 能识别和检测电阻器、二极管及电解电容器。
2. 能正确使用电子装配工具进行元器件的焊接和电路的装配。
3. 能根据该实训电路原理图检测电路、排除故障。</td></tr>
<tr><td>情感目标</td><td colspan="3">1. 通过积极主动地参与训练，培养学习专业技能的兴趣。
2. 培养合作意识和团队精神。
3. 能自觉遵守安全操作规程，通过6S现场管理培养良好的工作习惯和劳动光荣的职业素养。</td></tr>
</table>

<table>
<tr><td colspan="2">教学重、难点</td></tr>
<tr><td>教学重点</td><td>1. 电路各元器件的识别与检测。
2. 常用电子装配工具的使用。
3. 电路的组装与焊接。</td></tr>
<tr><td>教学难点</td><td>1. 电路的工作原理与调试方法。
2. 电路的故障排除。</td></tr>
<tr><td colspan="2">教 学 资 源</td></tr>
<tr><td>教学环境</td><td>电子实训室、开放式的校园网。</td></tr>
<tr><td>教学设备</td><td>一体机、互联网学习平台、移动终端（手机）。</td></tr>
<tr><td>教学材料</td><td>微课、教学课件、发光二极管电平指示电路原型板、发光二极管电平指示电路电子套件、数字式和指针式万用表、常用电子装配工具、工作页等。</td></tr>
<tr><td colspan="2">审 批 意 见</td></tr>
<tr><td colspan="2">

签字：
年　　月　　日</td></tr>
</table>

教学过程与教学内容			
课　　前			
教师活动	学生活动	教学手段	教学方法
1. 通过互联网社交软件群通知学生按时登录互联网学习平台学习，并及时沟通。 2. 在互联网学习平台上传相关的教学课件和微课等学习资料，提醒学生预习。 3. 针对课程内容在互联网学习平台上发布测试题，对学生的学习结果进行检测。 4. 根据互联网学习平台统计的学生测试成绩将学生分组，实现学生间的优势互补，确定各小组名称。 5. 准备电路电子套件及实训相关的仪器仪表和工具。 6. 设计并打印工作页。工作页内容包括任务描述、工作要求、工作计划、元器件清单、检测记录表、安装及焊接情况记录表、线路调试记录表等。	1. 通过互联网社交软件群与教师及时沟通。 2. 自主查阅教师上传的学习资料并预习。 3. 自主查阅教师在互联网学习平台上发布的测试题，完成测试。 4. 小组讨论，合理安排分工。 5. 准备好教材、笔记本、笔等学习用品。	互联网社交软件、手机、互联网学习平台、微课、工作页	自主学习法

课　　中			
教师活动	**学生活动**	**教学手段**	**教学方法**
一、组织教学（2 min） 1. 按照课前分组安排学生就座。 2. 组织学生利用互联网学习平台的点名功能签到。 3. 师生相互问好。 4. 组织学生整理着装，并按照职业素养要求检查学生着装。	**一、准备上课** 1. 按照课前分组就座。 2. 使用手机登录互联网学习平台，在线签到。 3. 师生相互问好。 4. 整理着装。	互联网学习平台、手机	
二、下发工作任务单及工作页（3 min） 1. 创设情境，导入新课。 **多媒体课件展示：** 发光二极管（LED）主要被用于显示领域。在各种检测电路中LED被用于表示电平状态。将LED封装为条状发光器件，可以组成LED数码管，它被用于显示各种字符。LED还可以构成点阵，用于显示图像和文字等。LED显示醒目、颜色多样、反应迅速、功耗小，因而应用相当广泛。 2. 详细描述工作任务及要求，下发工作任务单。	**二、领取工作任务单及工作页** 1. 倾听工作任务描述，领取工作任务单。 2. 小组讨论，明确工作内容、要求和工时等，并填写工作任务单。 3. 领取工作页。	工作任务单、一体机、教学课件、工作页	情境导入法、任务驱动法

教师活动	学生活动	教学手段	教学方法
3. 引导学生小组讨论，明确工作内容、要求和工时等。 4. 发放工作页。		工作任务单、一体机、教学课件、工作页	情境导入法、任务驱动法
三、指导制订工作计划（10 min） 1. 向学生提出制订工作计划的要求。 2. 引导学生小组讨论，制订工作计划。 3. 引导学生上台展示本组的工作计划，记录各小组的展示情况。 4. 点评各小组的工作计划并提出改进建议。 5. 引导学生填写工作页。	**三、制订工作计划** 1. 认真倾听并记录制订工作计划的要求。 2. 进行小组讨论，制订工作计划。 3. 各小组派代表展示、讲解本组的工作计划。 4. 根据教师的点评和改进建议优化本组的工作计划。 5. 填写工作页。	工作页、手机、互联网学习平台	任务驱动法、讲授法、展示法、小组合作法、头脑风暴法
四、准备元器件（35 min） **1. 清点元器件** （1）和物料管理员（由学生扮演）一起给各小组学生发放常用电子装配工具、万用表、电子套件及物料。 （2）引导学生清点元器件，填写工作页。	**四、认识元器件** 1. 在教师的引导下，认真阅读教材内容，填写工作页中的清单。 2. 各小组组长核查清单并签字。	工作页	角色扮演法、演示法

教师活动	学生活动	教学手段	教学方法
（3）引导学生分类摆放元器件。 **2. 认识元器件** （1）碳膜电阻器：R1 ~ R5。 （2）二极管：VD1 ~ VD6。 （3）电解电容器：C。 （4）发光二极管：LED1 ~ LED5。 **3. 检测元器件参数** （1）识读电阻器的标称阻值。 （2）示范检测电阻器的实际阻值。 （3）复习二极管的结构及符号。 （4）示范用万用表检测二极管的引脚极性及完好性。 （5）复习电解电容器的结构。 （6）示范电解电容器的识别与检测方法。	3. 各小组物料管理员根据工作页中的清单，到物料间领取常用电子装配工具、万用表、电子套件及物料。 4. 采用角色互换的方式，轮流对照清单清点元器件，填写工作页。 5. 分类摆放元器件。 6. 观看教师的示范操作。 7. 轮流对电子元器件进行检测。	工作页	角色扮演法、演示法
五、介绍电路原理，展示信息资料（10 min） 1. 引导学生阅读教材相关内容及电路原理图。 2. 认识电路原理图 （1）通过教学课件展示电路原理图，引导学生讨论电路的工作原理。	**五、分析电路原理，查阅信息资料** 1. 使用手机在互联网学习平台上查阅、学习教师上传的学习资源。	一体机、教学课件、教学资源库、手机	任务驱动法、头脑风暴法

教师活动	学生活动	教学手段	教学方法
（2）引导各小组推选代表上台分析电路的工作原理。 3. 记录学生的回答要点，对学生的回答情况进行点评。 4. 归纳总结电路的特点。 **讲授：** 可根据发光二极管点亮的个数来判断指示设备输出电平的高低。发光二极管点亮的个数越多，指示设备输出电平越高，反之，则越低。	2. 开展小组讨论。 3. 各小组推选代表上台讲解电路的工作原理。 4. 观看教师展示的课件。 5. 倾听教师总结。	一体机、教学课件、教学资源库、手机	任务驱动法、头脑风暴法
六、指导安装与焊接电路（15 min） 1. 讲授安全操作规程和6S现场管理要求。 2. 讲解电子元器件安装与焊接工艺要求。 3. 示范电子元器件的安装与焊接操作。 4. 巡回指导，针对学生在电路安装与焊接过程中遇到的问题进行针对性答疑。 5. 观察学生在焊接过程中存在的共性问题，集中讲解，引导学生按照电子技术规范及焊接工艺要求完成焊接。	**六、安装与焊接电路** 1. 倾听并记录安全操作规程和6S现场管理要求。 2. 观看教师的示范操作，明确电子元器件安装技术规范与焊接工艺要求。 3. 采用角色互换的方式，轮流进行电路安装与焊接。 4. 在教师引导下及时改正不规范的焊接操作。	工作页	角色扮演法、演示法

教师活动	学生活动	教学手段	教学方法
七、指导调试电路（10 min） 1. 引导学生认真阅读电路图。 2. 引导学生使用目视检测法轮流对电路板的外观进行检查。 3. 对各小组电路板进行检查，确认无误后，在各小组工作页上签字确认。 4. 利用发光二极管电平指示电路原型板示范电路的调试及测量方法，讲授操作规范和用电安全。 5. 巡回指导，针对学生在电路调试过程中遇到的问题进行针对性指导和答疑。 6. 针对调试过程中的故障，引导学生分组讨论、尝试排查。	**七、调试电路** 1. 在教师的引导下，认真阅读电路图。 2. 使用目视检测法，轮流对电路板的外观进行检查。 3. 观看教师示范调试过程，倾听教师对操作规范和用电安全的讲解。 4. 电路板经检查合格后，在教师的指导下，采用角色互换的方式，轮流接通可调电源，先观察电路现象，确认没有异常，再根据调试步骤进行电路调试，把测量结果及数据填写在工作页中。 5. 对于调试过程中出现的故障，向教师请教或小组讨论分析来查找原因并将其排除，把处理结果填写在工作页相应表格内。	一体机、互联网学习平台	演示法、任务驱动法、讲授法、讨论法

<table>
<tr><th>教师活动</th><th>学生活动</th><th>教学手段</th><th>教学方法</th></tr>
<tr><td>八、清理现场（2 min）
1. 组织各小组物料管理员在物料间收取并复核工具、仪器仪表及物料。
2. 按照6S现场管理要求督促学生清扫、整理工作现场。</td><td>八、清理现场
1. 按清单返还工具、仪器仪表及物料。
2. 按照6S现场管理要求清扫、整理工作现场。</td><td></td><td></td></tr>
<tr><td>九、实训测评（3 min）
1. 引导学生结合实训过程中的成功经验和遇到的问题进行总结。
2. 带领学生回顾本节课的训练目标，总结各小组表现，表扬其优点、指出不足，并进行点评，提出改进意见。
3. 根据学业评价标准，在互联网学习平台上指导小组完成自评和互评，并进行教师评价。</td><td>九、自评和互评
1. 各小组代表上台分享本次实训过程中的心得体会。
2. 倾听教师点评。
3. 根据学业评价标准，在互联网学习平台上完成小组自评和互评。</td><td>一体机、互联网学习平台、手机</td><td>演示法、评价法、讲授法</td></tr>
<tr><td colspan="4" align="center">课　　后</td></tr>
<tr><td>学业评价</td><td colspan="3">1. 采用过程性评价与终结性评价相结合的评价方式。
2. 采用小组自评、互评和教师评价相结合的多元化评价方式。
3. 学业评价贯穿整个技能训练过程，多方面考核学生的学习效果，有助于全面培养学生的综合职业能力。</td></tr>
</table>

<table>
<tr><td>教学反思</td><td>一、教学效果及创新

二、回顾与改进

</td></tr>
</table>

第二章
半导体三极管及放大电路

本章主要介绍半导体三极管及以半导体三极管为核心元件的放大电路，共有六小节、四个技能训练。本章主要内容及其相互关系如下图所示。

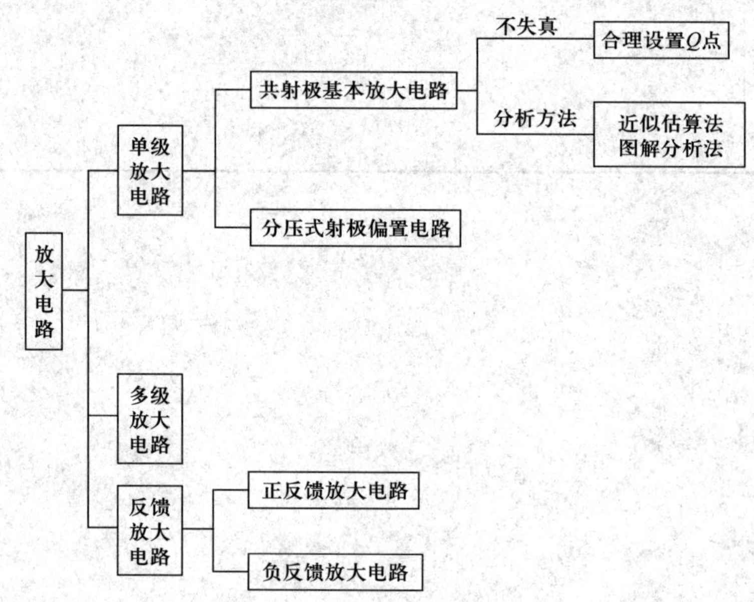

§2-1　半导体三极管

<table>
<tr><td colspan="4">教 案 首 页</td></tr>
<tr><td>序号</td><td>5</td><td>授课地点</td><td></td></tr>
<tr><td>授课专业</td><td></td><td>授课班级</td><td></td></tr>
<tr><td>授课日期</td><td></td><td>授课时数</td><td>6</td></tr>
<tr><td colspan="4">教 学 思 路</td></tr>
<tr><td colspan="4">从本章起，学生开始接触电子电路。在讲授电子电路的相关知识点时，应将重点放在“基本概念”“工作原理”和“分析方法”三个方面，这三个方面既是重点所在，也往往是难点所在，在教学过程中必须给予重视。本章涉及了一些模拟电路的基本概念，在教学中应注意学生对这些概念的理解情况，并避免学生混淆相近的概念。若学生对概念没有清晰的认识，后面内容的学习就寸步难行。因此，首先应把基本概念讲正确、讲明白、讲清晰，让学生将其真正弄清楚，不能把概念讲得模棱两可、含混不清。
本节课主要介绍一种常用的电子元器件——半导体三极管（简称三极管），并重点介绍三极管的结构、符号、分类、电流放大作用、特性曲线和主要参数。教师可通过实验演示，动画、视频演示等方式，引发学生学习的好奇心，激发其学习兴趣，使学生很好地掌握本节课的知识，为后续学习放大电路奠定良好的基础。</td></tr>
<tr><td colspan="4">教 学 目 标</td></tr>
<tr><td>知识目标</td><td colspan="3">1. 了解三极管的结构、分类、型号及主要用途。
2. 熟悉三极管的符号，掌握三极管三个电极电流之间的关系。
3. 理解三极管电流放大的实质。
4. 理解三极管的特性曲线在各工作区的特征。
5. 理解三极管的主要参数，掌握三极管的选用原则。</td></tr>
<tr><td>技能目标</td><td colspan="3">1. 会画三极管的图形符号，能识别常用三极管的型号和引脚极性。
2. 能正确识读三极管上标示的型号，了解该三极管的作用和用途。
3. 根据三极管的型号，能通过晶体管手册或网络资源查阅三极管的主要参数。</td></tr>
</table>

<table>
<tr><td>技能目标</td><td>4. 能根据三极管放大工作时各引脚的电位判断三极管的管型、材料及各引脚对应的电极。
5. 能根据电路中三极管各电极的电位确定三极管的工作状态。
6. 通过小组任务，增强合作意识，提高社交能力。
7. 提高分析、概括、分类等逻辑思维能力。</td></tr>
<tr><td>情感目标</td><td>1. 通过参与课堂活动，培养学习兴趣。
2. 通过体验积分奖励等环节，建立和增强学习的自信心。
3. 培养乐于探究的精神。</td></tr>
<tr><td colspan="2">教学重、难点</td></tr>
<tr><td>教学重点</td><td>1. 三极管的结构、符号、型号。
2. 三极管的电流放大作用、特性曲线。
3. 三极管的主要参数。</td></tr>
<tr><td>教学难点</td><td>1. 三极管电流放大的实质。
2. 三极管的特性曲线。
3. 根据三极管工作时各电极的电位判断三极管的工作状态。
4. 根据三极管放大工作时各引脚的电位判断三极管的管型、材料、各引脚对应的电极。</td></tr>
<tr><td colspan="2">教 学 资 源</td></tr>
<tr><td>教学环境</td><td>多媒体教室。</td></tr>
<tr><td>教学设备</td><td>互联网学习平台、移动终端（手机）、演示示教板、黑板。</td></tr>
<tr><td>教学材料</td><td>视频资源、教学课件、电子元器件、电子电路板、彩色粉笔。</td></tr>
<tr><td colspan="2">教 学 方 法</td></tr>
<tr><td colspan="2">讲授法、演示法、讨论法、实验法、探究法。</td></tr>
<tr><td colspan="2">审 批 意 见</td></tr>
<tr><td colspan="2">签字：
年　　月　　日</td></tr>
</table>

<table>
<tr><th colspan="2">教学过程与教学内容</th></tr>
<tr><th colspan="2">课　　前</th></tr>
<tr><td colspan="2">1. 通过互联网学习平台布置任务，让学生明确学习目标，了解学习任务。
2. 准备教学课件、电子教案，并将其上传至互联网学习平台。
3. 准备演示示教板、电子元器件、电子电路板等。</td></tr>
<tr><th colspan="2">课　　中</th></tr>
<tr><td>教学引入
（5 min）</td><td>准备上课：
组织学生利用互联网学习平台的点名功能签到，师生相互问好。
多媒体课件展示：
展示电子门铃、手机、电脑、扩音机、收音机及电视机等在生产、生活中常见的放大电路应用实例，并向学生说明由三极管构成的放大电路是其他各类放大电路的基础，放大电路的核心元件主要是三极管和场效应晶体管，从而导入本节新课，使学生对学习放大电路有一个初步认识，引发学生学习的好奇心，激发学生的学习兴趣。
实物展示：
展示实用的电子电路板实物，让学生认识其中的三极管。</td></tr>
<tr><td>讲授新课
（254 min）</td><td>一、三极管的结构、符号和类型
1. 结构和符号
复习提问：
“二极管具有什么结构特点？它有几个电极？”
多媒体动画演示：
通过动画，演示三极管的结构特点及其图形符号。
在讲解三极管的结构及其图形符号时，应将三极管的结构、图形符号和实物结合起来，对照讲解。介绍图形符号时，应重点讲授两种管型三极管画法的不同，并要求学生掌握三极管图形符号的画法。
讲授：
（1）三极管的发射极和集电极不能混用。
（2）在三极管的图形符号中箭头的方向表示在三极管发射结正向偏置时发射极电流的方向，也表明了三极管工作时电位的高低关系。
（3）三极管的结构包含三个半导体区、两个 PN 结、三个电极。</td></tr>
</table>

<table>
<tr><td>讲授新课
（254 min）</td><td>

课堂练习 1：

判断下图中三极管的类型。 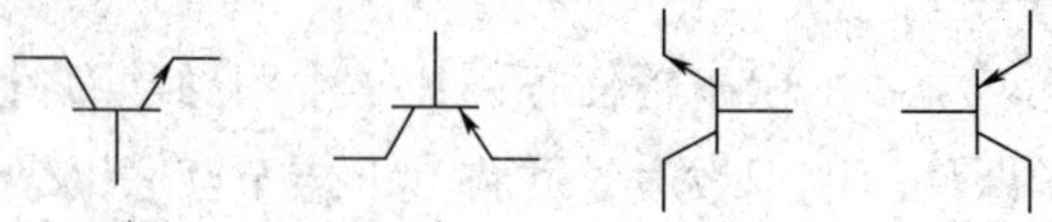

a)　b)　c)　d)

提示：

课堂练习 1 的参考答案如下。

a）NPN 型，b）PNP 型，c）NPN 型，d）PNP 型。

2. 类型

实物展示：

展示几个不同外形的三极管。

提示：

小功率三极管采用陶瓷环氧封装，中小功率三极管多采用金属外壳，其管壳越厚、功率越大。高频三极管一般有四个引脚。

3. 半导体三极管的型号命名方法

多媒体课件展示：

展示半导体三极管的型号命名方法。

提示：

根据《半导体分立器件型号命名方法》（GB/T 249—2017），要求学生掌握三极管的命名规律和识记技巧。

课堂练习 2：

指出三极管型号 3AX52B、3DX200B、3CG170A 的含义。

二、三极管的工作电压和电流放大作用

1. 三极管的工作电压

提出问题：

“二极管的单向导电性可通过给二极管两端加正向电压或反向电压来体现，若要体现三极管的电流放大作用，应如何加电压？”

提示：

三极管体现电流放大作用须满足一定的外部条件——发射结加正向电压，集电结加反向电压。

可先在黑板上画一个 NPN 型三极管，然后引导学生回答若要体现电流放大作用应如何连接外电路。再引导学生动手在纸上画出 PNP 型三极管的电路接线图。

</td></tr>
</table>

<table>
<tr>
<td>讲授新课
（254 min）</td>
<td>
归纳总结：
不同管型的三极管构成的放大电路的接线规律如下：
（1）NPN 型三极管和 PNP 型三极管的外加电压极性相反；
（2）NPN 型三极管符合 $V_C > V_B > V_E$；
（3）PNP 型三极管符合 $V_C < V_B < V_E$。
2. 三极管的电流放大作用
实验演示：
用演示示教板进行演示，让学生理解 NPN 型和 PNP 型三极管各电极流经电流的方向是不同的，三个电极的电流方向与外加电压的极性有关，电流的方向总是由高电位到低电位的。并提醒学生注意不可接错电流表接线。
提示：
（1）三个电极电流之间的关系
根据实验演示的数据结果，引导学生发现三极管三个电极之间的电流关系。
三极管三个电极的电流分配关系为 $I_E = I_B + I_C$，其符合基尔霍夫第一定律。
三极管三个电极的电流分配关系可以用自来水厂送水的总管道与各用户的分支管道类比，总管道的水量等于各分支管道中水量的总和，电流之间的关系也是如此。
（2）集电极与基极电流的关系
三极管基极电流较小的变化便可引起集电极电流较大的变化，这就是三极管的电流放大作用，集电极与基极的电流放大关系为 $I_C = \beta I_B$。
三极管集电极与基极的电流放大关系也可以用自来水厂送水的总管道与各用户的分支管道类比，当分支管道用水量增加时，水厂总管道的水量增加，电流之间的关系也是如此。
归纳总结：
（1）三极管实现电流放大作用的条件为：发射结加正向电压，集电结加反向电压。
（2）三极管电流放大的实质是：用较小的基极电流控制较大的集电极电流。
课堂练习 3：
如下图所示，已知各三极管两引脚的电流，计算剩余引脚电流的大小并判断各引脚的名称，画出各三极管的图形符号。
</td>
</tr>
</table>

<table>
<tr>
<td>讲授新课
（254 min）</td>
<td>

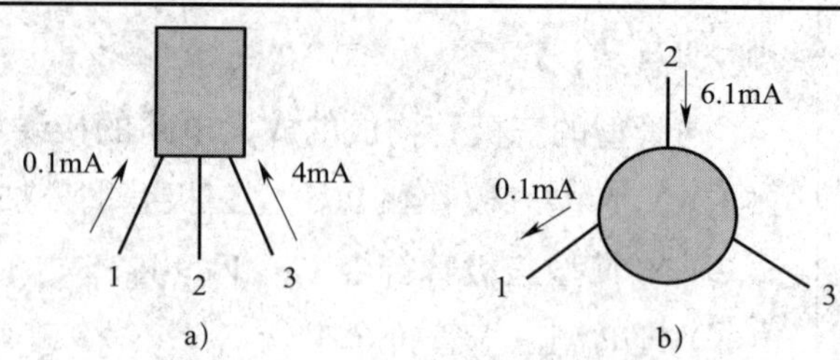

a)　　b)

提示：

课堂练习 3 的参考答案如下。

（1）$I_2 = 4.1\ \text{mA}$。引脚 1 为基极，引脚 2 为发射极，引脚 3 为集电极。

（2）$I_3 = 6\ \text{mA}$。引脚 1 为基极，引脚 2 为发射极，引脚 3 为集电极。

三、三极管的特性曲线

1. 输入特性曲线

提示：

可向学生说明通过实验获得三极管的输入特性曲线及逐点描迹的方法，并把输入特性曲线画在黑板上，引导学生根据曲线找规律。

归纳总结：

（1）三极管的输入特性曲线与二极管的正向特性曲线相似。

（2）三极管发射结电压 U_{BE} 也存在一个死区电压，即产生基极电流 I_B 的 U_{BE} 值。硅管的死区电压为 0.5 V，锗管的死区电压为 0.1 V。

（3）三极管处于正常放大状态时，基极电流 I_B 在一定范围内变化，而 U_{BE} 变化不大。这时，硅管的 $|U_{BE}| \approx 0.7\ \text{V}$，锗管的 $|U_{BE}| \approx 0.3\ \text{V}$。

2. 输出特性曲线

提示：

可向学生说明通过实验获得三极管的输出特性曲线及逐点描迹的方法，并把输出特性曲线用多媒体设备展示出来，引导学生观察并分析曲线的整体情况。

每条曲线都可分为线性上升、弯曲和平坦三个部分。其中上升和弯曲部分 I_C 的大小与 U_{CE} 的大小有关；平坦部分 I_C 与 U_{CE} 的大小基本无关，这是三极管的恒流特性。

每条曲线的平坦部分对应的 I_C 不同，I_B 越大、I_C 也越大，这体现了 I_B 对 I_C 的控制作用。每改变一次 I_B 值，即可得一条输出特性曲线。I_B 变大，对应的曲线就会上移，否则，曲线向下移。由此可得多条（理论上为无穷条）特性曲线，构成输出特性曲线簇。

归纳总结：

输出特性曲线分为三个区——截止区、放大区、饱和区。

</td>
</tr>
</table>

讲授新课 **（254 min）**	（1）截止区 范围：$I_B = 0$ 曲线以下区域。 条件：发射结和集电结均反偏。 特征：$I_B = 0$，$I_C = I_{CEO} \approx 0$。 工作状态：截止状态。 （2）放大区 范围：平坦部分线性区域。 条件：发射结正偏，集电结反偏。 特征：I_B 一定时，I_C 的大小与 U_{CE} 基本无关；I_B 不同时，曲线不同，I_C 受 I_B 控制，具有电流放大作用，$I_C = h_{FE}I_B$，$\Delta I_C = \beta \Delta I_B$。 工作状态：放大状态。 （3）饱和区 范围：曲线上升和弯曲部分区域。 条件：发射结和集电结均正偏。 特征：U_{CE} 很小，I_C 不受 I_B 控制。 工作状态：饱和状态。 **提示：** 三极管被作为开关管使用时，大多工作在截止或饱和状态；作为放大管使用时，大多工作在放大状态。 **讲解教材例 2–1：** 讲解教材例题。 **课堂练习 4：** 在下图所示的电路中，已知各三极管三个电极的对地电位，试判断各三极管处于何种工作状态。 a）5V，0.7V，0V　b）12V，0V，2V　c）1.7V，1.3V，2V　d）−7V，−2V，−1.7V **提示：** 课堂练习 4 的参考答案如下。 a）放大状态，b）截止状态，c）饱和状态，d）放大状态。

<table>
<tr><td>讲授新课
（254 min）</td><td>

课堂练习 5：

在电路中，已知某放大电路各三极管三个电极的电位如下，试判别各三极管是硅管还是锗管，是 NPN 型还是 PNP 型，并确定各三极管的 E、B、C 极。

（1）$U_1 = -1\ \text{V}$，$U_2 = 5\ \text{V}$，$U_3 = -1.7\ \text{V}$。

（2）$U_1 = -2.3\ \text{V}$，$U_2 = -6\ \text{V}$，$U_3 = -2\ \text{V}$。

提示：

课堂练习 5 的参考答案如下。

（1）$\because\ U_1 - U_3 = -1\ \text{V} - (-1.7\ \text{V}) = 0.7\ \text{V}$

$\therefore$三极管是硅管。

$\because\ U_2 > U_1 > U_3$

$\therefore$该三极管是 NPN 型。

引脚 1 是 B 极，引脚 2 是 C 极，引脚 3 是 E 极。

（2）$\because\ U_3 - U_1 = -2\ \text{V} - (-2.3\ \text{V}) = 0.3\ \text{V}$

$\therefore$三极管是锗管。

$\because\ U_2 < U_1 < U_3$

$\therefore$该三极管是 PNP 型。

引脚 1 是 B 极，引脚 2 是 C 极，引脚 3 是 E 极。

四、三极管的主要参数

提示：

三极管的主要参数是正确使用和合理选择三极管的依据。三极管的极限参数可结合三极管的特性曲线来讲解。

归纳总结：

1. 在选用三极管时，应注意以下几点：

（1）β 值应恰当。β 值太小，放大作用差；β 值太大，性能不稳定。

（2）I_{CBO} 越小，集电结的单向导电性越好。I_{CEO} 越小，三极管工作越稳定。

2. 在一般情况下，β 值应大些，而 I_{CBO} 或 I_{CEO} 应小些。但当二者不能同时满足时，应放弃 β 值大的三极管，选 I_{CEO} 较小的三极管。

3. $I_{CM} \geqslant I_C$。

4. $U_{(BR)CEO} \geqslant U_{CE}$。

5. $P_{CM} \geqslant I_C U_{CE}$。

小组任务：

“观察三极管的型号，查找其主要参数。”

</td></tr>
</table>

<table>
<tr><td>归纳总结
（10 min）</td><td>1. 三极管的结构及类型。
2. 三极管电流放大的实质。
3. 三极管集电极与基极电流的关系。
4. 三极管三个电极电流之间的关系。
5. 三极管实现电流放大作用的条件。
6. 三极管的三种工作状态。
7. 三极管的输入特性曲线和输出特性曲线。
8. 三极管在不同的条件下，可被作为放大管或开关管使用。
9. 三极管的主要参数包括电流放大系数、极间反向电流和极限参数。</td></tr>
<tr><td>布置作业
（1 min）</td><td>1. 作业：习题册 §2–1。
2. 拓展任务：查阅资料，说一说三极管在实际生活中还有哪些应用。</td></tr>
<tr><td colspan="2">课　　后</td></tr>
<tr><td>学业评价</td><td>学业评价包括过程性评价和期末考试评价。过程性评价主要包括课前测试、课前讨论、资源学习、课堂签到、课堂活动、课堂考核、课后测试、课后拓展等要素。
课前测试、课后测试、课堂签到、课堂活动参与情况等由互联网学习平台自动记录并打分，课堂考核由学生和教师共同评价，课后拓展主要由教师评价。学业评价贯穿整个学习过程，多方面考核学生的学习效果，有助于全面培养学生的综合职业能力。</td></tr>
<tr><td>教学反思</td><td>一、教学效果及创新

二、回顾与改进</td></tr>
</table>

技能训练3　半导体三极管的识别与检测

<table>
<tr><th colspan="4">教 案 首 页</th></tr>
<tr><td>序号</td><td>6</td><td>授课地点</td><td></td></tr>
<tr><td>授课专业</td><td></td><td>授课班级</td><td></td></tr>
<tr><td>授课日期</td><td></td><td>授课时数</td><td>2</td></tr>
<tr><th colspan="4">教 学 思 路</th></tr>
<tr><td colspan="4">三极管是放大电路的核心元件，本实训选取三极管的外形及引脚的识别、三极管类型及主要性能参数的识别，以及三极管的检测等作为实训内容，并与企业电子产品装配工作岗位最基础的真实工作任务相结合，具有一定的代表性和典型性。在实训过程中，要让学生“做中学、学中做”，提升其综合职业能力。</td></tr>
<tr><th colspan="4">教 学 目 标</th></tr>
<tr><td>知识目标</td><td colspan="3">1. 了解三极管的结构、特性。
2. 了解三极管的型号及识别方法。
3. 熟悉三极管的主要参数。</td></tr>
<tr><td>技能目标</td><td colspan="3">1. 能正确识读三极管上标示的型号，了解该三极管的用途。
2. 能用目视法识别常见三极管的种类和常见三极管的引脚极性。
3. 会使用数字式和指针式万用表判定三极管的管型、引脚极性及性能优劣。</td></tr>
<tr><td>情感目标</td><td colspan="3">1. 通过积极主动地参与训练，培养学习专业技能的兴趣。
2. 培养合作意识和团队精神。
3. 能自觉遵守安全操作规程，通过6S现场管理培养良好的工作习惯和劳动光荣的职业素养。</td></tr>
</table>

<table>
<tr><th colspan="2">教学重、难点</th></tr>
<tr><td>教学重点</td><td>1. 三极管的型号识别。
2. 三极管的检测。</td></tr>
<tr><td>教学难点</td><td>三极管引脚极性和管型的判别。</td></tr>
<tr><th colspan="2">教 学 资 源</th></tr>
<tr><td>教学环境</td><td>电子实训室、开放式的校园网。</td></tr>
<tr><td>教学设备</td><td>一体机、互联网学习平台、移动终端（手机）。</td></tr>
<tr><td>教学材料</td><td>微课、教学课件、不同规格的三极管若干、数字式和指针式万用表、工作页等。</td></tr>
<tr><th colspan="2">审 批 意 见</th></tr>
<tr><td colspan="2">签字：
年　月　日</td></tr>
</table>

教学过程与教学内容			
课　　前			
教师活动	学生活动	教学手段	教学方法
1. 通过互联网社交软件群通知学生按时登录互联网学习平台学习，并及时沟通。 2. 在互联网学习平台上传相关的教学课件和微课等学习资料，提醒学生预习。 3. 针对课程内容在互联网学习平台上发布测试题，对学生的学习结果进行检测。 4. 根据互联网学习平台统计的学生测试成绩将学生分组，实现学生间的优势互补，确定各小组名称。 5. 设计并打印工作页。工作页内容包括任务描述、工作要求、工作计划、物料清单及检测记录表等。	1. 通过互联网社交软件群与教师及时沟通。 2. 自主查阅教师上传的学习资料并预习。 3. 自主查阅教师在互联网学习平台上发布的测试题，完成测试。 4. 小组讨论，合理安排分工。 5. 准备好教材、笔记本、笔等学习用品。	互联网社交软件、手机、互联网学习平台、微课、工作页	自主学习法
课　　中			
教师活动	学生活动	教学手段	教学方法
一、组织教学（5 min） 1. 按照课前分组安排学生就座。 2. 组织学生利用互联网学习平台的点名功能签到。 3. 师生相互问好。 4. 组织学生整理着装，并按照职业素养要求检查学生着装。	**一、准备上课** 1. 按照课前分组就座。 2. 使用手机登录互联网学习平台，在线签到。 3. 师生相互问好。 4. 整理着装。	互联网学习平台、手机	

教师活动	学生活动	教学手段	教学方法
二、下发工作任务单及工作页（15 min） 1. 播放三极管的相关视频。 2. 展示实物（如扩音器）。 3. 发放仪表和三极管。 4. 复习提问，导入新课。 **复习提问：** “三极管的结构是怎样的？” **讲授：** 三极管有三个半导体区、两个PN结、三个电极、两种类型。 **复习提问：** “三极管的特性曲线有哪些？” **讲授：** （1）三极管的输入特性曲线与二极管的正向特性曲线相似。 （2）三极管的输出特性曲线包含三个区。 1）放大区：发射结正偏，集电结反偏。 2）饱和区：发射结和集电结均正偏。 3）截止区：发射结和集电结均反偏。 **复习提问：** “三极管的主要参数有哪些？”	**二、领取工作任务单及工作页** 1. 观看视频。 2. 观察实物。 3. 领取本小组的仪表和三极管。 4. 思考并回答复习问题，巩固知识。 5. 倾听工作任务描述，领取工作任务单。 6. 小组讨论，明确工作内容、要求和工时等，并填写工作任务单。 7. 领取工作页。	工作任务单、一体机、教学课件、工作页	情境导入法、任务驱动法、小组合作法

教师活动	学生活动	教学手段	教学方法
讲授： 三极管的主要参数有电流放大系数、极间反向电流、极限参数。 5. 详细描述工作任务及要求，下发工作任务单。 6. 引导学生小组讨论，明确工作内容、要求和工时等。 7. 发放工作页。		工作任务单、一体机、教学课件、工作页	情境导入法、任务驱动法、小组合作法
三、介绍用目视法识别各种三极管（15 min） 1. 引导学生回忆三极管是如何命名的。 2. 让学生结合三极管的命名方式任选几只三极管，说明其型号的含义。引导学生思考，若不借助仪表，如何判断三极管的引脚。 3. 播放三极管外形的演示视频，向学生讲解三极管的引脚外形是有规律的。 4. 引导学生小组讨论各种三极管外形的特点及其引脚分布规律。 5. 随机挑选一名小组代表上台展示本小组的讨论结果。 6. 在黑板上记录学生回答的要点，指出学生展示中存在的问题和不足，总结归纳。 7. 引导学生填写本小组的工作页。	**三、识别各种三极管** 1. 通过网络，自主查找三极管的命名规则，了解三极管各型号的意义。 2. 随机选取几只三极管，分析其管体上的型号，说明其含义。 3. 观看三极管外形的演示视频。 4. 观察三极管外形，讨论其引脚的分布规律。 5. 小组代表上台讲解本小组讨论的结果。 6. 倾听教师总结。 7. 填写工作页。	一体机、黑板、手机、工作页	讲授法、自主学习法、任务驱动法、头脑风暴法

教师活动	学生活动	教学手段	教学方法
四、演示三极管检测的方法（45 min） 1. 引导学生回忆三极管的结构。 2. 展示一个三极管等效成两只二极管的动画或图片。 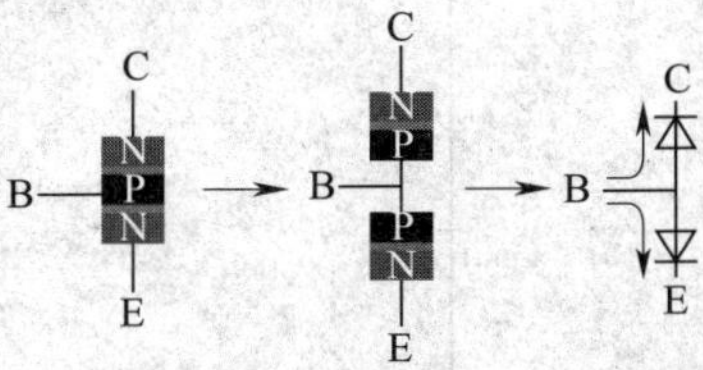 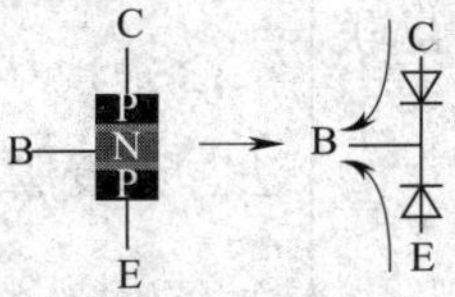 3. 演示用数字式万用表检测三极管。 **讲授：** （1）基极及管型的判断方法。 （2）集电极和发射极的判断方法。 4. 演示用指针式万用表检测三极管。 **讲授：** （1）管型和引脚极性的判别方法。 （2）I_{CEO} 和 β 值的估测方法。 5. 给学生布置操作任务，并指导操作过程。 6. 指导学生填写工作页。	**四、检测三极管** 1. 回忆三极管的结构，思考两种管型三极管各自的特点。 2. 认真观看、聆听教师的讲解，理解用万用表检测三极管的原理。 3. 聆听教师讲解，掌握用数字式万用表检测三极管的知识要点，观看教师的示范。 4. 聆听教师讲解，掌握用指针式万用表检测三极管的知识要点，观看教师的示范。 5. 分小组轮流进行操作，根据视频及教师的讲解，练习使用万用表检测三极管。 6. 填写工作页。	工作页、手机、互联网学习平台、教学课件	任务驱动法、讲授法、示范法、小组合作法

教师活动	学生活动	教学手段	教学方法
五、清理现场（5 min） 1. 组织各小组物料管理员在物料间收取并复核工具、仪器仪表及物料。 2. 按照6S现场管理要求督促学生清扫、整理工作现场。	**五、清理现场** 1. 按清单返还工具、仪器仪表及物料。 2. 按照6S现场管理要求清扫、整理工作现场。	工作页、手机、互联网学习平台、教学课件	任务驱动法、讲授法、示范法、小组合作法
六、实训测评（5 min） 1. 引导学生结合实训过程中的成功经验和遇到的问题进行总结。 2. 带领学生回顾本节课的训练目标，总结各小组表现，表扬其优点、指出不足，并进行点评，提出改进意见。 3. 根据学业评价标准，在互联网学习平台上指导小组完成自评和互评，并进行教师评价。	**六、自评和互评** 1. 各小组代表上台分享本次实训过程中的心得体会。 2. 倾听教师点评。 3. 根据学业评价标准，在互联网学习平台上完成小组自评和互评。	一体机、互联网学习平台、手机	演示法、评价法、讲授法
课　　后			
学业评价	1. 采用过程性评价与终结性评价相结合的评价方式。 2. 采用小组自评、互评和教师评价相结合的多元化评价方式。 3. 学业评价贯穿整个技能训练过程，多方面考核学生的学习效果，有助于全面培养学生的综合职业能力。		
教学反思	一、教学效果及创新 二、回顾与改进		

§2-2　共射极基本放大电路

<table>
<tr><th colspan="4">教 案 首 页</th></tr>
<tr><td>序号</td><td>7</td><td>授课地点</td><td></td></tr>
<tr><td>授课专业</td><td></td><td>授课班级</td><td></td></tr>
<tr><td>授课日期</td><td></td><td>授课时数</td><td>6</td></tr>
<tr><th colspan="4">教 学 思 路</th></tr>
<tr><td colspan="4">放大电路（又称放大器）是电子设备中最常用的一种基本单元电路，而共射极基本放大电路是应用最广的放大电路。本节课主要介绍放大器的概念、工作原理、基本分析方法、静态工作点的基本概念和设置意义等，而其中对共射极放大电路的分析是教学的难点。共射极放大电路的分析方法有近似估算法和图解分析法，要让学生理解其意义，掌握公式计算的过程。</td></tr>
<tr><th colspan="4">教 学 目 标</th></tr>
<tr><td>知识目标</td><td colspan="3">1. 了解放大电路的功能，认识共射极放大电路，明确各组成元件的作用。
2. 了解放大电路的工作原理，理解放大电路的工作过程，理解共射极放大电路的倒相作用。
3. 了解静态工作点的基本概念，理解放大电路设置静态工作点的意义。
4. 了解小信号放大电路的电压放大倍数、输入电阻和输出电阻的含义。
5. 了解放大电路波形失真与静态工作点的关系。</td></tr>
<tr><td>技能目标</td><td colspan="3">1. 会画放大电路的直流通路和交流通路。
2. 能利用放大电路的直流通路求电路的静态工作点，利用其交流等效电路求电压放大倍数、输入电阻和输出电阻。
3. 当电路参数发生变化时，会分析静态工作点的变化情况。
4. 通过小组任务，增强合作意识，提高社交能力。
5. 提高分析、概括、分类等逻辑思维能力。</td></tr>
</table>

<table>
<tr><td>情感目标</td><td>1. 通过参与课堂活动，培养学习兴趣。
2. 通过体验积分奖励等环节，建立和增强学习的自信心。
3. 培养乐于探究的精神。</td></tr>
<tr><td colspan="2">教学重、难点</td></tr>
<tr><td>教学重点</td><td>1. 共射极放大电路的组成及各组成元件的作用。
2. 放大电路的直流通路和交流通路的画法。
3. 放大电路电压放大倍数、输入电阻和输出电阻的含义。
4. 放大电路静态工作点、电压放大倍数、输入电阻和输出电阻的计算方法。</td></tr>
<tr><td>教学难点</td><td>1. 放大电路的工作原理。
2. 放大电路静态工作点、电压放大倍数、输入电阻和输出电阻的计算方法。</td></tr>
<tr><td colspan="2">教 学 资 源</td></tr>
<tr><td>教学环境</td><td>多媒体教室。</td></tr>
<tr><td>教学设备</td><td>互联网学习平台、移动终端（手机）、演示示教板、黑板。</td></tr>
<tr><td>教学材料</td><td>视频资源、教学课件、共射极基本放大电路示教板、低频信号发生器、直流稳压电源、双踪示波器、彩色粉笔。</td></tr>
<tr><td colspan="2">教 学 方 法</td></tr>
<tr><td colspan="2">讲授法、头脑风暴法、演示法、讨论法、实验法。</td></tr>
<tr><td colspan="2">审 批 意 见</td></tr>
<tr><td colspan="2">

签字：
年　　月　　日</td></tr>
</table>

<table>
<tr><th colspan="2">教学过程与教学内容</th></tr>
<tr><th colspan="2">课　　前</th></tr>
<tr><td colspan="2">1. 通过互联网学习平台布置任务，让学生明确学习目标，了解学习任务。
2. 准备教学课件、电子教案，并将其上传至互联网学习平台。
3. 准备演示示教板、共射极基本放大电路示教板、低频信号发生器、直流稳压电源、双踪示波器等。</td></tr>
<tr><th colspan="2">课　　中</th></tr>
<tr><td>教学引入
（5 min）</td><td>准备上课：
组织学生利用互联网学习平台的点名功能签到，师生相互问好。
多媒体课件展示：
复习三极管的电流放大作用，导入新课。
放大电路是电子设备中最常用的一种基本单元电路，它利用半导体三极管的电流控制作用，把信号源传来的微弱电信号（指变化的电压或电流信号）不失真地放大到需要的数值。</td></tr>
<tr><td>讲授新课
（255 min）</td><td>一、概述
多媒体课件展示：
展示放大电路的基本结构图。
讲授：
1. 放大电路的功能为把信号源传来的微弱电信号不失真地放大到需要的数值。
2. 信号源不一定是实际意义上的信号源，也可能是一级放大电路。任何意义上的信号源都可以等效为一个具有内阻的电压源。
3. 负载不一定是实际意义上的负载，也可能是下一级放大电路。任何意义上的负载都可以等效为一个电阻。
4. 放大电路的电能由直流电源提供。
二、共射极基本放大电路的组成及工作原理
1. 放大电路的组成及各元件的作用
实物展示：
展示共射极基本放大电路示教板。
提出问题：
“共射极基本放大电路示教板都包含哪些元器件？”</td></tr>
</table>

讲授新课 （255 min）	**多媒体动画演示：** 通过动画，演示在由三极管组成的放大电路中接入输入电容和输出电容并接上信号源和负载的过程。 **提示：** 外接的信号源和负载都不属于放大电路的组成部分。 **多媒体课件展示：** 展示去掉信号源及负载的双电源供电共射极基本放大电路图，引导学生识别电路图中的电子元器件，并对照示教板的实物。然后依次展示单电源供电的共射极基本放大电路图和其常用画法并进行讲解。 **归纳总结：** 放大电路中各元器件的作用如下。 （1）三极管 V：具有电流放大作用，可将微小的基极电流转换成较大的集电极电流。 （2）电源 V_{CC}：为电路提供能源；为电路提供工作电压。 （3）基极电阻 R_B：其取值一般是几十千欧至几百千欧，为电路提供静态偏流。 （4）集电极电阻 R_C：其取值一般是几千欧至几十千欧，可将三极管的电流放大作用变换为电压放大作用。 （5）耦合电容 C1、C2：隔直流（使三极管的直流电流不影响输入端之前的信号源和输出端之后的负载），通交流。 **2. 放大电路中电压、电流符号及正方向的规定** **多媒体课件展示：** 展示电压、电流及正方向的表示符号，并向学生介绍记忆技巧。 **3. 静态工作点的设置** **多媒体课件展示：** 展示静态、静态值和静态工作点的基本概念。 **讲授：** （1）在不接基极电阻 R_B、静态工作点在坐标原点时，基极电流的工作波形。 （2）在接上基极电阻 R_B、设置合适的静态工作点时，基极电流的工作波形。

<table>
<tr>
<td>讲授新课
（255 min）</td>
<td>

归纳总结：

设置静态工作点的目的是使放大电路中的三极管工作在导通状态，从而保证放大电路能不失真地放大交流信号。

课堂练习：

试判断下图所示的各电路是否能不失真地放大输入信号，并简述理由。

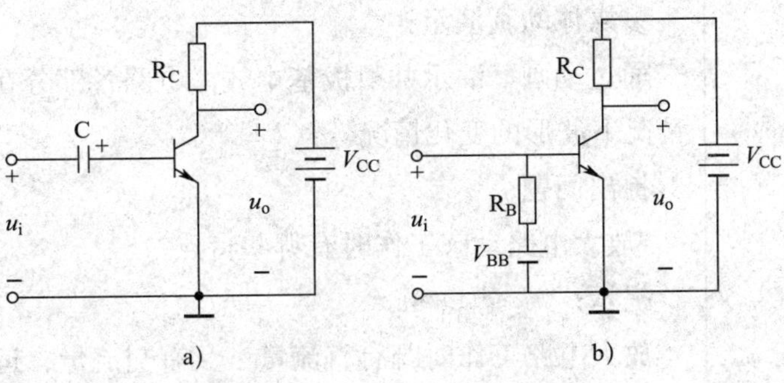

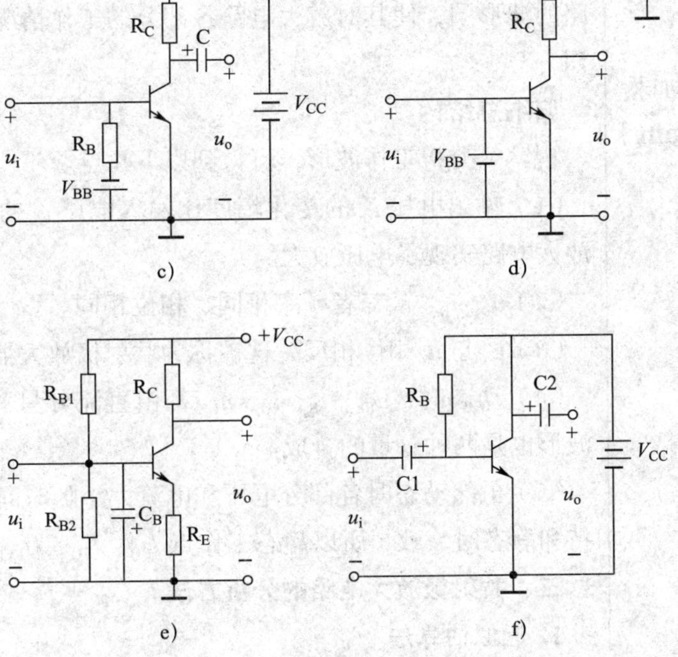

提示：

课堂练习的参考答案如下。

a）不能。因为没有基极电阻，不能为电路提供静态偏流。

b）不能。因为没有耦合电容，输出信号既有交流信号又有直流信号。

</td>
</tr>
</table>

<table>
<tr>
<td>讲授新课
（255 min）</td>
<td>
c）不能。因为发射结反偏，三极管截止，不能实现信号放大。
d）不能。因为没有基极电阻，不能为电路提供静态偏流，且集电结正偏，三极管饱和，不能工作在放大状态。
e）不能。因为输入信号被 C_B 短路了。
f）可以。其满足放大电路不失真放大输入信号的条件。
4. 工作原理
多媒体动画演示：
通过动画，演示共射极基本放大电路各部分在静态和动态两种工作情况下波形的变化情况。
提出问题：
“放大电路动态工作时有哪些特点？”
提示：
放大电路工作时既有直流量、又有交流量，运用叠加原理可求得电路在任意瞬间的总电量。可先用解析法讲解，再指导学生观察放大电路的波形图，使其对放大电路各部分的工作情况有一个较为直观的认识。
归纳总结：
观察、分析工作波形，可得到以下几点。
（1）输出电压 u_o 的变化幅度比输入电压 u_i 的变化幅度大，这说明放大电路实现了电压放大。
（2）u_i、i_B、i_C 三者频率相同、相位相同。
（3）u_o 与 u_i 相位相反，这被称为共射极放大器的“反相”作用。
（4）动态时，u_{BE}、i_B、i_C、u_{CE} 都由直流分量和交流分量叠加而成，波形也是两种分量的合成。
（5）虽然动态时各部分电压和电流大小随时间变化，但方向始终保持和静态时一致，所以静态工作点 I_{BQ}、I_{CQ}、U_{CEQ} 是交流放大的基础。
三、共射极放大电路的分析方法
1. 近似估算法
讲授：
在放大电路工作时电路中存在着两种分量（一个是直流分量，一个是交流分量），所以电路中三极管各电极流经的电流和各极间的电压均是交直流的叠加量。由于电路中存在电抗元件，直流成分和交流成分的通路有所不同。
</td>
</tr>
</table>

<table>
<tr>
<td>讲授新课
（255 min）</td>
<td>
在一般情况下，电路都要通过实际的调试才能达到预期目的，估算法是检修电路时的一种实用方法，估算可为调试电路提供可选的方向。
（1）近似估算放大器的静态工作点
讲授：
直流通路的画法有以下几个重点。
1）把电容视为断路。
2）把电感视为短路。
（2）近似估算放大器的输入电阻、输出电阻和电压放大倍数
讲授：
画交流通路时，要把电容和直流电源视为交流短路。
讲授：
1）画交流等效电路的意义。
放大电路中的三极管是一个非线性元件，放大电路也是非线性电路，当电路有合适的静态工作点时，若输入信号为低频小信号，非线性的三极管可等效为线性电阻，这样可简化电路的分析和计算。
2）输入电阻、输出电阻和电压放大倍数的意义。
3）输入电阻、输出电阻和电压放大倍数的估算。
输入电阻：$r_i \approx r_{be}$。
输出电阻：$r_o \approx R_C$。
电压放大倍数：空载时，$A_u = -\beta \frac{R_C}{r_{be}}$；有载时，$A_u = -\beta \frac{R'_L}{r_{be}}$。
提示：
提醒学生估算公式并不适用于所有的放大电路，不能死记公式，应根据具体电路的直交流通路作具体分析，从而导出相应的计算公式。在本部分学生应重点掌握分析方法。
讲解教材例 2-3：
讲解例题，使学生掌握求解静态工作点、输入电阻、输出电阻和电压放大倍数的方法。
归纳总结：
1）根据直流通路来估算静态工作点，根据交流通路来估算输入电阻、输出电阻和电压放大倍数。
2）在一般情况下，输入电阻应尽可能大，输出电阻应尽可能小。
</td>
</tr>
</table>

<table>
<tr><td>讲授新课
（255 min）</td><td>
3）共射极放大电路的输出电压和输入电压相位相反。
4）放大器接入负载后，其电压放大倍数会降低。
2. 图解分析法
讲授：
图解分析法是通过作图的方式来分析放大器性能的方法。
（1）图解分析放大器的静态工作点
多媒体动画演示：
通过动画，演示分析放大器静态工作点的方法。结合直流通路，讲清为什么直流负载线与 $I_B = I_{BQ}$ 所在的输入特性曲线的交点就是静态工作点。
讲解教材例 2–4：
讲解例题，使学生掌握用图解分析法求解静态工作点。
（2）静态工作点的调整
提出问题：
“静态工作点与哪些电路参数有关？”
讲解：
静态工作点的位置与 V_{CC}、R_B、R_C 的大小有关。
多媒体动画演示：
通过动画，演示电路参数改变时静态工作点的变化情况。画出实际的电路图，指出在实际应用中，可通过改变 R_B 的阻值调整静态工作点。
（3）图解分析放大器的动态工作情况
多媒体动画演示：
通过动画，演示图解分析放大器动态的作图过程，使学生直观地理解放大器在动态时电压、电流波形的变化情况，并结合交流通路，讲清交流负载线斜率为什么是 $-\frac{1}{R'_L}$，该直线为什么经过静态工作点。
提出问题：
“近似估算法和图解分析法两种方法各有何优缺点？”
归纳总结：
近似估算法简捷，能迅速得出结果，但无法了解波形的变化情况。
图解分析法直观、形象，既能分析静态又能分析动态，但烦琐、误差大，无法被用于求放大电路的输入电阻、输出电阻、通频带等交流参数，且当分析一些较为复杂的放大电路时，用此方法作图困难，并不适用。
</td></tr>
</table>

<table>
<tr><td>讲授新课
（255 min）</td><td>（4）波形失真与静态工作点的关系
提出问题：
“要使输出信号电压最大且不失真，应如何调整静态工作点？”
多媒体播放：
播放实验室调整静态工作点的真实场景的视频。</td></tr>
<tr><td>归纳总结
（8 min）</td><td>1. 放大电路各组成元器件的作用。
2. 放大器设置合适的静态工作点的意义。
3. 根据直流通路求静态工作点的方法，根据交流通路求输入电阻、输出电阻和电压放大倍数的方法。
4. 共射极放大电路的两种分析方法。</td></tr>
<tr><td>布置作业
（2 min）</td><td>1. 作业：习题册 §2–2。
2. 拓展任务：查阅资料，说一说波形失真与静态工作点有什么关系。</td></tr>
<tr><td colspan="2" align="center">课　后</td></tr>
<tr><td>学业评价</td><td>学业评价包括过程性评价和期末考试评价。过程性评价主要包括课前测试、课前讨论、资源学习、课堂签到、课堂活动、课堂考核、课后测试、课后拓展等要素。
课前测试、课后测试、课堂签到、课堂活动参与情况等由互联网学习平台自动记录并打分，课堂考核由学生和教师共同评价，课后拓展主要由教师评价。学业评价贯穿整个学习过程，多方面考核学生的学习效果，有助于全面培养学生的综合职业能力。</td></tr>
<tr><td>教学反思</td><td>一、教学效果及创新

二、回顾与改进</td></tr>
</table>

§2-3 分压式射极偏置电路

<table>
<tr><td colspan="4">教 案 首 页</td></tr>
<tr><td>序号</td><td>8</td><td>授课地点</td><td></td></tr>
<tr><td>授课专业</td><td></td><td>授课班级</td><td></td></tr>
<tr><td>授课日期</td><td></td><td>授课时数</td><td>2</td></tr>
<tr><td colspan="4">教 学 思 路</td></tr>
<tr><td colspan="4">为使放大电路不失真，必须给三极管设置合适的静态工作点。但由于环境温度的变化、电源电压的波动、电路参数的变化等，原来设置好的静态工作点会发生改变，从而影响放大电路的性能。若要保持静态工作点的稳定，可采用分压式射极偏置电路。
本节课主要介绍分压式射极偏置电路的结构特点和稳定静态工作点的原理。本节课的内容涉及复习之前的放大电路相关知识和分析方法，主要包含新电路的原理及计算方法。</td></tr>
<tr><td colspan="4">教 学 目 标</td></tr>
<tr><td>知识目标</td><td colspan="3">1. 了解影响静态工作点稳定的主要因素。
2. 掌握分压式射极偏置电路的结构特点。
3. 理解分压式射极偏置电路稳定静态工作点的原理。</td></tr>
<tr><td>技能目标</td><td colspan="3">1. 会画分压式射极偏置电路。
2. 能熟练画出分压式射极偏置电路的直流通路和交流通路。
3. 能利用直流通路求电路的静态工作点。
4. 能利用交流通路求电压放大倍数、输入电阻和输出电阻。
5. 通过小组任务，增强合作意识，提高社交能力。
6. 提高分析、概括、分类等逻辑思维能力。</td></tr>
<tr><td>情感目标</td><td colspan="3">1. 通过参与课堂活动，培养学习兴趣。
2. 通过体验积分奖励等环节，建立和增强学习的自信心。
3. 培养乐于探究的精神。</td></tr>
</table>

<table>
<tr><th colspan="2">教学重、难点</th></tr>
<tr><td>教学重点</td><td>1. 分压式射极偏置电路的结构特点。
2. 分压式射极偏置电路稳定静态工作点的原理。
3. 静态工作点的估算。</td></tr>
<tr><td>教学难点</td><td>分压式射极偏置电路稳定静态工作点的原理。</td></tr>
<tr><th colspan="2">教 学 资 源</th></tr>
<tr><td>教学环境</td><td>多媒体教室。</td></tr>
<tr><td>教学设备</td><td>互联网学习平台、移动终端（手机）、演示示教板、黑板。</td></tr>
<tr><td>教学材料</td><td>视频资源、教学课件、共射极基本放大电路示教板、万用表、电烙铁或电吹风、彩色粉笔。</td></tr>
<tr><th colspan="2">教 学 方 法</th></tr>
<tr><td colspan="2">讲授法、演示法、讨论法、实验法。</td></tr>
<tr><th colspan="2">审 批 意 见</th></tr>
<tr><td colspan="2">签字：
年　　月　　日</td></tr>
</table>

<table>
<tr><th colspan="2">教学过程与教学内容</th></tr>
<tr><th colspan="2">课　　前</th></tr>
<tr><td colspan="2">1. 通过互联网学习平台布置任务，让学生明确学习目标，了解学习任务。
2. 准备教学课件、电子教案，并将其上传至互联网学习平台。
3. 准备演示示教板、电子元器件、电子电路板等。</td></tr>
<tr><th colspan="2">课　　中</th></tr>
<tr><td>教学引入
（5 min）</td><td>准备上课：
组织学生利用互联网学习平台的点名功能签到，师生相互问好。
复习提问：
“静态工作点对放大交流信号有什么影响？”
讲授：
放大电路须设置合适的静态工作点，静态工作点过高或过低均会使放大电路发生失真现象。</td></tr>
<tr><td>讲授新课
（80 min）</td><td>一、影响静态工作点稳定的主要因素
实验演示：
将共射极基本放大电路示教板接通电源，演示用万用表电压挡测量三极管 C 极与 E 极间的电压，再用加热后的电烙铁或电吹风对三极管进行加热处理，引导学生观察万用表指针的变化情况。
提出问题：
“温度变化对三极管的参数有哪些影响？”
多媒体动画演示：
通过动画，演示温度变化时三极管输出特性曲线的变化情况。图解静态工作点（Q 点）随温度变化的偏移情况，并向学生说明 Q 点的偏移可能会使本来正常放大的电路饱和或截止失真。
向学生说明靠人工固定放大电路的 Q 点是不可能的，从而引出新课——自动稳定静态工作点的分压式射极偏置电路。
二、分压式射极偏置电路
提示：
可在黑板上画一个共射极基本放大电路图，用彩色粉笔向学生演示在该电路图的基础上添加电子元器件从而将其改画为分压式射极偏置电路的过程。
多媒体课件展示：
展示分压式射极偏置电路的电路结构图。</td></tr>
</table>

讲授新课 （80 min）	**提出问题：** “比较分压式射极偏置电路与共射极基本放大电路，这二者有什么区别？” **1. 电路结构特点** **讲授：** （1）分压式射极偏置电路有以下两个特点。 1）其利用 R_{B1} 和 R_{B2} 组成串联分压器，为基极提供稳定的 U_{BQ}。 2）其利用 R_E 自动使静态工作电流 I_{EQ} 稳定不变。 （2）分压式射极偏置电路要满足以下两个条件。 1）$I_2 \gg I_{BQ}$。 2）$U_{BQ} \gg U_{BEQ}$。 **2. 静态工作点稳定原理** **多媒体课件展示：** 以环境温度升高为例，电路静态工作点的稳定过程可表示为： 温度升高（$t\uparrow$）$\longrightarrow I_{CQ}\uparrow(I_{EQ}\uparrow) \longrightarrow U_{BEQ}=(U_{BQ}-I_{EQ}R_E)\downarrow \longrightarrow I_{BQ}\downarrow \longrightarrow I_{CQ}\downarrow$ 应突出说明 R_E 的作用，在这一稳定过程中 R_E 实质上起负反馈的作用。由于还未引入反馈的概念，所以应逐步分析电路电流及电压的变化情况，这有助于在后面课程中对反馈放大电路的讲解。 **3. 估算静态工作点** **多媒体课件展示：** 展示分压式射极偏置电路的直流通路。 **讲授：** （1）由 $I_2 \gg I_{BQ}$，得 $U_{BQ} \approx \dfrac{R_{B2}}{R_{B1}+R_{B2}}V_{CC}$。 （2）由 $U_{BQ} \gg U_{BEQ}$，得 $I_{EQ} \approx \dfrac{U_{BQ}}{R_E}$。 **提示：** （1）$I_{CQ}$ 的大小与三极管的参数无关。 （2）$I_{BQ}=\dfrac{I_{CQ}}{\beta}$。 （3）$U_{CEQ}=V_{CC}-I_{CQ}(R_C+R_E)$。 （4）$U_{CEQ}$ 的大小与三极管的参数无关。

讲授新课 （80 min）	**4. 估算输入电阻、输出电阻和电压放大倍数** **多媒体课件展示：** 展示分压式射极偏置电路的交流通路。 因共射极基本放大电路与分压式射极偏置电路的交流通路相似，等效电路也相似，所以它们估算输入电阻、输出电阻和电压放大倍数的公式是一样的。
归纳总结 （4 min）	1. 分压式射极偏置电路静态工作电压和静态工作电流稳定的条件。 2. 分压式射极偏置电路稳定静态工作点的原理。
布置作业 （1 min）	1. 作业：习题册 §2–3。 2. 拓展任务：查阅资料，说一说分压式射极偏置电路在实际生活中有哪些应用。
课　　后	
学业评价	学业评价包括过程性评价和期末考试评价。过程性评价主要包括课前测试、课前讨论、资源学习、课堂签到、课堂活动、课堂考核、课后测试、课后拓展等要素。 课前测试、课后测试、课堂签到、课堂活动参与情况等由互联网学习平台自动记录并打分，课堂考核由学生和教师共同评价，课后拓展主要由教师评价。学业评价贯穿整个学习过程，多方面考核学生的学习效果，有助于全面培养学生的综合职业能力。
教学反思	一、教学效果及创新 二、回顾与改进

技能训练4 单管放大电路的安装与调试

<table>
<tr><td colspan="4">教案首页</td></tr>
<tr><td>序号</td><td>9</td><td>授课地点</td><td></td></tr>
<tr><td>授课专业</td><td></td><td>授课班级</td><td></td></tr>
<tr><td>授课日期</td><td></td><td>授课时数</td><td>2</td></tr>
<tr><td colspan="4">教学思路</td></tr>
<tr><td colspan="4">单管放大电路是构成各种复杂放大电路的基本单元，是学习其他放大电路的基础。本实训选取单管放大电路的安装与调试作为实训内容，并与企业电子产品装配工作岗位的真实工作任务相结合，实现理论与实际相结合的效果，可培养学生的电子元器件检测、安装、焊接和调试等专业基本技能，增强其学习自信，激发其学习积极性。本实训具有一定的典型性，有重要的现实意义。
在本次实训中，学生第一次接触可调电阻器实物，可调电阻器的检测是本实训的项目之一，教师应着重讲解这部分实训内容，以提升学生的元器件检测水平。</td></tr>
<tr><td colspan="4">教学目标</td></tr>
<tr><td>知识目标</td><td colspan="3">1. 认识各元器件的参数和作用。
2. 理解电路参数对放大电路静态工作点及输出波形的影响。
3. 掌握放大电路的静态工作点及电压放大倍数的测量方法。
4. 了解放大电路的调试方法。</td></tr>
<tr><td>技能目标</td><td colspan="3">1. 学会使用仪器仪表测量元器件的性能。
2. 巩固焊接技术，提高组装电路的技术和质量。
3. 学会观察放大电路有关参数的变化对放大电路性能的影响。
4. 能根据测量结果调试电路、排除故障。
5. 学会用示波器观察放大电路的输入输出波形。</td></tr>
</table>

<table>
<tr><td>情感目标</td><td>1. 通过积极主动地参与训练，培养学习专业技能的兴趣。
2. 培养合作意识和团队精神。
3. 能自觉遵守安全操作规程，通过 6S 现场管理培养良好的工作习惯和劳动光荣的职业素养。</td></tr>
<tr><td colspan="2">教学重、难点</td></tr>
<tr><td>教学重点</td><td>1. 电容器和可调电阻器的检测。
2. 单管放大电路的安装与调试。</td></tr>
<tr><td>教学难点</td><td>1. 电路的焊接。
2. 电路的调试。
3. 静态工作点和电压放大倍数的测量。</td></tr>
<tr><td colspan="2">教 学 资 源</td></tr>
<tr><td>教学环境</td><td>电子实训室、开放式的校园网。</td></tr>
<tr><td>教学设备</td><td>一体机、互联网学习平台、移动终端（手机）。</td></tr>
<tr><td>教学材料</td><td>微课、教学课件、单管放大电路原型板、单管放大电路电子套件、常用电子装配工具、万用表、双踪示波器、工作页等。</td></tr>
<tr><td colspan="2">审 批 意 见</td></tr>
<tr><td colspan="2">签字：
年　　月　　日</td></tr>
</table>

教学过程与教学内容			
课　前			
教师活动	学生活动	教学手段	教学方法
1. 通过互联网社交软件群通知学生按时登录互联网学习平台学习，并及时沟通。 2. 在互联网学习平台上传相关的教学课件和微课等学习资料，提醒学生预习。同时，引导学生复习静态工作点、电压放大倍数、非线性失真等相关内容。 3. 针对课程内容在互联网学习平台上发布测试题，对学生的学习结果进行检测。 4. 根据互联网学习平台统计的学生测试成绩将学生分组，实现学生间的优势互补，确定各小组名称。 5. 设计并打印工作页。工作页内容包括任务描述、工作要求、工作计划、物料清单、检测记录表、安装及焊接情况记录表、线路调试记录表和线路故障记录表等。 6. 准备单管放大电路电子套件及实训相关的仪器仪表和工具。	1. 通过互联网社交软件群与教师及时沟通。 2. 自主查阅教师上传的学习资料并预习。 3. 自主查阅教师在互联网学习平台上发布的测试题，完成测试。 4. 小组讨论，合理安排分工。 5. 准备好教材、笔记本、笔等学习用品。	互联网社交软件、手机、互联网学习平台、微课、工作页	自主学习法

课中			
教师活动	**学生活动**	**教学手段**	**教学方法**
一、组织教学（5 min） 1. 按照课前分组安排学生就座。 2. 组织学生利用互联网学习平台的点名功能签到。 3. 师生相互问好。 4. 组织学生整理着装，并按照职业素养要求检查学生着装。	**一、准备上课** 1. 按照课前分组就座。 2. 使用手机登录互联网学习平台，在线签到。 3. 师生相互问好。 4. 整理着装。	互联网学习平台、手机	
二、下发工作任务单及工作页（5 min） 1. 创设情境，如“我们已学习过三极管，三极管可以放大信号，那么如何搭建电路可让三极管处于一个合适的静态工作点，使信号在电路中不失真地放大呢？”，以此导入新课。 2. 详细描述工作任务及要求，下发工作任务单。 3. 引导学生小组讨论，明确工作内容、要求和工时等。 4. 发放工作页。	**二、领取工作任务单及工作页** 1. 倾听工作任务描述，领取工作任务单。 2. 小组讨论，明确工作内容、要求和工时等，并填写工作任务单。 3. 领取工作页。	工作任务单、一体机、教学课件、工作页	情境导入法、任务驱动法
三、指导制订工作计划（10 min） 1. 向学生提出制订工作计划的要求。 2. 引导学生小组讨论，制订工作计划。 3. 引导学生上台展示本组的工作计划，记录各小组的展示情况。	**三、制订工作计划** 1. 认真倾听并记录制订工作计划的要求。 2. 进行小组讨论，制订工作计划。	工作页、手机、互联网学习平台	任务驱动法、讲授法、展示法、小组合作法、头脑风暴法

教师活动	学生活动	教学手段	教学方法
4. 点评各小组的工作计划并提出改进建议。 5. 引导学生填写工作页。	3. 各小组派代表展示、讲解本组的工作计划。 4. 根据教师的点评和改进建议，优化本组的工作计划。 5. 填写工作页。	工作页、手机、互联网学习平台	任务驱动法、讲授法、展示法、小组合作法、头脑风暴法
四、准备元器件（10 min） **1. 清点元器件** （1）和物料管理员（由学生扮演）一起给各小组学生发放常用电子装配工具、万用表、双踪示波器、电子套件及物料。 （2）引导学生清点元器件，填写工作页。 （3）引导学生分类摆放元器件。 **2. 认识元器件** （1）碳膜电阻器：R1 ~ R4。 （2）可调电阻器：RP。 （3）电解电容器：C1、C3、C4。 （4）瓷片电容器：C2。 （5）三极管：V。 **3. 检测元器件参数** （1）识别三极管。 **提示：** 可示范用万用表的 R × 100 挡或 R × 1k 挡检测三极管的引脚极性及完好性。	**四、认识元器件** 1. 在教师的引导下，认真阅读教材内容，填写工作页中的清单。 2. 各小组组长核查清单并签字。 3. 各小组物料管理员根据工作页中的清单，到物料间领取常用电子装配工具、万用表、双踪示波器、电子套件及物料。 4. 采用角色互换的方式，轮流对照清单清点元器件，填写工作页。 5. 分类摆放元器件。 6. 观看教师的示范操作。	工作页	角色扮演法、演示法

教师活动	学生活动	教学手段	教学方法
（2）检测可调电阻器。 **提示：** 检测两定片之间的阻值，再检测动片与两定片之间的阻值是否能连续、均匀地变化，最后检测各引脚与外壳及旋转轴之间的阻值是否为∞。	7. 轮流对电子元器件进行检测。	工作页	角色扮演法、演示法
五、介绍电路原理，展示信息资料（10 min） 1. 复习共射级基本放大电路中元器件的名称、作用及电路的工作原理并提问。 2. 引导学生阅读教材相关内容及电路原理图。 3. 认识电路原理图 （1）通过教学课件展示电路原理图，引导学生讨论电路的工作原理。 （2）引导各小组推选代表上台分析电路的工作原理。 4. 记录学生的回答要点，对学生的回答情况进行点评。 5. 引导各小组学生观察所发三极管的型号，查询三极管的主要参数。	**五、分析电路原理，查询信息资料** 1. 回顾前期所学，各小组抢答问题。 2. 根据教师提出的问题，各小组展开讨论。 3. 各小组推选代表上台讲解电路的工作原理。 4. 观看教师展示的课件。 5. 倾听教师总结。 6. 使用晶体管手册或在电子专业网站上查阅三极管的主要参数，把查询的结果填入工作页相应表格中。	一体机、教学课件、白板、教学资源库、手机	任务驱动法、头脑风暴法

教师活动	学生活动	教学手段	教学方法
六、指导安装与焊接电路（20 min） 1. 引导学生认真阅读教材内容，识读电路原理图及印制板装配图。 2. 根据公式估算放大电路的静态值、电压放大倍数，把估算结果填入工作页相应表中。 3. 讲解电子技术规范及电子元器件安装与焊接工艺要求。 4. 示范电子元器件的安装与焊接操作。 5. 巡回指导，针对学生在电路安装与焊接过程中遇到的问题进行针对性答疑。 6. 观察学生在焊接过程中存在的共性问题，集中讲解。	六、安装与焊接电路 1. 在教师的引导下，认真阅读教材内容，识读电路原理图及印制板装配图。 2. 各小组讨论，估算放大电路的静态值和电压放大倍数。 3. 倾听教师讲解，观看教师的示范操作，明确电子元器件安装技术规范与焊接工艺要求。 4. 根据工作计划和电子技术规范，采用角色互换的方式，轮流进行电路的安装与焊接。 5. 在教师引导下及时改正不规范的焊接操作。	工作页	角色扮演法、演示法
七、指导调试电路（20 min） 1. 引导学生认真阅读电路图。 2. 引导学生使用目视检测法轮流对电路板的外观进行检查。	七、调试电路 1. 在教师的引导下，认真阅读电路图。 2. 使用目视检测法，轮流对电路板的外观进行检查，检查电路板有无错接、脱焊、	一体机、互联网学习平台	演示法、任务驱动法、讲授法、讨论法

教师活动	学生活动	教学手段	教学方法
3. 对各小组电路板进行检查，看有无错接、脱焊、漏焊、虚焊和短路等现象，确认无误后，在各小组工作页上签字确认。 4. 利用单管放大电路原型板示范电路的调试和各电路参数的测量方法，讲授操作规范和用电安全。 5. 引导学生进行通电观察，先仔细观察电路有无异常现象，如冒烟、气味异常、元器件发烫，以及电源输出短路等。如出现异常现象，应立即切断电源，检查电路，排除故障，待故障排除后方可重新接通电源。 6. 引导学生进行静态工作点的调整。 7. 引导学生进行电压放大倍数的测量。 8. 在调试过程中若出现问题，引导学生分组讨论、尝试排查。	漏焊、虚焊和短路等现象。 3. 观看教师示范调试过程，倾听教师对操作规范和用电安全的讲解。 4. 电路板经检查合格后，在教师的指导下，采用角色互换的方式，轮流接通可调电源，先观察电路现象，确认没有异常，再根据调试步骤进行电路调试，把测量结果及数据填写在工作页中。 5. 对于调试过程中出现的故障，向教师请教或小组讨论分析来查找原因并将其排除，把处理结果填写在工作页相应表格内。	一体机、互联网学习平台	演示法、任务驱动法、讲授法、讨论法
八、清理现场（5 min） 1. 组织各小组物料管理员在物料间收取并复核工具、仪器仪表及物料。 2. 按照6S现场管理要求督促学生清扫、整理工作现场。	**八、清理现场** 1. 按清单返还工具、仪器仪表及物料。 2. 按照6S现场管理要求清扫、整理工作现场。		

<table>
<tr><th>教师活动</th><th>学生活动</th><th>教学手段</th><th>教学方法</th></tr>
<tr><td>九、实训测评（5 min）
1. 引导学生结合实训过程中的成功经验和遇到的问题进行总结。
2. 带领学生回顾本节课的训练目标，总结各小组表现，表扬其优点、指出不足，并进行点评，提出改进意见。
3. 根据学业评价标准，在互联网学习平台上指导小组完成自评和互评，并进行教师评价。</td><td>九、自评和互评
1. 各小组代表上台分享本次实训过程中的心得体会。
2. 倾听教师点评。
3. 根据学业评价标准，在互联网学习平台上完成小组自评和互评。</td><td>一体机、互联网学习平台、手机</td><td>演示法、评价法、讲授法</td></tr>
<tr><td colspan="4">课　　后</td></tr>
<tr><td>学业评价</td><td colspan="3">1. 采用过程性评价与终结性评价相结合的评价方式。
2. 采用小组自评、互评和教师评价相结合的多元化评价方式。
3. 学业评价贯穿整个技能训练过程，多方面考核学生的学习效果，有助于全面培养学生的综合职业能力。</td></tr>
<tr><td>教学反思</td><td colspan="3">一、教学效果及创新

二、回顾与改进</td></tr>
</table>

§2-4 多级放大电路

<table>
<tr><th colspan="4">教案首页</th></tr>
<tr><td>序号</td><td>10</td><td>授课地点</td><td></td></tr>
<tr><td>授课专业</td><td></td><td>授课班级</td><td></td></tr>
<tr><td>授课日期</td><td></td><td>授课时数</td><td>1</td></tr>
<tr><th colspan="4">教学思路</th></tr>
<tr><td colspan="4">单级放大电路是多级放大电路的基本单元。把多个单级放大电路通过某种方式连接起来，即构成多级放大电路，其连接方式又称“耦合”。常见的耦合方式有阻容耦合、变压器耦合、直接耦合和光电耦合四种。不同的耦合方式各具特点，但其电压放大倍数、输入电阻、输出电阻的概念是相通的，计算方法是相似的。
本节课主要介绍多级放大电路的级间耦合方式以及多级放大电路电压放大倍数、输入电阻和输出电阻的计算方法。</td></tr>
<tr><th colspan="4">教学目标</th></tr>
<tr><td>知识目标</td><td colspan="3">1. 了解多级放大电路的四种级间耦合方式及其特点。
2. 理解多级放大电路的电压放大倍数、输入电阻和输出电阻的概念。</td></tr>
<tr><td>技能目标</td><td colspan="3">1. 会计算多级放大电路的电压放大倍数、输入电阻和输出电阻。
2. 通过小组任务，增强合作意识，提高社交能力。
3. 提高分析、概括、分类等逻辑思维能力。</td></tr>
<tr><td>情感目标</td><td colspan="3">1. 通过参与课堂活动，培养学习兴趣。
2. 通过体验积分奖励等环节，建立和增强学习的自信心。
3. 培养乐于探究的精神。</td></tr>
<tr><th colspan="4">教学重、难点</th></tr>
<tr><td>教学重点</td><td colspan="3">多级放大电路的四种级间耦合方式及其特点。</td></tr>
<tr><td>教学难点</td><td colspan="3">多级放大电路的电压放大倍数、输入电阻和输出电阻的计算方法。</td></tr>
</table>

<table>
<tr><td colspan="2" align="center">教学资源</td></tr>
<tr><td>教学环境</td><td>多媒体教室。</td></tr>
<tr><td>教学设备</td><td>互联网学习平台、移动终端（手机）、演示示教板、黑板。</td></tr>
<tr><td>教学材料</td><td>视频资源、教学课件、单相变压器、光电耦合器、彩色粉笔。</td></tr>
<tr><td colspan="2" align="center">教学方法</td></tr>
<tr><td colspan="2">讲授法、讨论法、展示法、演示法。</td></tr>
<tr><td colspan="2" align="center">审批意见</td></tr>
<tr><td colspan="2">签字：
年　月　日</td></tr>
</table>

<table>
<tr><th colspan="2">教学过程与教学内容</th></tr>
<tr><th colspan="2">课　前</th></tr>
<tr><td colspan="2">1. 通过互联网学习平台布置任务，让学生明确学习目标，了解学习任务。
2. 准备教学课件、电子教案，并将其上传至互联网学习平台。
3. 准备演示示教板、单相变压器、光电耦合器等。</td></tr>
<tr><th colspan="2">课　中</th></tr>
<tr><td>教学引入
（5 min）</td><td>准备上课：
组织学生利用互联网学习平台的点名功能签到，师生相互问好。
复习提问：
“想一想分压式射极偏置电路具有哪些特点？”
提示：
由在实际应用中微弱的电信号需被放大几千或几万倍，而单管放大电路无法满足这种需要的现象，来导入对多级放大电路内容的讲解。</td></tr>
<tr><td>讲授新课
（35 min）</td><td>一、级间耦合方式
多媒体课件展示：
展示多级放大电路的组成图。
向学生讲解多级放大电路的级间耦合必须保证信号的传输无损耗且不失真。耦合元件不同，耦合方式也不同，由此导入对四种级间耦合方式的讲解。
多媒体动画演示：
通过动画，演示四种级间耦合方式的应用电路，并展示它们的特点、存在的问题及应用场合。
实物展示：
展示单相变压器和光电耦合器的实物。
二、多级放大器的近似估算
1. 估算多级放大器的电压放大倍数 A_u
提示：
由电压放大倍数的定义，结合多级放大电路的电路图，推出总的电压放大倍数的公式，即 $A_u = A_{u1}A_{u2}\cdots A_{un}$。
2. 估算多级放大器的输入电阻 r_i 和输出电阻 r_o
提示：
由输入电阻、输出电阻的定义，得出 $r_i = r_{i1}$、$r_o = r_{on}$ 的结论。</td></tr>
</table>

讲授新课 （35 min）	**讲授：** （1）求多级放大器的电压放大倍数时，先分别求各单级放大器的电压放大倍数，然后再求电路总的电压放大倍数，并要考虑到下级放大器的输入电阻也是前级负载的一部分。 （2）后级电路的输入电阻是前级电路的负载电阻；前级电路的输出电阻是后级电路的信号源内阻。 **提示：** 为了帮助学生掌握多级放大器的电压放大倍数、输入电阻和输出电阻的计算公式，可增加一个两级阻容耦合电路的例子，并引导学生对其相关数值进行计算。
归纳总结 （4 min）	1. 多极放大电路有四种级间耦合方式，分别是阻容耦合、变压器耦合、直接耦合和光电耦合。 2. 多级放大器的电压放大倍数等于各级电压放大倍数之积。输入电阻等于第一级放大器的输入电阻，输出电阻等于最后一级放大器的输出电阻。
布置作业 （1 min）	1. 作业：习题册 §2–4。 2. 思考题 （1）多级放大电路的常用级间耦合方式有哪几种？每种级间耦合方式各有何特点？ （2）多级放大器的电压放大倍数、输入电阻、输出电阻的计算与单级放大器有何不同？
课　　后	
学业评价	学业评价包括过程性评价和期末考试评价。过程性评价主要包括课前测试、课前讨论、资源学习、课堂签到、课堂活动、课堂考核、课后测试、课后拓展等要素。 课前测试、课后测试、课堂签到、课堂活动参与情况等由互联网学习平台自动记录并打分，课堂考核由学生和教师共同评价，课后拓展主要由教师评价。学业评价贯穿整个学习过程，多方面考核学生的学习效果，有助于全面培养学生的综合职业能力。

教学反思	一、教学效果及创新 二、回顾与改进

§2-5　反馈放大电路

<table>
<tr><th colspan="4">教 案 首 页</th></tr>
<tr><td>序号</td><td>11</td><td>授课地点</td><td></td></tr>
<tr><td>授课专业</td><td></td><td>授课班级</td><td></td></tr>
<tr><td>授课日期</td><td></td><td>授课时数</td><td>6</td></tr>
<tr><th colspan="4">教 学 思 路</th></tr>
<tr><td colspan="4">前面所讲授的放大电路只涉及了输入信号对输出信号的控制作用，即放大电路信号的正向传输。然而，放大电路的输出信号也可能对输入信号产生反作用，这就是本节课要研究的——反馈。在放大电路中引入各种不同的负反馈，可以有效地改善放大电路的性能，提高放大电路的质量，因此，实用的放大电路几乎都要引入负反馈。
本节课主要介绍反馈的基本概念，各种放大电路中反馈的类型，以及负反馈对放大电路性能的影响。本节课概念多，知识点琐碎，且有一定难度，可让学生通过多练习来掌握本节课的内容，为后续放大电路的分析奠定基础。</td></tr>
<tr><th colspan="4">教 学 目 标</th></tr>
<tr><td>知识目标</td><td colspan="3">1. 理解反馈的基本概念，掌握反馈的四种分类方法及其特点。
2. 理解不同的负反馈对放大器性能的影响。
3. 了解放大器的四种类型，掌握射极输出器的特点。</td></tr>
<tr><td>技能目标</td><td colspan="3">1. 能判断实际反馈的类型和极性。
2. 能应用负反馈改善电路性能。
3. 通过小组任务，增强合作意识，提高社交能力。
4. 提高分析、概括、分类等逻辑思维能力。</td></tr>
<tr><td>情感目标</td><td colspan="3">1. 通过参与课堂活动，培养学习兴趣。
2. 通过体验积分奖励等环节，建立和增强学习的自信心。
3. 培养乐于探究的精神。</td></tr>
</table>

<table>
<tr><th colspan="2">教学重、难点</th></tr>
<tr><td>教学重点</td><td>1. 反馈的基本概念。
2. 实际反馈的类型和极性的判断方法。
3. 负反馈对放大器性能的影响。
4. 射极输出器的特点。</td></tr>
<tr><td>教学难点</td><td>1. 反馈的基本概念。
2. 实际反馈的类型和极性的判断方法。</td></tr>
<tr><th colspan="2">教 学 资 源</th></tr>
<tr><td>教学环境</td><td>多媒体教室。</td></tr>
<tr><td>教学设备</td><td>互联网学习平台、移动终端（手机）、演示示教板、黑板。</td></tr>
<tr><td>教学材料</td><td>视频资源、教学课件、电子元器件、电子电路板、彩色粉笔。</td></tr>
<tr><th colspan="2">教 学 方 法</th></tr>
<tr><td colspan="2">讲授法、演示法、讨论法、探究法。</td></tr>
<tr><th colspan="2">审 批 意 见</th></tr>
<tr><td colspan="2">签字：
年 月 日</td></tr>
</table>

<table>
<tr><th colspan="2">教学过程与教学内容</th></tr>
<tr><th colspan="2">课　前</th></tr>
<tr><td colspan="2">1. 通过互联网学习平台布置任务，让学生明确学习目标，了解学习任务。
2. 准备教学课件、电子教案，并将其上传至互联网学习平台。
3. 准备演示示教板、电子元器件、电子电路板等。</td></tr>
<tr><th colspan="2">课　中</th></tr>
<tr><td>教学引入
（10 min）</td><td>准备上课：
组织学生利用互联网学习平台的点名功能签到，师生相互问好。
复习提问：
“分压式射极偏置电路是如何稳定静态工作点的？这种电路有何特点？”
提示：
引导学生复习分压式射极偏置电路的工作原理，回忆发射极电阻 R_E 将电流 I_{EQ} 的变化转换为电压的变化，将其加到输入回路，并通过三极管基极电流的控制作用使静态工作电流 I_{CQ} 稳定不变的过程，由此导入新课。</td></tr>
<tr><td>讲授新课
（250 min）</td><td>一、反馈的基本概念
1. 反馈的定义
多媒体课件展示：
先展示基本放大电路的方框图，在基本放大电路方框图的基础上，补画反馈电路的方框图，最终完成反馈放大器的方框图，并指出以下几点：
（1）反馈放大器由基本放大电路和反馈电路两部分组成；
（2）引入反馈后，电路形成闭合的环路；
（3）反馈元件联系着放大器的输出与输入，并影响放大器的输入。
提示：
反馈概念具有普遍性，可引导学生就现实生活中比较熟悉的信息反馈现象展开联想（如在商业活动中，商家根据对产品销售情况的调研，调整产品向市场的投放量，以提高经济效益），从而理解信息反馈的概念。
2. 反馈的分类
复习提问：
“若分压式射极偏置电路的输出量回到放大电路的输入端，会使其净输入信号增大还是减小？”</td></tr>
</table>

讲授新课 （250 min）	**提示：** 再次分析分压式射极偏置电路稳定静态工作点的过程，引出对反馈类型的讲解。 **多媒体课件展示：** 展示不同类型反馈的方框图，引导学生分析各方框图的特点，讲解反馈的分类方法及不同类型反馈的特点。 **二、反馈的判断** **1. 有无反馈的判断** **提示：** 有无反馈的判断方法为找有无在输出回路、输入回路之间起联系作用的元件或支路，若有，则存在反馈，否则不存在反馈。 **小组任务：** “以教材图 2–39 为例，分析、判断电路中有无反馈。” **讲授：** 分析教材图 2–39，可得出以下结论。 （1）教材图 2–39a 电路因输出回路与输入回路之间不存在起联系作用的元件，所以不存在反馈。 （2）教材图 2–39b 电路因 R_f、C_f 跨接在输出端与输入端之间，起桥梁作用，所以有反馈。 （3）教材图 2–39c 电路因 R_E、C_E 并联电路为输出回路与输入回路的公共电路，所以有反馈。 **2. 反馈极性的判断** **讲授：** 反馈极性的判断方法为瞬时极性法，在运用瞬时极性法时要注意以下两点。 （1）三极管各电极的相位关系。发射极信号与基极输入信号瞬时极性相同，集电极与基极瞬时极性相反。 （2）反馈电路中的电阻、电容等元件。一般会认为它们在信号传输过程中不产生附加相移，对瞬时极性没有影响。 **课堂练习 1：** 判断下图所示放大电路是否存在反馈，若存在反馈，试判断反馈的极性。

<table>
<tr>
<td>讲授新课
（250 min）</td>
<td>
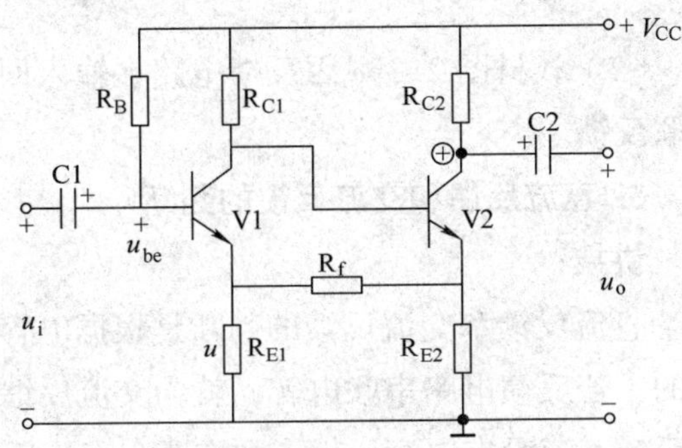

3. 电压反馈和电流反馈的判断
讲授：
电压反馈和电流反馈的判断方法是看反馈电路在输出回路的连接方法，若反馈电路接在电压输出端，为电压反馈；若其不接在电压输出端，则为电流反馈。
小组任务：
“以教材图 2–39 为例，分析、判断教材图 2–39b 和图 2–39c 电路的反馈类型。”
讲授：
分析教材图 2–39，可得出以下结论。
（1）教材图 2–39b 因 R_f、C_f 串联电路在输出回路中接在了输出端，所以为电压反馈。
（2）教材图 2–39c 因 R_E、C_E 并联电路在输出回路中没有接在输出端，所以为电流反馈。
4. 串联反馈和并联反馈的判断
讲授：
串联反馈和并联反馈的判断方法为看反馈电路或元件在输入回路的连接方法，若反馈电路接在输入端，就为并联反馈；若不接在输入端（一般接在发射极），则为串联反馈。
小组任务：
“以教材图 2–39 为例，分析、判断教材图 2–39b 和图 2–39c 电路的反馈类型。”
讲授：
分析教材图 2–39，可得出以下结论。
（1）教材图 2–39b 因反馈电路在输入回路中接在输入端，所以为并联反馈。
</td>
</tr>
</table>

<table>
<tr>
<td>讲授新课
（250 min）</td>
<td>

（2）教材图 2–39c 因反馈电路在输入回路中接在发射极，所以为串联反馈。

5. 直流反馈和交流反馈的判断

讲授：

直流反馈和交流反馈的判断是根据电容“通交隔直”的特性来进行的，若反馈电路串联电容，就为交流反馈；若其并联电容，则为直流反馈；若没有电容元件，则交流、直流反馈共存。

小组任务：

“以教材图 2–39 为例，分析、判断教材图 2–39b 和图 2–39c 电路的反馈类型。”

讲授：

分析教材图 2–39，可得出以下结论。

（1）教材图 2–39b 因电路中 R_f、C_f 串联，所以为交流反馈。

（2）教材图 2–39c 因电路中 R_E、C_E 并联，所以为直流反馈。

课堂练习 2：

判断下图所示放大电路是否存在反馈，若存在反馈，试判断是什么反馈。

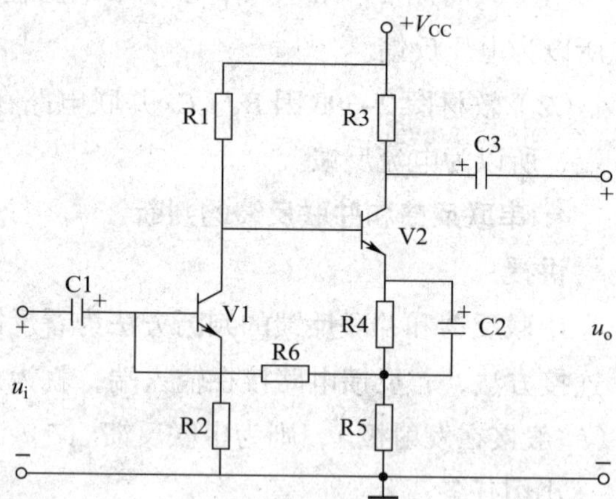

三、负反馈放大器的四种基本类型

讲授：

若同时考虑反馈电路与放大器的输入回路、输出回路的连接方式，可得到负反馈放大器的四种不同类型，即电压串联负反馈、电压并联负反馈、电流串联负反馈和电流并联负反馈。

</td>
</tr>
</table>

讲授新课 （250 min）	**多媒体课件展示：** 展示四种基本类型负反馈放大器的方框图，说明它们各自的特点。 **四、负反馈对放大器性能的影响** **提示：** 负反馈对放大器性能的影响是本节课的重点，宜采用定性分析和方框图讲解相结合的方法，讲清楚各量变化的物理过程，而后得出结论。 **1. 提高放大倍数的稳定性** **讲授：** 电压负反馈能稳定输出电压。 电流负反馈能稳定输出电流。 **2. 改善非线性失真** **多媒体动画演示：** 通过动画，演示负反馈改善放大器非线性失真的过程。 通过动画，学生能直观地看到电路各部分的工作波形，比较各部分的波形变化，并直观地感受到负反馈改善放大电路非线性失真的效果。 **提示：** （1）负反馈的引入可改善因三极管输入特性的非线性而引起的失真，对外来输入的失真信号则不起作用。 （2）负反馈的引入仅能改善电路的失真，不能彻底消除失真。 **3. 影响输入电阻和输出电阻** **（1）对输入电阻的影响** **提示：** 在讲解负反馈对放大器输入电阻的影响时，可联系以下几点： 1）在教材《电工基础》中学习过的电阻串、并联电路等效电阻的计算公式。 2）在串联负反馈电路中，反馈电路与放大电路相串联，电路串联元器件越多，其等效电阻越大。 3）在并联负反馈电路中，反馈电路与放大电路相并联，电路并联元器件越多，其等效电阻越小。

<table>
<tr>
<td>讲授新课
（250 min）</td>
<td>

（2）对输出电阻的影响

提示：

在讲解负反馈对放大器输出电阻的影响时，可联系以下几点：

1）在教材《电工基础》中学过的电压源和电流源的特点。

2）电压负反馈的引入可使放大电路等效为一个电压源，而电压源的内阻较小，所以电压负反馈使电路的输出电阻减小。

3）电流负反馈的引入可使放大电路等效为一个电流源，而电流源的内阻较大，所以电流负反馈使电路的输出电阻增大。

4）引入负反馈还能提高电路的抗干扰能力、展宽频带宽度等。

归纳总结：

在放大电路中引入负反馈是以牺牲放大倍数为代价换取放大器各方面性能的改善。

五、负反馈放大电路的特例——射极输出器

1. 电路组成

提示：

复习共射极基本放大电路的电路组成，改画该基本放大电路，即可得到射极输出器电路，让学生比较两个电路的区别。

多媒体课件展示：

展示射极输出器电路图。

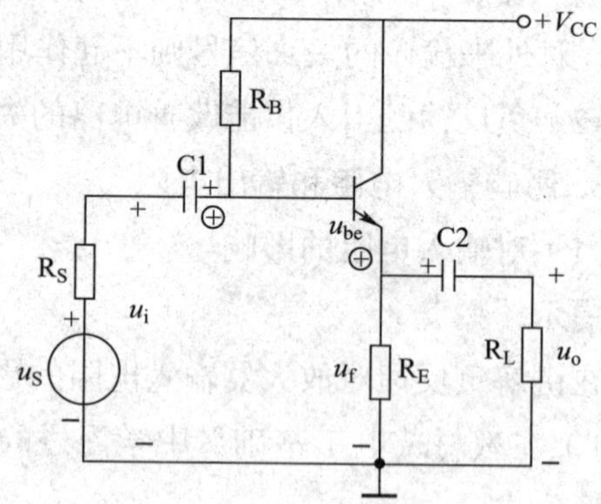

课堂练习 3：

（1）分别画出射极输出器电路的直流通路和交流通路。

（2）根据射极输出器电路的交流通路说明信号的输入和输出方式。

提出问题：

“射极输出器电路的反馈类型是什么？”

</td>
</tr>
</table>

讲授新课 （250 min）	**提示：** 在射极输出器电路中，电阻 R_E 因在输出回路中被接在输出端，所以是电压反馈；因在输入回路中被接在发射极，所以是串联反馈。利用瞬时极性法，可判断 R_E 为电路引入了负反馈。 **2. 射极输出器的特点** **讲授：** 射极输出器具有以下特点。 （1）电压放大倍数小于 1，且接近于 1。电路无电压放大作用，但仍具有电流放大作用。 （2）输出电压与输入电压近似相等，相位相同。 （3）输入电阻大，输出电阻小。 **提示：** 射极输出器是一种电压串联负反馈电路，虽然其没有电压放大作用，但仍具有电流放大作用，所以射极输出器仍为放大器。 从射极输出器的输入端看，它表现出很大的阻值，从其输出端看，它表现出很小的阻值，所以射极输出器又被称为“阻抗变换器”。 **3. 电路应用** **提示：** 应根据射极输出器的特点，讲清使用此电路的几点原因。 （1）射极输出器用作多级放大电路的输入级时，因输入电阻很大，可减轻信号源的负担。 （2）射极输出器用作多级放大电路的输出级时，因输出电阻很小，可以提高带载能力。 （3）射极输出器用作多级放大电路的中间级时，因其具有电压跟随作用，且输入电阻大、对前级的影响小，输出电阻小、对后级的影响也小，可以起缓冲、隔离作用。
归纳总结 （8 min）	1. 反馈的四种基本组态及其特点。 2. 反馈类型的判断方法。 3. 负反馈可以提高放大倍数的稳定性，改善非线性失真，影响输入、输出电阻。 4. 射极输出器具有输入电阻大、输出电阻小等特点，有一定的电流放大作用。

<table>
<tr><td>布置作业
（2 min）</td><td>1. 作业：习题册 §2–5。
2. 拓展任务：请分析互联网学习平台上所传电路图的反馈类型。</td></tr>
<tr><td colspan="2">课　后</td></tr>
<tr><td>学业评价</td><td>学业评价包括过程性评价和期末考试评价。过程性评价主要包括课前测试、课前讨论、资源学习、课堂签到、课堂活动、课堂考核、课后测试、课后拓展等要素。
课前测试、课后测试、课堂签到、课堂活动参与情况等由互联网学习平台自动记录并打分，课堂考核由学生和教师共同评价，课后拓展主要由教师评价。学业评价贯穿整个学习过程，多方面考核学生的学习效果，有助于全面培养学生的综合职业能力。</td></tr>
<tr><td>教学反思</td><td>一、教学效果及创新

二、回顾与改进

</td></tr>
</table>

技能训练5 多级负反馈放大电路的安装与调试

<table>
<tr><th colspan="4">教 案 首 页</th></tr>
<tr><td>序号</td><td>12</td><td>授课地点</td><td></td></tr>
<tr><td>授课专业</td><td></td><td>授课班级</td><td></td></tr>
<tr><td>授课日期</td><td></td><td>授课时数</td><td>2</td></tr>
<tr><th colspan="4">教 学 思 路</th></tr>
<tr><td colspan="4">本实训选取多级负反馈放大电路的安装与调试作为实训内容，并与企业电子产品装配工作岗位的真实工作任务相结合，强化学生的电子元器件检测技能。本实训遵循由简单到复杂、循序渐进的原则，使学生通过进行电子线路的插装、焊接和调试，进一步提高基本技能，理解负反馈对放大电路性能的影响。本实训具有一定的典型性，有着很重要的现实意义。</td></tr>
<tr><th colspan="4">教 学 目 标</th></tr>
<tr><td>知识目标</td><td colspan="3">1. 正确识读多级负反馈放大电路工作原理图。
2. 理解负反馈对放大电路的影响。</td></tr>
<tr><td>技能目标</td><td colspan="3">1. 能正确识别和检测所用元器件。
2. 能正确使用电子装配工具进行元器件的焊接和电路的装配。
3. 能观察在放大电路中负反馈对放大电路性能的影响。
4. 会使用仪器仪表进行多级负反馈放大电路静态工作点和电压放大倍数的测量。
5. 能根据测试结果判断电路是否存在故障，并能够排除故障。</td></tr>
<tr><td>情感目标</td><td colspan="3">1. 通过积极主动地参与训练，培养学习专业技能的兴趣。
2. 培养合作意识和团队精神。
3. 能自觉遵守安全操作规程，通过6S现场管理培养良好的工作习惯和劳动光荣的职业素养。</td></tr>
</table>

教学重、难点	
教学重点	1. 电路各元器件的识别与检测。 2. 多级负反馈放大电路的安装。 3. 多级负反馈放大电路的调试。
教学难点	1. 多级负反馈放大电路的工作原理。 2. 多级负反馈放大电路静态工作点和电压放大倍数的测量。
教 学 资 源	
教学环境	电子实训室、开放式的校园网。
教学设备	一体机、互联网学习平台、移动终端（手机）。
教学材料	微课、教学课件、多级负反馈放大电路原型板、多级负反馈放大电路电子套件、万用表、示波器、晶体管毫伏表、常用电子装配工具、工作页等。
审 批 意 见	
签字： 年　　月　　日	

教学过程与教学内容			
课　　前			
教师活动	学生活动	教学手段	教学方法
1. 通过互联网社交软件群通知学生按时登录互联网学习平台学习，并及时沟通。 2. 在互联网学习平台上传相关的教学课件和微课等学习资料，提醒学生预习，同时上传复习资料。 3. 针对课程内容在互联网学习平台上发布测试题，对学生的学习结果进行检测。 4. 根据互联网学习平台统计的学生测试成绩将学生分组，实现学生间的优势互补，确定各小组名称。 5. 设计并打印工作页。工作页内容包括任务描述、工作要求、工作计划、物料清单、检测记录表、安装及焊接情况记录表、线路调试记录表和线路故障记录表等。 6. 准备多级负反馈放大电路电子套件及实训相关的仪器仪表和工具。	1. 通过互联网社交软件群与教师及时沟通。 2. 自主查阅教师上传的学习资料并预习。 3. 自主查阅教师在互联网学习平台上发布的测试题，完成测试。 4. 小组讨论，合理安排分工。 5. 准备好教材、笔记本、笔等学习用品。	互联网社交软件、手机、互联网学习平台、微课、工作页	自主学习法
课　　中			
教师活动	学生活动	教学手段	教学方法
一、组织教学（5 min） 1. 按照课前分组安排学生就座。	**一、准备上课** 1. 按照课前分组就座。	互联网学习平台、手机	

教师活动	学生活动	教学手段	教学方法
2. 组织学生利用互联网学习平台的点名功能签到。 3. 师生相互问好。 4. 组织学生整理着装，并按照职业素养要求检查学生着装。	2. 使用手机登录互联网学习平台，在线签到。 3. 师生相互问好。 4. 整理着装。	互联网学习平台、手机	
二、下发工作任务单及工作页（5 min） 1. 引导学生复习多级放大电路的级间耦合方式、负反馈对放大电路性能的影响等知识点，导入新课。 2. 详细描述工作任务及要求，下发工作任务单。 3. 引导学生小组讨论，明确工作内容、要求和工时等。 4. 发放工作页。	**二、领取工作任务单及工作页** 1. 倾听工作任务描述，领取工作任务单。 2. 小组讨论，明确工作内容、要求和工时等，并填写工作任务单。 3. 领取工作页。	工作任务单、一体机、教学课件、工作页	情境导入法、任务驱动法
三、指导制订工作计划（5 min） 1. 向学生提出制订工作计划的要求。 2. 引导学生小组讨论，制订工作计划。 3. 引导学生上台展示本组的工作计划，记录各小组的展示情况。 4. 点评各小组的工作计划并提出改进建议。 5. 引导学生填写工作页。	**三、制订工作计划** 1. 认真倾听并记录制订工作计划的要求。 2. 进行小组讨论，制订工作计划。 3. 各小组派代表展示、讲解本组的工作计划。	工作页、手机、互联网学习平台	任务驱动法、讲授法、展示法、小组合作法、头脑风暴法

教师活动	学生活动	教学手段	教学方法
	4. 根据教师的点评和改进建议优化本组的工作计划。 5. 填写工作页。	工作页、手机、互联网学习平台	任务驱动法、讲授法、展示法、小组合作法、头脑风暴法
四、准备元器件（15 min） **1. 清点元器件** （1）和物料管理员（由学生扮演）一起给各小组学生发放常用电子装配工具、万用表、示波器、晶体管毫伏表、电子套件及物料。 （2）引导学生清点元器件，填写工作页。 （3）引导学生分类摆放元器件。 **2. 认识元器件** （1）碳膜电阻器：R_{B11}、R_{B12}、R_{C1}、R_{C2}、R_L、R_{E1}、R_{E2}、R_f、R_{f1}、R、R_{B22}、R_{B21}。 （2）可调电阻器：RP1、RP2。 （3）电解电容器：C1、C2、C3、C_{E1}、C_{E2}、C_f。 （4）三极管：V1、V2。 **3. 检测元器件参数** 指导学生检测电路中的电子元器件。	**四、认识元器件** 1. 在教师的引导下，认真阅读教材内容，填写工作页中的清单。 2. 各小组组长核查清单并签字。 3. 各小组物料管理员根据工作页中的清单，到物料间领取常用电子装配工具、万用表、示波器、晶体管毫伏表、电子套件及物料。 4. 采用角色互换的方式，轮流对照清单清点元器件，填写工作页。 5. 分类摆放元器件。 6. 观看教师的示范操作。 7. 轮流对电子元器件进行检测。	工作页	角色扮演法、演示法

教师活动	学生活动	教学手段	教学方法
五、介绍电路原理，展示信息资料（10 min） 1. 引导学生阅读教材相关内容及电路原理图。 2. 用教学课件展示电路原理图。 3. 提出问题，引导学生进行小组讨论。 （1）本放大电路是什么类型的放大电路？ （2）本放大电路级间耦合方式是什么？ （3）闭合开关 S2，电路会引入什么反馈？ **提示：** 该放大电路为两级阻容耦合负反馈放大电路。在电路中，R_f 和 C_f 把输出电压 u_o 引回到输入端，并经过 S2 加在 V1 的发射极上，从而在发射极电阻 R_f 上形成反馈电压 u_f，这属于电压串联交流负反馈。 4. 引导各小组推选代表上台分析电路的工作原理。 5. 记录学生的回答要点，对学生的回答情况进行点评。 6. 引导各组学生观察所发三极管的型号，查询其相关参数。	**五、分析电路原理，查阅信息资料** 1. 阅读教材相关内容，根据教师提出的问题，讨论本放大电路的工作原理。 2. 各小组代表回答问题，讲解电路的工作原理。 3. 倾听教师点评。 4. 观察三极管型号，查阅其主要参数，并把查询的结果填入工作页相应表格内。	一体机、教学课件、黑板、教学资源库、手机、白板	任务驱动法、头脑风暴法

教师活动	学生活动	教学手段	教学方法
六、指导安装与焊接电路（20 min） 1. 带领学生研究、分析电路原理图，结合印制电路板，找到对应元器件的安装位置。 2. 讲解电子元器件安装与焊接工艺要求。 3. 示范电子元器件的安装与焊接操作。 4. 巡回指导，针对学生在电路安装与焊接过程中遇到的问题进行指导，集中讲解共性问题。	**六、安装与焊接电路** 1. 认真阅读教材内容，分析电路原理图及印制电路板。 2. 小组讨论，估算放大电路的静态工作点和电压放大倍数。 3. 倾听教师讲解，观看教师的示范操作，明确电子元器件安装技术规范与焊接工艺要求。 4. 根据工作计划和电子技术规范，采用角色互换的方式，轮流进行电路的安装与焊接。 5. 在教师引导下及时改正不规范的焊接操作。	工作页	角色扮演法、演示法
七、指导调试电路（20 min） 1. 引导学生认真阅读电路图。 2. 引导学生使用目视检测法轮流对电路板的外观进行检查。	**七、调试电路** 1. 在教师的引导下，认真阅读电路图。 2. 使用目视检测法，轮流对电路板的外观进行检查。	一体机、互联网学习平台	演示法、任务驱动法、讲授法、讨论法

教师活动	学生活动	教学手段	教学方法
3. 对各小组电路板进行检查，确认无误后，在各小组工作页上签字确认。 4. 利用多级负反馈放大电路原型板示范电路的调试和各电路参数的测量方法，讲授操作规范和用电安全。 5. 安排电路板检查合格的小组在实训台上进行电路通电调试。 （1）通电时，带领学生先观察电路，看是否有异常情况出现，若有诸如冒烟、异常气味、短路和个别元器件发烫等现象，要立即采取措施，排除故障，方可再次通电测试。 （2）引领学生正确使用万用表等仪表测量相关数据，确定静态工作点，并及时记录数据，填写工作页。 （3）引领学生按实验步骤，分别断开或闭合开关S2，采用轮流的方式，用示波器观察输出波形的变化情况，比较在这两种情况下电压放大倍数的变化情况，并填写工作页。 6. 巡回指导，针对学生在电路调试过程中遇到的问题进行针对性指导和答疑。	3. 观看教师示范调试过程。 4. 电路板经检查合格后，在教师的指导下，采用角色互换的方式，轮流接通电路电源，根据调试步骤进行电路调试，记录测量结果和数据，填写工作页。 5. 小组合作测量静态工作点，填写工作页。 6. 分别断开、闭合开关S2，轮流用示波器观察输出波形的变化，比较这两种情况下电压放大倍数的变化情况，并填写工作页。 7. 对于调试过程中出现的故障，查找、讨论故障原因并进行排除。	一体机、互联网学习平台	演示法、任务驱动法、讲授法、讨论法

<table>
<tr><th>教师活动</th><th>学生活动</th><th>教学手段</th><th>教学方法</th></tr>
<tr><td>八、清理现场（5 min）
1. 组织各小组物料管理员在物料间收取并复核工具、仪器仪表及物料。
2. 按照6S现场管理要求督促学生清扫、整理工作现场。</td><td>八、清理现场
1. 按清单返还工具、仪器仪表及物料。
2. 按照6S现场管理要求清扫、整理工作现场。</td><td></td><td></td></tr>
<tr><td>九、实训测评（5 min）
1. 引导学生结合实训过程中的成功经验和遇到的问题进行总结。
2. 带领学生回顾本节课的训练目标，总结各小组表现，表扬其优点、指出不足，并进行点评，提出改进意见。
3. 根据学业评价标准，在互联网学习平台上指导小组完成自评和互评，并进行教师评价。</td><td>九、自评和互评
1. 各小组代表上台分享本次实训过程中的心得体会。
2. 倾听教师点评。
3. 根据学业评价标准，在互联网学习平台上完成小组自评和互评。</td><td>一体机、互联网学习平台、手机</td><td>演示法、评价法、讲授法</td></tr>
<tr><td colspan="4">课　　后</td></tr>
<tr><td>学业评价</td><td colspan="3">1. 采用过程性评价与终结性评价相结合的评价方式。
2. 采用小组自评、互评和教师评价相结合的多元化评价方式。
3. 学业评价贯穿整个技能训练过程，多方面考核学生的学习效果，有助于全面培养学生的综合职业能力。</td></tr>
</table>

<table>
<tr><td rowspan="2">教学反思</td><td>一、教学效果及创新</td></tr>
<tr><td>二、回顾与改进</td></tr>
</table>

§2-6　功率放大电路

<table>
<tr><th colspan="4">教 案 首 页</th></tr>
<tr><td>序号</td><td>13</td><td>授课地点</td><td></td></tr>
<tr><td>授课专业</td><td></td><td>授课班级</td><td></td></tr>
<tr><td>授课日期</td><td></td><td>授课时数</td><td>4</td></tr>
<tr><th colspan="4">教 学 思 路</th></tr>
<tr><td colspan="4">功率放大电路通常位于多级放大电路的末级，一般采用输出功率足够大、非线性失真小、效率高、散热好的电路。本节课重点介绍 OTL 和 OCL 两种互补对称功率放大电路，并根据电子技术的发展趋势，简要介绍目前应用较多的小功率音频集成功率放大器 LM386 的几种典型应用电路。
功率放大电路的功能是驱动负载工作，一般采用图解法分析其电压、电流和输出功率信号的关系。</td></tr>
<tr><th colspan="4">教 学 目 标</th></tr>
<tr><td>知识目标</td><td colspan="3">1. 了解低频功率放大器的基本要求。
2. 掌握低频功率放大器的分类。
3. 理解 OTL 和 OCL 功率放大器的工作原理。
4. 了解典型集成功率放大器的引脚功能及应用。
5. 了解复合管的结构、组成规则及特点。
6. 了解功放管的散热及安全保护。</td></tr>
<tr><td>技能目标</td><td colspan="3">1. 能分析三类低频功率放大器的特性。
2. 能分析低频功率放大器的输出波形。
3. 能识别复合管的管型。
4. 通过小组任务，增强合作意识，提高社交能力。
5. 提高分析、概括、分类等逻辑思维能力。</td></tr>
<tr><td>情感目标</td><td colspan="3">1. 通过参与课堂活动，培养学习兴趣。
2. 通过体验积分奖励等环节，建立和增强学习的自信心。
3. 培养乐于探究的精神。</td></tr>
</table>

<table>
<tr><th colspan="2">教学重、难点</th></tr>
<tr><td>教学重点</td><td>1. 低频功率放大器中三极管的工作状态。
2. OTL、OCL 电路的工作原理。
3. 交越失真产生的原因及消除方法。</td></tr>
<tr><td>教学难点</td><td>1. OTL、OCL 电路的工作原理。
2. 复合管的组合形式。</td></tr>
<tr><th colspan="2">教 学 资 源</th></tr>
<tr><td>教学环境</td><td>多媒体教室。</td></tr>
<tr><td>教学设备</td><td>互联网学习平台、移动终端（手机）、演示示教板、黑板。</td></tr>
<tr><td>教学材料</td><td>视频资源、教学课件、几种常见的功率放大器、LM386 集成功率放大器、散热器、彩色粉笔。</td></tr>
<tr><th colspan="2">教 学 方 法</th></tr>
<tr><td colspan="2">讲授法、演示法、讨论法、探究法。</td></tr>
<tr><th colspan="2">审 批 意 见</th></tr>
<tr><td colspan="2">签字：
年　　月　　日</td></tr>
</table>

<table>
<tr><th colspan="2">教学过程与教学内容</th></tr>
<tr><th colspan="2">课　前</th></tr>
<tr><td colspan="2">1. 通过互联网学习平台布置任务，让学生明确学习目标，了解学习任务。
2. 准备教学课件、电子教案，并将其上传至互联网学习平台。
3. 准备演示示教板、电子元器件、电子电路板等。</td></tr>
<tr><th colspan="2">课　中</th></tr>
<tr><td>教学引入
（5 min）</td><td>准备上课：
组织学生利用互联网学习平台的点名功能签到，师生相互问好。
多媒体播放：
向学生说明前面讨论的低频电压放大器的主要任务是把微弱的信号电压放大，而其输出功率不一定大。若要使收音机中的扬声器发声、使电视机和计算机的显示器显示图像、使电动机转动、使记录仪表指示数据等，就需要既能输出较大电压、又能输出较大电流的功率放大器。由此引入对功率放大电路的教学，导入新课。</td></tr>
<tr><td>讲授新课
（165 min）</td><td>一、低频功率放大器的概念
1. 对功率放大器的基本要求
多媒体课件展示：
展示多级放大电路的方框图。
讲授：
（1）功率放大电路的位置在多级放大电路的末级。
（2）功率放大电路的作用是对前级电压放大电路的较大输出电压信号进行功率放大，以较大的输出功率带动负载工作。
多媒体课件展示：
对功率放大器的基本要求有以下几点。
（1）功率放大器要有足够大的输出功率。
（2）功率放大器的效率要高。
（3）功率放大器的非线性失真要小。
（4）功放管的散热要好。
2. 功率放大器的分类
多媒体课件展示：
利用图解法展示电路静态工作点在不同位置时电路的输出波形，指出三类功率放大器的特性及应用。</td></tr>
</table>

<table>
<tr><td>讲授新课
（165 min）</td><td>

二、互补对称功率放大器

1. 单电源供电的互补对称功放电路（OTL 电路）

提示：

在讲解单电源供电的互补对称功放电路的组成及工作原理时，可在黑板上分别画出由 NPN 型和 PNP 型三极管构成的射极输出器，去掉其偏置电阻。然后将这两只三极管的基极相连，作为输入端；把这两只三极管的发射极经大容量电容耦合，作为输出端。若此电路采用单电源供电，就构成了单电源供电的互补对称功放电路（OTL 电路）。

多媒体课件展示：

展示 OTL 功放电路图。

讲授：

OTL 功放电路的电路结构特点有以下几点：

（1）在 OTL 功放电路中，V1 和 V2 是一对导电性能相反的管子，电路的结构对称。

（2）电路中的电容 C 既是输出耦合电容，又充当电源。

多媒体课件展示：

展示 OTL 功放电路的工作原理。

（1）静态时，$I_{BQ}=0$，$I_{CQ}=0$，电路工作在乙类状态。

（2）动态时，NPN 管和 PNP 管交替工作，补偿彼此只能放大输入信号半周的不足。

多媒体动画演示：

通过动画，演示交越失真的波形，说明实际电路中输出波形在正、负半周交界处会发生失真，该失真被称为交越失真。

讲授：

产生交越失真的原因是功放管工作在乙类放大状态时，两管发射结都没有设置偏置电压。当输入信号电压小于死区电压时，V1 和 V2 均处于截止状态；当信号在过零附近时，没有输出信号，因而产生了失真。

消除交越失真的方法是给 V1、V2 的发射结加上很小的正向偏置电压，从而使管子在静态时处于微导通状态。

多媒体课件展示：

展示实用的 OTL 功放电路图。

</td></tr>
</table>

<table>
<tr><td>讲授新课
（165 min）</td><td>

2. 双电源供电的互补对称功放电路（OCL 电路）

提示：

可由 OTL 电路有大容量电容、频率响应差，因而不利于电路的集成化的缺点，导入对此部分内容的讲解。

高保真音响设备大多采用双电源供电的互补对称功放电路（OCL 电路）。

可在黑板上画出 OCL 功放电路，并将其与实用的 OTL 功放电路相比较。

讲授：

OCL 功放电路的结构特点有以下几点：

（1）OCL 功放电路采用双电源供电。

（2）电路中去掉了电容 C，该电路采用直接耦合形式，便于集成化，低频特性较好。

3. 复合管

提示：

可结合复合管常见的组合方式，介绍复合管的管型。

4. 功放管的散热及安全保护

提示：

由在功率放大电路中，功放管既要流过大电流，又要承受高电压，为了使放大器能输出大的功率且功放管不损坏，需要给功放管安装散热器和采取相应的安全保护措施，来导入对此部分内容的讲解。

实物展示：

展示散热器实物。

三、集成功率放大器

实物展示：

展示 LM386 集成功率放大器实物。

多媒体课件展示：

展示 LM386 引脚图，介绍各引脚的功能，说明 LM386 的特点。展示 LM386 的几种典型应用电路。

</td></tr>
<tr><td>归纳总结
（8 min）</td><td>

1. 低频功率放大器的基本要求。
2. OTL、OCL 电路的结构特点。
3. 消除交越失真的方法。
4. 复合管的组合方式。
5. 功放管的散热及安全保护。

</td></tr>
</table>

<table>
<tr><td>布置作业
（2 min）</td><td>1. 作业：习题册 §2–6。
2. 拓展任务：说一说如何计算 OTL、OCL 功放电路的输出功率。</td></tr>
<tr><td colspan="2">课　　后</td></tr>
<tr><td>学业评价</td><td>学业评价包括过程性评价和期末考试评价。过程性评价主要包括课前测试、课前讨论、资源学习、课堂签到、课堂活动、课堂考核、课后测试、课后拓展等要素。
课前测试、课后测试、课堂签到、课堂活动参与情况等由互联网学习平台自动记录并打分，课堂考核由学生和教师共同评价，课后拓展主要由教师评价。学业评价贯穿整个学习过程，多方面考核学生的学习效果，有助于全面培养学生的综合职业能力。</td></tr>
<tr><td>教学反思</td><td>一、教学效果及创新

二、回顾与改进</td></tr>
</table>

技能训练 6　分立元件功率放大电路的安装与调试

<table>
<tr><td colspan="4">教 案 首 页</td></tr>
<tr><td>序号</td><td>14</td><td>授课地点</td><td></td></tr>
<tr><td>授课专业</td><td></td><td>授课班级</td><td></td></tr>
<tr><td>授课日期</td><td></td><td>授课时数</td><td>2</td></tr>
<tr><td colspan="4">教 学 思 路</td></tr>
<tr><td colspan="4">本实训选取分立元件功率放大电路的安装与调试作为实训内容，并与企业电子产品装配工作岗位的真实工作任务相结合，具有一定的代表性。</td></tr>
<tr><td colspan="4">教 学 目 标</td></tr>
<tr><td>知识目标</td><td colspan="3">1. 能正确识读功率放大电路的工作原理图，熟悉电路各电子元器件的作用，分析电路的工作过程。
2. 理解交越失真产生的原因及消除方法。</td></tr>
<tr><td>技能目标</td><td colspan="3">1. 能够明确电路安装要求，合理分工，制订安装计划。
2. 能熟练掌握电子元器件的检测方法。
3. 根据测试结果，能够判断电路是否存在故障，并能排除故障。
4. 会使用信号发生器、晶体管毫伏表、示波器、万用表正确测量并计算放大器的电压放大倍数、最大输出功率和效率，并记录结果。
5. 能熟练使用示波器观测功率放大电路的交越失真波形，并完成电路的调试。</td></tr>
<tr><td>情感目标</td><td colspan="3">1. 通过积极主动地参与训练，培养学习专业技能的兴趣。
2. 培养合作意识和团队精神。
3. 能自觉遵守安全操作规程，通过 6S 现场管理培养良好的工作习惯和劳动光荣的职业素养。</td></tr>
</table>

教学重、难点	
教学重点	分立元件功率放大电路的安装与焊接。
教学难点	分立元件功率放大电路的工作原理及调试。
教 学 资 源	
教学环境	电子实训室、开放式的校园网。
教学设备	一体机、互联网学习平台、移动终端（手机）。
教学材料	微课、教学课件、分立元件功率放大电路原型板、分立元件功率放大电路电子套件、万用表、示波器、晶体管毫伏表、常用电子装配工具、工作页等。
审 批 意 见	
签字： 年 月 日	

<table>
<tr><th colspan="4">教学过程与教学内容</th></tr>
<tr><th colspan="4">课　前</th></tr>
<tr><th>教师活动</th><th>学生活动</th><th>教学手段</th><th>教学方法</th></tr>
<tr><td>1. 通过互联网社交软件群通知学生按时登录互联网学习平台学习，并及时沟通。
2. 在互联网学习平台上传相关的教学课件和微课等学习资料，提醒学生预习，同时上传功率放大电路的相关复习资料。
3. 针对课程内容在互联网学习平台上发布测试题，对学生的学习结果进行检测。
4. 根据互联网学习平台统计的学生测试成绩将学生分组，实现学生间的优势互补，确定各小组名称。
5. 设计并打印工作页。工作页内容包括任务描述、工作要求、工作计划、物料清单、检测记录表、安装及焊接情况记录表、线路调试记录表和线路故障记录表等。</td><td>1. 通过互联网社交软件群与教师及时沟通。
2. 自主查阅教师上传的学习资料并预习。
3. 自主查阅教师在互联网学习平台上发布的测试题，完成测试。
4. 小组讨论，合理安排分工。
5. 准备好教材、笔记本、笔等学习用品。</td><td>互联网社交软件、手机、互联网学习平台、微课、工作页</td><td>自主学习法</td></tr>
<tr><th colspan="4">课　中</th></tr>
<tr><th>教师活动</th><th>学生活动</th><th>教学手段</th><th>教学方法</th></tr>
<tr><td>一、组织教学（5 min）
1. 按照课前分组安排学生就座。</td><td>一、准备上课
1. 按照课前分组就座。</td><td>互联网学习平台、手机</td><td></td></tr>
</table>

教师活动	学生活动	教学手段	教学方法
2. 组织学生利用互联网学习平台的点名功能签到。 3. 师生相互问好。 4. 组织学生整理着装，并按照职业素养要求检查学生着装。	2. 使用手机登录互联网学习平台，在线签到。 3. 师生相互问好。 4. 整理着装。	互联网学习平台、手机	
二、下发工作任务单及工作页（5 min） 1. 引导学生复习功率放大电路及其分类、OCL和OTL功率放大电路及其特点。 2. 详细描述工作任务及要求，下发工作任务单。 3. 引导学生小组讨论，明确工作内容、要求和工时等。 4. 发放工作页。	**二、领取工作任务单及工作页** 1. 倾听工作任务描述，领取工作任务单。 2. 小组讨论，明确工作内容、要求和工时等，并填写工作任务单。 3. 领取工作页。	工作任务单、一体机、教学课件、工作页	情境导入法、任务驱动法
三、指导制订工作计划（8 min） 1. 向学生提出制订工作计划的要求。 2. 引导学生小组讨论，制订工作计划。 3. 引导学生上台展示本组的工作计划，记录各小组的展示情况。	**三、制订工作计划** 1. 认真倾听并记录制订工作计划的要求。 2. 进行小组讨论，制订工作计划。 3. 各小组派代表展示、讲解本组的工作计划。	工作页、手机、互联网学习平台	任务驱动法、讲授法、展示法、小组合作法、头脑风暴法

教师活动	学生活动	教学手段	教学方法
4. 点评各小组的工作计划并提出改进建议。 5. 引导学生填写工作页。	4. 根据教师的点评和改进建议优化本组的工作计划。 5. 填写工作页。	工作页、手机、互联网学习平台	任务驱动法、讲授法、展示法、小组合作法、头脑风暴法
四、准备元器件（10 min） **1. 清点元器件** （1）和物料管理员（由学生扮演）一起给各小组学生发放常用电子装配工具、万用表、示波器、晶体管毫伏表、电子套件及物料。 （2）引导学生清点元器件，填写工作页。 （3）引导学生分类摆放元器件。 **2. 认识元器件** （1）碳膜电阻器：R1 ~ R13。 （2）电位器：RP1。 （3）可调电阻器：RP2、RP3。 （4）瓷片电容器：C2、C5。 （5）电解电容器：C1、C3、C4、C6、C7、C8、C9。 （6）三极管：V1 ~ V7。 （7）扬声器：B。	**四、认识元器件** 1. 在教师的引导下，认真阅读教材内容，填写工作页中的清单。 2. 各小组组长核查清单并签字。 3. 各小组物料管理员根据工作页中的清单，到物料间领取常用电子装配工具、万用表、示波器、晶体管毫伏表、电子套件及物料。 4. 采用角色互换的方式，轮流对照清单清点元器件，填写工作页。	工作页	角色扮演法、演示法

教师活动	学生活动	教学手段	教学方法
3. 检测元器件参数 （1）指导学生检测电路中的电子元器件。 （2）给学生示范扬声器的完好性检查。 **提示：** 1）观察扬声器的纸盆、外壳有无破损。 2）用数字式万用表的200 Ω 挡检测扬声器的直流电阻。 3）正常情况下，扬声器的直流电阻阻值应比标称阻值小。	5. 分类摆放元器件。 6. 观看教师的示范操作。 7. 轮流对电子元器件进行检测。	工作页	角色扮演法、演示法
五、介绍电路原理，展示信息资料（10 min） 1. 引导学生阅读教材相关内容及电路原理图。 2. 展示功率放大电路原理图，请学生识别电路原理图中各元件。 3. 引导学生讨论电路的工作原理。 4. 引导各小组推选代表上台分析电路的工作原理。 5. 记录学生的回答要点，对学生的回答情况进行点评。 6. 引导各小组学生查询三极管型号及相关参数。	**五、分析电路原理，查阅信息资料** 1. 使用手机在互联网学习平台上查阅教师上传的学习资源。 2. 各小组用手机查阅资料，开展对电路工作原理的讨论。 3. 各小组推选代表上台讲解电路的工作原理。 4. 倾听教师总结，提出疑问，结合教师的	一体机、教学课件、教学资源库、手机、互联网学习平台、白板	任务驱动法、头脑风暴法

教师活动	学生活动	教学手段	教学方法
	答疑情况，突破学习难点。 5. 利用专业网站查阅三极管的相关资料，把查询的结果填入工作页相应表格中。	一体机、教学课件、教学资源库、手机、互联网学习平台、白板	任务驱动法、头脑风暴法
六、指导安装与焊接电路（20 min） 1. 引导学生认真阅读教材内容、识读电路原理图及印制板装配图。 2. 讲授安全操作规程和6S现场管理要求。 3. 引领学生根据电路原理图，结合印制电路板，找到对应元器件的安装位置。 4. 讲授电子元器件安装与焊接工艺要求。 5. 引导学生轮流进行电子元器件的安装与焊接。 6. 巡回指导，针对学生在电路安装与焊接过程中遇到的问题进行指导，集中讲解共性问题。	**六、安装与焊接电路** 1. 在教师的引导下，认真分析教材内容、电路原理图及印制板装配图。 2. 倾听并记录安全操作规程和6S现场管理要求。 3. 采用角色互换的方式轮流使用万用表对电子元器件进行检测，并将检测结果填入工作页相应表格中。 4. 明确电子元器件安装技术规范与焊接工艺要求。 5. 采用角色互换的方式轮流进行电路安装与焊接。	工作页	角色扮演法、演示法

教师活动	学生活动	教学手段	教学方法
	6. 在教师引导下及时改正不规范的操作。	工作页	角色扮演法、演示法
七、指导调试电路（20 min） 1. 引导学生认真阅读电路图。 2. 引导学生使用目视检测法轮流对电路板的外观进行检查。 3. 对各小组电路板进行检查，确认无误后，在各小组工作页上签字确认。 4. 利用分立元件功率放大电路原型板示范电路的调试及测量方法。 （1）通电观察。 （2）静态调试。 （3）动态调试。 5. 巡回指导，针对学生在电路调试过程中遇到的问题进行针对性指导和答疑。	**七、调试电路** 1. 在教师的引导下，认真阅读电路图。 2. 使用目视检测法，轮流对电路板的外观进行检查。 3. 观看教师示范调试过程。 4. 电路板经检查合格后，采用角色互换的方式轮流接通电源，进行电路调试，记录测量数据，填写工作页。 5. 针对调试过程中出现的问题，查找故障原因并排除，把处理结果填写在工作页相应表格内。	一体机、互联网学习平台	演示法、任务驱动法、讲授法、讨论法
八、清理现场（5 min） 1. 组织各小组物料管理员在物料间收取并复核工具、仪器仪表及物料。 2. 按照6S现场管理要求督促学生清扫、整理工作现场。	**八、清理现场** 1. 按清单返还工具、仪器仪表及物料。 2. 按照6S现场管理要求清扫、整理工作现场。		

<table>
<tr><th>教师活动</th><th>学生活动</th><th>教学手段</th><th>教学方法</th></tr>
<tr><td>九、实训测评（7 min）
1. 引导学生结合实训过程中的成功经验和遇到的问题进行总结。
2. 带领学生回顾本节课的训练目标，总结各小组表现，表扬其优点、指出不足，并进行点评，提出改进意见。
3. 根据学业评价标准，在互联网学习平台上指导小组完成自评和互评，并进行教师评价。</td><td>九、自评和互评
1. 各小组代表上台分享本次实训过程中的心得体会。
2. 倾听教师点评。
3. 根据学业评价标准，在互联网学习平台上完成小组自评和互评。</td><td>一体机、互联网学习平台、手机</td><td>演示法、评价法、讲授法</td></tr>
<tr><td colspan="4" align="center">课　后</td></tr>
<tr><td>学业评价</td><td colspan="3">1. 采用过程性评价与终结性评价相结合的评价方式。
2. 采用小组自评、互评和教师评价相结合的多元化评价方式。
3. 学业评价贯穿整个技能训练过程，多方面考核学生的学习效果，有助于全面培养学生的综合职业能力。</td></tr>
<tr><td>教学反思</td><td colspan="3">一、教学效果及创新

二、回顾与改进

</td></tr>
</table>

第三章
集成运算放大器及其应用

本章内容由两大部分组成。第一部分是第一节，包含差动放大电路；第二部分由第二、三、四、五节组成，包含集成运算放大器及其应用电路。本章主要内容及其相互关系如下图所示。

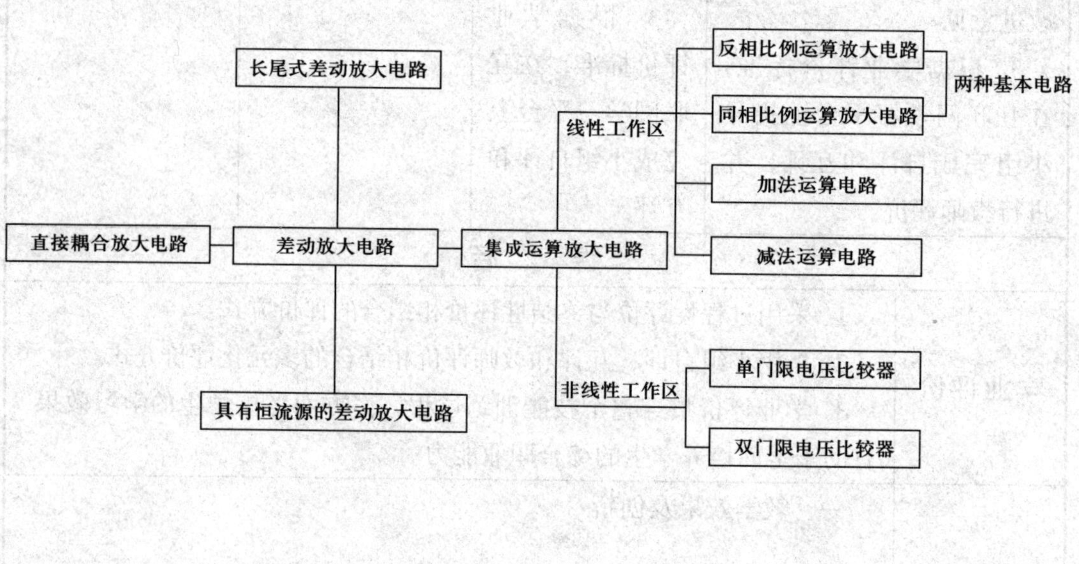

§3-1　差动放大电路

<table>
<tr><td colspan="4">教 案 首 页</td></tr>
<tr><td>序号</td><td>15</td><td>授课地点</td><td></td></tr>
<tr><td>授课专业</td><td></td><td>授课班级</td><td></td></tr>
<tr><td>授课日期</td><td></td><td>授课时数</td><td>2</td></tr>
<tr><td colspan="4">教 学 思 路</td></tr>
<tr><td colspan="4">电子技术发展的一个重要方向和趋势是实现集成化，运算放大器是一种模拟集成电路，其随着集成度的提高和性能的改善越来越受到人们的青睐。集成运算放大器的应用是本门课程的重点内容之一，本章内容数量少、分量重。
本节课主要介绍差动放大电路。差动放大电路具有共模抑制比高、零点漂移小的特点，通常被用作集成运算放大器的输入级。差动放大电路实际的输入信号由差模信号和共模信号构成，基本差动放大电路可利用电路的对称性抑制共模信号，而具有恒流源的差动放大电路可进一步提高共模抑制比。</td></tr>
<tr><td colspan="4">教 学 目 标</td></tr>
<tr><td>知识目标</td><td colspan="3">1. 了解零点漂移的基本概念。
2. 了解基本差动放大电路的结构，掌握基本差动放大电路的性能特点。
3. 理解差模信号、共模信号的含义，掌握共模抑制比的含义。
4. 理解差动放大电路的工作原理。
5. 了解恒流源的基本概念，认识具有恒流源的差动放大电路。</td></tr>
<tr><td>技能目标</td><td colspan="3">1. 会分析基本差动放大电路抑制共模信号、放大差模信号的工作原理。
2. 通过小组任务，增强合作意识，提高社交能力。
3. 提高分析、概括、分类等逻辑思维能力。</td></tr>
<tr><td>情感目标</td><td colspan="3">1. 通过参与课堂活动，培养学习兴趣。
2. 通过体验积分奖励等环节，建立和增强学习的自信心。
3. 培养乐于探究的精神。</td></tr>
</table>

<table>
<tr><th colspan="2">教学重、难点</th></tr>
<tr><td>教学重点</td><td>1. 零点漂移的基本概念及抑制方法。
2. 差动放大电路抑制共模信号的原理。</td></tr>
<tr><td>教学难点</td><td>1. 差模信号和共模信号的含义。
2. 基本差动放大电路抑制共模信号的原理。</td></tr>
<tr><th colspan="2">教 学 资 源</th></tr>
<tr><td>教学环境</td><td>多媒体教室。</td></tr>
<tr><td>教学设备</td><td>互联网学习平台、移动终端（手机）、演示示教板、黑板。</td></tr>
<tr><td>教学材料</td><td>视频资源、教学课件、电子元器件、电子电路板、彩色粉笔。</td></tr>
<tr><th colspan="2">教 学 方 法</th></tr>
<tr><td colspan="2">讲授法、演示法、讨论法。</td></tr>
<tr><th colspan="2">审 批 意 见</th></tr>
<tr><td colspan="2">签字：
年　　月　　日</td></tr>
</table>

<table>
<tr><td colspan="2">教学过程与教学内容</td></tr>
<tr><td colspan="2">课　前</td></tr>
<tr><td colspan="2">1. 通过互联网学习平台布置任务，让学生明确学习目标，了解学习任务。
2. 准备教学课件、电子教案，并将其上传至互联网学习平台。
3. 准备演示示教板、电子元器件、电子电路板等。</td></tr>
<tr><td colspan="2">课　中</td></tr>
<tr><td>教学引入
（10 min）</td><td>准备上课：
组织学生利用互联网学习平台的点名功能签到，师生相互问好。
多媒体课件展示：
介绍电子技术的发展现状、集成电路的发展概况及其应用。
说明运算放大器是一种高放大倍数的直接耦合放大器件。
复习提问：
“多级放大电路的级间耦合方式有哪几种？它们各有何特点？”
提示：
以电阻炉的恒温控制功能为例。要实现炉温的控制，须把电阻炉温度的变化通过传感器转变为电信号，以此让学生对电信号有一个初步认知；转变出的电信号十分微弱，必须经多级放大才能推动电阻炉的控制系统，实现炉温的控制，以此让学生对多级放大有一个初步认知。
要实现多级放大，级间必须采用直接耦合的方式。
可通过分析直接耦合放大电路引出零点漂移的概念。</td></tr>
<tr><td>讲授新课
（75 min）</td><td>一、零点漂移
1. 零点漂移的基本概念
2. 产生零点漂移的原因
复习提问：
“温度变化对半导体三极管的参数有什么影响？”
归纳总结：
产生零点漂移的原因有温度的变化、电源电压的波动，以及电路元器件参数的变化等。
3. 零点漂移的抑制方法
讲授：
抑制零点漂移最有效的措施是使用差动放大电路。</td></tr>
</table>

讲授新课 （75 min）	**提示：** 可让学生代表上台在黑板上画一个单管共射极放大电路。在学生所画电路图的相对位置，画出与其对称的另一个单管共射极放大电路，完成基本差动放大电路图。 **二、基本差动放大电路** **1. 电路组成** **讲授：** 将单管共射极放大电路与基本差动放大电路进行比较，说明基本差动放大电路的特点。 **2. 工作原理** **多媒体课件展示：** （1）静态分析 对静态时的输出电压进行分析。 （2）动态分析 1）共模信号与差模信号 共模信号：输入 $u_{i1}=u_{i2}$，大小相等，极性相同。 差模信号：输入 $u_{i1}=-u_{i2}$，大小相等，极性相反。 2）对零点漂移的抑制作用。 3）对差模信号的放大作用。 **提出问题：** “基本差动放大电路有哪些工作特点？” **提示：** 基本差动放大电路的工作特点有以下几点。 （1）差动放大电路对共模信号有抑制作用。 （2）差动放大电路对差模信号有放大作用。 （3）共模负反馈电阻 R_E 可稳定静态工作点，且对差模信号无影响，对共模信号起负反馈作用。R_E 越大，对共模信号的抑制作用就越强，甚至可使单端输出的共模信号放大倍数几乎衰减为零。 **课堂练习：** 若某基本差动放大电路两输入端的信号出现以下几种情况： （1）$u_{i1}=5$ V，$u_{i2}=5$ V。 （2）$u_{i1}=5$ V，$u_{i2}=-5$ V。 分析其共模和差模信号的电压各为多大？

<table>
<tr><td>讲授新课
（75 min）</td><td>

3. 共模抑制比（K_{CMR}）

提出问题：

“一个单管共射极放大电路的放大性能常用电压放大倍数来衡量，那么一个基本差动放大电路的性能好坏用什么来衡量呢？”

归纳总结：

一个性能良好的差动放大电路对差模信号应有很高的放大倍数，对共模信号应有足够的抑制能力。即共模抑制比越大，差动放大电路性能越好。

提出问题：

“如何提高共模抑制比？”

提示：

R_E阻值越大，对共模信号的负反馈作用越强；为了使R_E的阻值变大，电源电压V_{EE}能低些，常采用恒流源来代替R_E，以此导入下面的新内容。

三、具有恒流源的差动放大电路

多媒体课件展示：

展示具有恒流源的差动放大电路图。

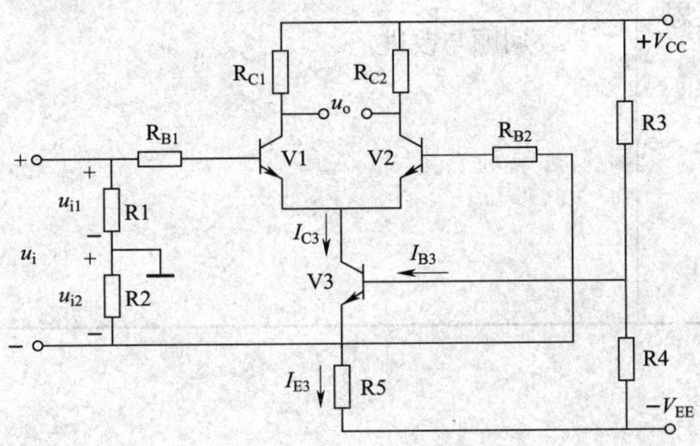

讲授：

把基本差动放大电路中的R_E用恒流源来代替，可在不影响差动放大电路静态工作点的同时，提高共模抑制比。

</td></tr>
<tr><td>归纳总结
（4 min）</td><td>

1. 基本差动放大电路的结构。

2. 抑制零点漂移的原理。

3. 差动放大电路输入输出的方式、输入信号的类型、共模抑制比的概念。

</td></tr>
</table>

<table>
<tr><td>布置作业
（1 min）</td><td>1. 作业：习题册 §3-1。
2. 拓展任务：查阅资料，说一说差动放大电路在实际生活中有哪些应用。</td></tr>
<tr><td colspan="2">课 后</td></tr>
<tr><td>学业评价</td><td>学业评价包括过程性评价和期末考试评价。过程性评价主要包括课前测试、课前讨论、资源学习、课堂签到、课堂活动、课堂考核、课后测试、课后拓展等要素。
课前测试、课后测试、课堂签到、课堂活动参与情况等由互联网学习平台自动记录并打分，课堂考核由学生和教师共同评价，课后拓展主要由教师评价。学业评价贯穿整个学习过程，多方面考核学生的学习效果，有助于全面培养学生的综合职业能力。</td></tr>
<tr><td>教学反思</td><td>一、教学效果及创新

二、回顾与改进

</td></tr>
</table>

§3-2　集成运算放大器概述

<table>
<tr><td colspan="4">教 案 首 页</td></tr>
<tr><td>序号</td><td>16</td><td>授课地点</td><td></td></tr>
<tr><td>授课专业</td><td></td><td>授课班级</td><td></td></tr>
<tr><td>授课日期</td><td></td><td>授课时数</td><td>1</td></tr>
<tr><td colspan="4">教 学 思 路</td></tr>
<tr><td colspan="4">集成运算放大器由集成工艺制成，是一种高放大倍数的多级直接耦合放大器。集成运算放大器通常由输入级、中间级、输出级和偏置电路四部分组成，其分类方法很多，按电路特性可分为通用型集成运算放大器和专用型集成运算放大器。集成运算放大器的主要参数是评价其性能优劣的主要标志，要引导学生明确为了合理选用和正确使用集成运算放大器，充分发挥每种器件的潜能，必须了解集成运算放大器的主要参数及其含义。
本节课的内容重在学习集成运算放大器的结构、电路符号、同相和反相输入端、主要参数及分类等，为后续集成运算放大器的学习奠定基础。</td></tr>
<tr><td colspan="4">教 学 目 标</td></tr>
<tr><td>知识目标</td><td colspan="3">1. 了解集成运算放大器的结构。
2. 熟练掌握集成运算放大器的电路符号。
3. 理解集成运算放大器的同相和反相输入端的含义。
4. 了解集成运算放大器的外形及分类。
5. 掌握集成运算放大器的主要参数。</td></tr>
<tr><td>技能目标</td><td colspan="3">1. 能识别集成运算放大器的电路符号。
2. 会查阅集成运算放大器的主要参数。
3. 通过小组任务，增强合作意识，提高社交能力。
4. 提高分析、概括、分类等逻辑思维能力。</td></tr>
<tr><td>情感目标</td><td colspan="3">1. 通过参与课堂活动，培养学习兴趣。
2. 通过体验积分奖励等环节，建立和增强学习的自信心。
3. 培养乐于探究的精神。</td></tr>
</table>

教学重、难点	
教学重点	1. 集成运算放大器的同相和反相输入端的含义。 2. 集成运算放大器的主要参数。
教学难点	集成运算放大器的主要参数。
教 学 资 源	
教学环境	多媒体教室。
教学设备	互联网学习平台、移动终端（手机）、演示示教板、黑板。
教学材料	视频资源、教学课件、电子元器件、电子电路板、彩色粉笔。
教 学 方 法	
讲授法、演示法、讨论法。	
审 批 意 见	
签字： 年　月　日	

<table>
<tr><th colspan="2">教学过程与教学内容</th></tr>
<tr><th colspan="2">课　前</th></tr>
<tr><td colspan="2">1. 通过互联网学习平台布置任务，让学生明确学习目标，了解学习任务。
2. 准备教学课件、电子教案，并将其上传至互联网学习平台。
3. 准备演示示教板、电子元器件、电子电路板等。</td></tr>
<tr><th colspan="2">课　中</th></tr>
<tr><td>教学引入
（5 min）</td><td>准备上课：
组织学生利用互联网学习平台的点名功能签到，师生相互问好。
多媒体播放：
播放日常生活中应用集成运算放大器的场景。
实物展示：
展示电路板上的集成运算放大器实物。
提示：
（1）向学生介绍集成运算放大器是采用集成电路技术制作的一种高放大倍数的多级直接耦合放大器。
（2）使学生了解集成运算放大器内部电路结构复杂，对于使用者来说，只需了解其内部电路各组成部分的作用，掌握其外部特征及使用方法即可，由此导入新课。</td></tr>
<tr><td>讲授新课
（35 min）</td><td>一、集成运算放大器的组成及电路符号
1. 组成框图
多媒体课件展示：
展示集成运算放大器的组成框图，讲授其组成部分及各级作用。
（1）输入级
集成运算放大器是直接耦合放大器，为了抑制零点漂移、抑制温度变化对电路的影响，其输入级采用了差动放大电路，这可以使集成运算放大器获得尽可能高的共模抑制比。
（2）中间级
中间级的作用是使集成运算放大器具有较强的放大能力，其通常由多级共射极放大器构成。
（3）输出级
输出级的作用是为负载提供一定幅度的信号电压和信号电流，输出级具有一定的保护功能。</td></tr>
</table>

<table>
<tr>
<td>讲授新课
（35 min）</td>
<td>（4）偏置电路
放大电路要不失真地进行信号放大，就需要各级提供稳定的静态工作电流，所以必须设置偏置电路。
2. 电路符号
复习提问：
“差动放大电路的结构有什么特点？其输入、输出方式是什么？”
多媒体课件展示：
展示集成运算放大器的电路符号，介绍电路符号各部分的含义。在介绍两个输入端时，说明因为集成运算放大器的输入级采用差动放大电路，所以也有两个输入端。
提示：
在集成运算放大器的电路符号中只有三个引出端，而实际上集成运算放大器有多个引出端。
二、集成运算放大器的封装和分类
展示实物：
展示各种不同外形的集成运算放大器，并说明集成运算放大器引出端的排列规律。
三、集成运算放大器的主要参数
多媒体课件展示：
先向学生说明学习集成运算放大器主要参数的目的，再介绍各参数的含义。
向学生说明集成运算放大器的主要参数与二极管和三极管的主要参数一样，是评价其性能优劣的主要标志。为了合理地选用和正确使用集成运算放大器、充分发挥每种器件的潜能，必须了解集成运算放大器的主要参数及其含义。
提示：
本节课介绍的集成运算放大器主要参数的相关知识是为下节课对集成运算放大器理想化条件的讲解打基础的，应讲清各主要参数的含义及符号。重点介绍开环差模电压放大倍数、差模输入电阻、共模抑制比和开环输出电阻几个参数。其他参数如最大差模输入电压、最大共模输入电压和输入失调电压等则不作重点讲解。</td>
</tr>
</table>

<table>
<tr><td>讲授新课
（35 min）</td><td>集成运算放大器的各种参数是选用运算放大器产品的依据。在实际操作中可通过器件手册直接查到各种型号集成运算放大器的参数数值。
在讲解时可选某一型号的集成运算放大器器件举例，引导学生学习如何查看参数，使学生对参数有一个总体印象，同时掌握查阅器件手册的方法。</td></tr>
<tr><td>归纳总结
（4 min）</td><td>1. 集成运算放大器的结构。
2. 集成运算放大器的电路符号。
3. 集成运算放大器的主要参数。</td></tr>
<tr><td>布置作业
（1 min）</td><td>1. 作业：习题册 § 3–2。
2. 拓展任务：查阅资料，说一说集成运算放大器电路在实际生活中有哪些应用。</td></tr>
<tr><td colspan="2">课　　后</td></tr>
<tr><td>学业评价</td><td>学业评价包括过程性评价和期末考试评价。过程性评价主要包括课前测试、课前讨论、资源学习、课堂签到、课堂活动、课堂考核、课后测试、课后拓展等要素。
课前测试、课后测试、课堂签到、课堂活动参与情况等由互联网学习平台自动记录并打分，课堂考核由学生和教师共同评价，课后拓展主要由教师评价。学业评价贯穿整个学习过程，多方面考核学生的学习效果，有助于全面培养学生的综合职业能力。</td></tr>
<tr><td>教学反思</td><td>一、教学效果及创新

二、回顾与改进</td></tr>
</table>

§3-3 集成运算放大器的基本电路

<table>
<tr><td colspan="4">教 案 首 页</td></tr>
<tr><td>序号</td><td>17</td><td>授课地点</td><td></td></tr>
<tr><td>授课专业</td><td></td><td>授课班级</td><td></td></tr>
<tr><td>授课日期</td><td></td><td>授课时数</td><td>2</td></tr>
<tr><td colspan="4">教 学 思 路</td></tr>
<tr><td colspan="4">集成运算放大器是一种高放大倍数、高输入电阻的器件，在分析时常将它作为理想器件来处理，以使问题简化。集成运算放大器有线性区和非线性区，在线性区 $u_o=A_{uo}u_i$，在非线性区 $u_o=\pm U_{om}$，u_o 不随 u_i 变化而变化。本节课引入“虚短”和“虚断”概念来分析集成运算放大器电路。
实际的集成运算放大器很接近理想集成运算放大器。根据集成运算放大器输入信号接法的不同，集成运算放大器有反相输入和同相输入两种基本电路，这两种电路各具特点和长处，为电路设计者和使用者选用电路提供了依据。
本节课主要介绍集成运算放大器的基本电路，学生应掌握集成运算放大器的分析方法，为学习集成运算放大器的应用电路打基础。</td></tr>
<tr><td colspan="4">教 学 目 标</td></tr>
<tr><td>知识目标</td><td colspan="3">1. 了解理想集成运算放大器的基本概念。
2. 掌握理想集成运算放大器线性工作区和非线性工作区的特性及工作特点。
3. 理解集成运算放大器“虚短”和“虚断”的概念。
4. 掌握集成运算放大器电路的分析方法。
5. 掌握“虚地”的概念。
6. 掌握反相器和电压跟随器的组成及特点。
7. 掌握集成运算放大器电路反馈类型的判断方法。</td></tr>
<tr><td>技能目标</td><td colspan="3">1. 能正确判断集成运算放大器电路的反馈类型。
2. 能利用“虚短”和“虚断”的概念分析、计算集成运算放大器输出电压与输入电压的关系。
3. 通过小组任务，增强合作意识，提高社交能力。
4. 提高分析、概括、分类等逻辑思维能力。</td></tr>
</table>

<table>
<tr><td>情感目标</td><td>1. 通过参与课堂活动，培养学习兴趣。
2. 通过体验积分奖励等环节，建立和增强学习的自信心。
3. 培养乐于探究的精神。</td></tr>
<tr><td colspan="2">教学重、难点</td></tr>
<tr><td>教学重点</td><td>1. 理想集成运算放大器的电压传输特性。
2. 同相、反相比例运算放大电路的分析计算。</td></tr>
<tr><td>教学难点</td><td>1. 集成运算放大器电路反馈类型的判断。
2. 同相、反相比例运算放大电路的分析计算。</td></tr>
<tr><td colspan="2">教 学 资 源</td></tr>
<tr><td>教学环境</td><td>多媒体教室。</td></tr>
<tr><td>教学设备</td><td>互联网学习平台、移动终端（手机）、演示示教板、黑板。</td></tr>
<tr><td>教学材料</td><td>视频资源、教学课件、电子元器件、电子电路板、彩色粉笔。</td></tr>
<tr><td colspan="2">教 学 方 法</td></tr>
<tr><td colspan="2">讲授法、演示法、讨论法。</td></tr>
<tr><td colspan="2">审 批 意 见</td></tr>
<tr><td colspan="2">

签字：
年　　月　　日</td></tr>
</table>

<table>
<tr><th colspan="2">教学过程与教学内容</th></tr>
<tr><th colspan="2">课　　前</th></tr>
<tr><td colspan="2">1. 通过互联网学习平台布置任务，让学生明确学习目标，了解学习任务。
2. 准备教学课件、电子教案，并将其上传至互联网学习平台。
3. 准备演示示教板、电子元器件、电子电路板等。</td></tr>
<tr><th colspan="2">课　　中</th></tr>
<tr><td>教学引入
（5 min）</td><td>准备上课：
组织学生利用互联网学习平台的点名功能签到，师生相互问好。
多媒体课件展示：
展示集成运算放大器的主要参数，向学生说明集成运算放大器是一种高放大倍数、高输入电阻的器件，在分析时常将它作为理想器件来处理，以使问题简化，由此导入新课。</td></tr>
<tr><td>讲授新课
（80 min）</td><td>一、集成运算放大器的理想化
1. 理想集成运算放大器的基本概念
讲授：
集成运算放大器的理想化条件有以下几点：
（1）开环差模电压放大倍数 $A_{uo} \to \infty$。
（2）差模输入电阻 $r_{id} \to \infty$。
（3）开环输出电阻 $r_o \to 0$。
（4）共模抑制比 $K_{CMR} \to \infty$。（以上四点可概括为“三高一低”）
（5）没有失调现象，即当输入信号为零时，输出信号也为零。
多媒体课件展示：
展示理想集成运算放大器的符号。
2. 理想集成运算放大器的电压传输特性
提示：
把集成运算放大器的电压传输特性曲线画在黑板上，引导学生根据曲线找规律。讲解线性区和非线性区的传输特性，分析不同区域的工作条件及工作特点。
因为放大器工作在线性区时，输出电压 u_o 是有限的，而集成运算放大器自身开环差模电压放大倍数 $A_{uo} = \infty$，所以集成运算放大器的输入电</td></tr>
</table>

讲授新课 （80 min）	压 $u_i = u_P - u_N = \frac{u_o}{A_{uo}} \approx 0$，即 $u_N = u_P$，可得两输入端电位相等，就像两个输入端短接在一起。由于实际上两输入端并不是真的接在一起，故称其为“虚短”。 由 $r_{id} = \frac{u_{id}}{i_{id}}$，而理想集成运算放大器输入电阻 $r_{id} \approx \infty$，可得 $i_{id} = i_N = i_P = 0$，就像两个输入端与放大器内部断开了一样。由于实际上两输入端与放大器并不是真的断开了，故称其为“虚断”。 **归纳总结：** （1）线性区的工作特点 1）“虚短”：$u_N = u_P$。 2）“虚断”：$i_N = i_P = 0$。 （2）非线性区的工作特点 “虚短”不成立，“虚断”仍成立。 **讲授：** 实际的集成运算放大器很接近理想集成运算放大器。根据集成运算放大器输入信号接法的不同，集成运算放大器有反相输入和同相输入两种基本电路，这两种电路各具特点和长处，为电路设计者和使用者选用电路提供了依据。 **二、集成运算放大器的两种基本电路** **1. 反相比例运算放大电路** **提出问题：** “反相比例运算放大电路是否存在反馈？若存在，是什么反馈？电路工作在什么区域？” **提示：** 为电压并联负反馈，电路工作在线性区。 **讲授：** （1）电路的分析思路如下： 1）由同相输入端接地，$u_P = 0$，反相输入端电位也为零，但反相输入端并不接地，得出“虚地”的概念。 2）根据“虚断”，另一输入端的电位 $u_N = u_i$。 3）根据“虚短”可知 $u_N = u_P$，经换算得出输出电压与输入电压间的关系为 $u_o = -\frac{R_f}{R_1} u_i$，由此实现反相比例运算。

<table>
<tr><td>讲授新课
（80 min）</td><td>

（2）电路的平衡电阻 $R_2=R_1/\!/R_f$。$R_1=R_f$ 时，$u_o=-u_i$，电路便成为“反相器”。

2. 同相比例运算放大电路

提出问题：

“同相比例运算放大电路是否存在反馈？若存在，是什么反馈？电路工作在什么区域？”

提示：

为电压串联负反馈，电路工作在线性区。

讲授：

（1）电路的分析思路如下：

1）根据“虚断”，得 $u_P=u_i$。

2）根据“虚断”，得另一输入端的电位 $u_N=\dfrac{R_1}{R_1+R_f}u_o$。

3）根据“虚短”可知 $u_N=u_P$，经换算得出输出电压与输入电压间的关系为 $u_o=\left(1+\dfrac{R_f}{R_1}\right)u_i$，由此实现同相比例运算。

（2）电路的平衡电阻 $R_2=R_1/\!/R_f$。$R_1=\infty$ 或 $R_f=0$ 时，$u_o=u_i$，电路便成为“电压跟随器”。

课堂练习：

设下图中各电路的集成运算放大器均为理想集成运算放大器，试判断图中哪些电路引入了反馈，是何种类型的反馈。

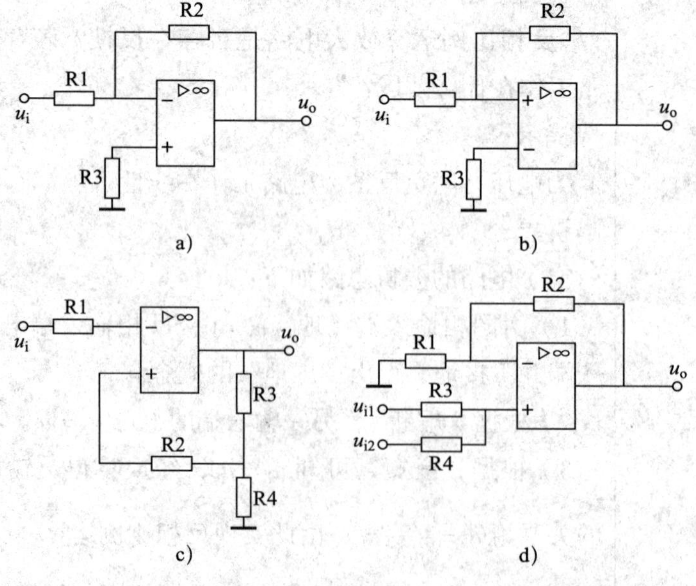

</td></tr>
</table>

<table>
<tr><td>归纳总结
（4 min）</td><td>1. 线性区的工作条件。
2.“虚短”和“虚断”的概念。
3. 反相比例运算放大电路具有“虚地”的特点，同相比例运算放大电路不存在“虚地”，但仍可以利用“虚短”分析电路。</td></tr>
<tr><td>布置作业
（1 min）</td><td>作业：习题册 § 3–3。</td></tr>
<tr><td colspan="2">课　　后</td></tr>
<tr><td>学业评价</td><td>学业评价包括过程性评价和期末考试评价。过程性评价主要包括课前测试、课前讨论、资源学习、课堂签到、课堂活动、课堂考核、课后测试、课后拓展等要素。
课前测试、课后测试、课堂签到、课堂活动参与情况等由互联网学习平台自动记录并打分，课堂考核由学生和教师共同评价，课后拓展主要由教师评价。学业评价贯穿整个学习过程，多方面考核学生的学习效果，有助于全面培养学生的综合职业能力。</td></tr>
<tr><td>教学反思</td><td>一、教学效果及创新

二、回顾与改进</td></tr>
</table>

§3-4 集成运算放大器的应用电路

<table>
<tr><th colspan="4">教案首页</th></tr>
<tr><td>序号</td><td>18</td><td>授课地点</td><td></td></tr>
<tr><td>授课专业</td><td></td><td>授课班级</td><td></td></tr>
<tr><td>授课日期</td><td></td><td>授课时数</td><td>2</td></tr>
<tr><th colspan="4">教学思路</th></tr>
<tr><td colspan="4">本节课介绍了集成运算放大器在线性区和非线性区工作的条件和特点，重点介绍了线性应用和非线性应用两种应用电路。
加法和减法运算电路是集成运算放大器的线性应用电路，电路的特点是引入了负反馈，其输出与输入之间的关系是线性关系。
单门限电压比较器和双门限电压比较器是集成运算放大器的非线性应用电路，电路的特点是开环或引入了正反馈，其输出与输入之间的关系是非线性关系。</td></tr>
<tr><th colspan="4">教学目标</th></tr>
<tr><td>知识目标</td><td colspan="3">1．掌握反相输入加法运算电路的组成和电路参数的计算方法。
2．掌握减法运算电路的组成及分析方法。
3．理解单门限电压比较器和双门限电压比较器的传输特性。
4．掌握单门限电压比较器和双门限电压比较器的组成、电路参数的计算及输出波形的分析方法。</td></tr>
<tr><td>技能目标</td><td colspan="3">1. 会画集成运算放大器加法及减法运算电路图。
2. 会计算加法运算电路和减法运算电路的电压放大倍数、输出与输入电压。
3. 会画单门限电压比较器和双门限电压比较器的输出波形。
4. 通过小组任务，增强合作意识，提高社交能力。
5. 提高分析、概括、分类等逻辑思维能力。</td></tr>
<tr><td>情感目标</td><td colspan="3">1. 通过参与课堂活动，培养学习兴趣。
2. 通过体验积分奖励等环节，建立和增强学习的自信心。
3. 培养乐于探究的精神。</td></tr>
</table>

<table>
<tr><th colspan="2">教学重、难点</th></tr>
<tr><td>教学重点</td><td>1. 加法运算电路、减法运算电路的组成和分析方法。
2. 单门限电压比较器和双门限电压比较器电路的分析方法。</td></tr>
<tr><td>教学难点</td><td>双门限电压比较器的工作原理。</td></tr>
<tr><th colspan="2">教 学 资 源</th></tr>
<tr><td>教学环境</td><td>多媒体教室。</td></tr>
<tr><td>教学设备</td><td>互联网学习平台、移动终端（手机）、演示示教板、黑板。</td></tr>
<tr><td>教学材料</td><td>视频资源、教学课件、电子元器件、电子电路板、彩色粉笔。</td></tr>
<tr><th colspan="2">教 学 方 法</th></tr>
<tr><td colspan="2">讲授法、演示法、讨论法、探究法。</td></tr>
<tr><th colspan="2">审 批 意 见</th></tr>
<tr><td colspan="2">签字：
年 月 日</td></tr>
</table>

<table>
<tr><th colspan="2">教学过程与教学内容</th></tr>
<tr><th colspan="2">课　　前</th></tr>
<tr><td colspan="2">1. 通过互联网学习平台布置任务，让学生明确学习目标，了解学习任务。
2. 准备教学课件、电子教案，并将其上传至互联网学习平台。
3. 准备演示示教板、电子元器件、电子电路板等。</td></tr>
<tr><th colspan="2">课　　中</th></tr>
<tr><td>教学引入
（5 min）</td><td>准备上课：
组织学生利用互联网学习平台的点名功能签到，师生相互问好。
提示：
可复习反相比例运算放大电路、同相比例运算放大电路及其运算表达式，并向学生讲明反相比例运算放大电路和同相比例运算放大电路属于最基本的运算放大电路，由此导入本节课对集成运算放大器的线性应用电路和非线性应用电路的教学。</td></tr>
<tr><td>讲授新课
（80 min）</td><td>一、信号运算电路
提示：
可引导学生复习集成运算放大器工作在线性区的外部条件及其工作特点。
画出反相比例运算放大电路图，写出该电路输出电压与输入电压的关系式。
提出问题：
“如果在反相比例运算放大电路的输入端同时加上几个输入信号，该如何分析电路输出电压与输入电压的关系？”
1. 加法运算电路
讲授：
在反相比例运算放大电路的基础上，若在同一个输入端同时添加几个输入信号，则此电路就被称为反相加法运算电路。在同相放大器的基础上，若输入信号加在同相输入端，则此电路就被称为同相加法运算电路。
提出问题：
（1）“加法运算电路中是否存在反馈？”
（2）“加法运算电路工作在哪个区？”</td></tr>
</table>

讲授新课 （80 min）	**提示：** 引导学生根据线性区的工作特点和部分电路欧姆定律，利用“虚短”和“虚断”的概念，写出加法运算电路各支路的电流表达式，并根据基尔霍夫第一定律列出节点电流方程式。 对以上表达式进行整理，可得 $$u_o=-R_f\left(\frac{u_{i1}}{R_1}+\frac{u_{i2}}{R_2}+\frac{u_{i3}}{R_3}\right)$$ 输出电压等于输入电压按不同比例相加之和，负号表示输出电压和输入电压反相。 当 $R_1=R_2=R_3=R_f$ 时 $$u_o=-(u_{i1}+u_{i2}+u_{i3})$$ 上式表明，输出电压等于各个输入电压之和，该电路常用在测量和控制系统中，可对各种信号按不同比例进行组合运算。 **提出问题：** “若加法运算电路采用同相接法，试分析电路输出电压与输入电压之间的关系。” **2. 减法运算电路** **提出问题：** “减法运算电路的输入方式是什么？” **讲授：** 根据外接电阻的平衡要求，减法运算电路应满足 $R_1/\!/R_f=R_2/\!/R_3$。 令 u_{i2}=0，该电路成为单一反相运算放大器，输出电压为 $$u_{o1}=-\frac{R_f}{R_1}u_{i1}$$ 令 u_{i1}=0，该电路成为单一同相运算放大器，输出电压为 $$u_{o2}=\left(1+\frac{R_f}{R_1}\right)u_P=\left(\frac{R_1+R_f}{R_1}\right)\left(\frac{R_3}{R_2+R_3}\right)u_{i2}$$ 当 u_{i1}、u_{i2} 同时作用时，u_{o1} 与 u_{o2} 叠加，输出电压为 $$u_o=u_{o1}+u_{o2}=-\frac{R_f}{R_1}u_{i1}+\left(\frac{R_1+R_f}{R_1}\right)\left(\frac{R_3}{R_2+R_3}\right)u_{i2}$$ 当 $R_1=R_2$，$R_3=R_f$ 时，上式简化为 $$u_o=u_{o1}+u_{o2}=\frac{R_f}{R_1}(u_{i2}-u_{i1})$$ 由上式可得，电路的输出电压与两个输入电压之差成比例，故称此电路为“减法运算电路”。若 $R_1\neq R_2$、$R_3\neq R_f$，上式就不成立。

<table>
<tr>
<td>讲授新课
（80 min）</td>
<td>
减法运算电路实质上是一个差动放大电路，当输入两个相等的信号时，电路输出电压为零，这说明差动比例运算电路不放大共模信号。
复习提问：
“什么是叠加原理？”
课堂练习 1：
若集成运算放大器的第一级为反相比例运算放大器，第二级为反相加法器，试分析该电路可实现什么运算。
二、电压比较器
提示：
可引导学生复习集成运算放大器在非线性区工作的外部条件及其工作特点。
1. 单门限电压比较器
提出问题：
（1）“在单门限电压比较器中是否存在反馈？”
（2）“单门限电压比较器工作在哪个区？”
提示：
重点向学生讲授比较器在 $u_i = U_R$ 时，输出状态发生跳变，因输入电压只跟一个参考电压 U_R 进行比较，故此电路被称为“单门限电压比较器”。若 $U_R = 0$，则此电路就被称为“过零电压比较器”。
可向学生举利用单门限电压比较器将正弦波转化为矩形波的例子，来讲授单门限电压比较器波形变换的作用。
当单门限电压比较器的输入电压因受干扰在参考值附近反复发生微小的变化时，输出电压就会在短时间内跳变多次，所以，此电路抗干扰能力较差。若用这个电压去控制执行机构（如继电器等），执行机构将出现频繁动作的现象，这是不被允许的。双门限电压比较器则可克服这一缺点。
2. 双门限电压比较器
提出问题：
（1）“在双门限电压比较器中是否存在反馈？”
（2）“双门限电压比较器工作在哪个区？”
提示：
当 $u_o = +U_{om}$ 时，双门限电压比较器的门限电压是 U_{P1}；当 $u_o = -U_{om}$ 时，双门限电压比较器的门限电压是 U_{P2}。
</td>
</tr>
</table>

<table>
<tr><td>讲授新课
（80 min）</td><td>在讲解此部分原理时，设从 $u_i=0$、$u_o=+U_{om}$ 和 $U_P=U_{P1}$ 时开始讨论，当输入电压 u_i 逐渐增大直至 U_{P1} 时，输出电压 u_o 发生跳变，由 $+U_{om}$ 跳变为 $-U_{om}$，门限电压随之变为 U_{P2}。当 u_i 逐渐减小直至 $u_i=U_{P2}$ 时，输出电压再度跳变，由 $-U_{om}$ 跳变为 $+U_{om}$。
当输入信号在两个门限电压之间时，双门限电压比较器的输出不发生变化。
双门限电压比较器的回差电压为 $\Delta U_P=U_{P1}-U_{P2}=\dfrac{2R_1}{R_f+R_1}U_{om}$。
回差电压与参考电压无关。
双门限电压比较器的工作情况为“低底翻，高顶翻，其他不变”。
若干扰信号的变化幅度正好处在这两个门限电压之间，则电路的输出没有变化，这相当于把干扰信号给滤除掉了。因此，利用双门限电压比较器可大大提高电路的抗干扰能力，避免误触发。
课堂练习 2：
观察下图电路，试画出电路输出电压 u_o 的波形。
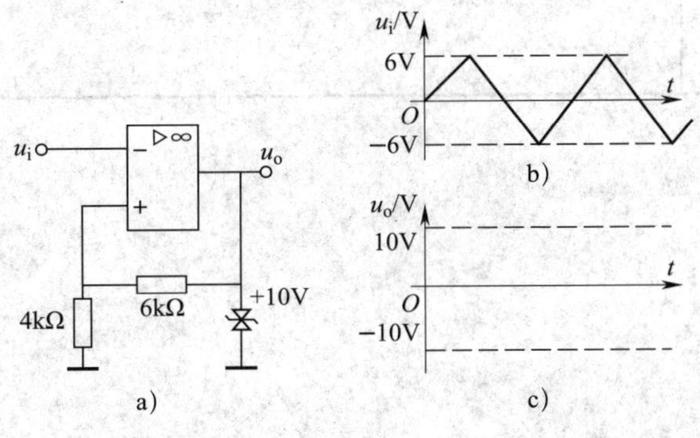
</td></tr>
<tr><td>归纳总结
（4 min）</td><td>1. 加法运算电路、减法运算电路的组成和分析方法。
2. 单门限电压比较器和双门限电压比较器的电路分析方法。</td></tr>
<tr><td>布置作业
（1 min）</td><td>1. 作业：习题册 §3–4。
2. 拓展任务：查阅资料，说一说电压比较器在实际生活中有哪些应用。</td></tr>
<tr><td colspan="2">课　　后</td></tr>
<tr><td>学业评价</td><td>学业评价包括过程性评价和期末考试评价。过程性评价主要包括课前测试、课前讨论、资源学习、课堂签到、课堂活动、课堂考核、课后测试、课后拓展等要素。</td></tr>
</table>

学业评价	课前测试、课后测试、课堂签到、课堂活动参与情况等由互联网学习平台自动记录并打分，课堂考核由学生和教师共同评价，课后拓展主要由教师评价。学业评价贯穿整个学习过程，多方面考核学生的学习效果，有助于全面培养学生的综合职业能力。
教学反思	一、教学效果及创新 二、回顾与改进

§3-5　集成运算放大器的使用常识

<table>
<tr><th colspan="4">教 案 首 页</th></tr>
<tr><td>序号</td><td>19</td><td>授课地点</td><td></td></tr>
<tr><td>授课专业</td><td></td><td>授课班级</td><td></td></tr>
<tr><td>授课日期</td><td></td><td>授课时数</td><td>2</td></tr>
<tr><th colspan="4">教 学 思 路</th></tr>
<tr><td colspan="4">本节课主要介绍集成运算放大器的合理选择、集成运算放大器的质量检测、集成运算放大器的正确使用和集成运算放大器的保护电路四部分内容。
本节课既从宏观上阐述了集成运算放大器的使用常识，又从细节上安排了集成运算放大器的质量检测方法、调零方法、消除自激振荡的方法和集成运算放大器的各种保护电路等内容。
通过对集成运算放大器使用常识的学习，学生要从整体上了解集成运算放大器的使用常识和使用注意事项，也要掌握集成运算放大器的质量检测、调零等方法，为后面的技能训练作铺垫。</td></tr>
<tr><th colspan="4">教 学 目 标</th></tr>
<tr><td>知识目标</td><td colspan="3">1. 了解集成运算放大器的选择要求。
2. 掌握集成运算放大器的质量检测方法。
3. 掌握集成运算放大器的调零及消除自激振荡的方法。
4. 了解集成运算放大器的保护电路的作用。</td></tr>
<tr><td>技能目标</td><td colspan="3">1. 能够根据电路需要正确选择集成运算放大器。
2. 能够运用万用表、测试电路和专用仪器检测集成运算放大器的质量。
3. 能将集成运算放大器调零。
4. 会识别集成运算放大器的保护电路的作用。
5. 通过小组任务，增强合作意识，提高社交能力。
6. 提高分析、概括、分类等逻辑思维能力。</td></tr>
<tr><td>情感目标</td><td colspan="3">1. 通过参与课堂活动，培养学习兴趣。
2. 通过体验积分奖励等环节，建立和增强学习的自信心。
3. 培养乐于探究的精神。</td></tr>
</table>

<table>
<tr><th colspan="2">教学重、难点</th></tr>
<tr><td>教学重点</td><td>1. 集成运算放大器的质量检测方法。
2. 集成运算放大器的调零方法。</td></tr>
<tr><td>教学难点</td><td>1. 集成运算放大器的质量检测方法。
2. 集成运算放大器的保护电路。</td></tr>
<tr><th colspan="2">教 学 资 源</th></tr>
<tr><td>教学环境</td><td>多媒体教室。</td></tr>
<tr><td>教学设备</td><td>互联网学习平台、移动终端（手机）、演示示教板、黑板。</td></tr>
<tr><td>教学材料</td><td>视频资源、教学课件、数字万用表、集成运算放大器、直流电压源、插接电路板、导线若干、LEAPER–2 型线性 IC 测试仪、彩色粉笔。</td></tr>
<tr><th colspan="2">教 学 方 法</th></tr>
<tr><td colspan="2">讲授法、演示法、讨论法、实验法。</td></tr>
<tr><th colspan="2">审 批 意 见</th></tr>
<tr><td colspan="2">签字：
年　　月　　日</td></tr>
</table>

<table>
<tr><th colspan="2">教学过程与教学内容</th></tr>
<tr><th colspan="2">课　前</th></tr>
<tr><td colspan="2">1. 通过互联网学习平台布置任务，让学生明确学习目标，了解学习任务。
2. 准备教学课件、电子教案，并将其上传至互联网学习平台。
3. 准备演示示教板、电子元器件、电子电路板等。</td></tr>
<tr><th colspan="2">课　中</th></tr>
<tr><td>教学引入
（5 min）</td><td>准备上课：
组织学生利用互联网学习平台的点名功能签到，师生相互问好。
提出问题：
向学生提问——“假设本节课是一节设计课，任务是设计一个集成运算放大器的应用电路，那么，我们应该从何处入手呢？”，总结学生的发言，引出本节课的新内容。</td></tr>
<tr><td>讲授新课
（80 min）</td><td>一、合理选择集成运算放大器
实物展示：
把各种不同型号的集成运算放大器发放给学生，让学生认识各种常见类型的集成运算放大器的外形，并对其建立一定的感性认识。
讲授：
在通用型集成运算放大器可以满足要求时，应尽量选用通用型。
当一个系统中使用多个运算放大器时，尽可能选用多运算放大器集成电路。
二、集成运算放大器的质量检测
1. 用万用表检测
小组任务：
把课前准备好的集成运算放大器分发给各小组，引导学生操作。
（1）引导学生用万用表的 R × 100 或 R × 1k 电阻挡测量集成运算放大器同相输入端与反相输入端间的正反向电阻、各引脚对输出端间的正反向电阻、各引脚对正电源端及负电源端的正反向电阻和各引脚对地的正反向电阻。
（2）引导学生把测得的结果记录下来。
（3）引导学生查阅手册或说明书，将所测阻值与同型号集成运算放大器的参考值进行比较。阻值应较为接近，如果相差很大，说明集成运算放大器出现短路或断路现象，这一般是集成运算放大器损坏导致的。
（4）检查各小组操作情况，考查学生是否已掌握该检测方法。</td></tr>
</table>

讲授新课 （80 min）	**2. 用测试电路检测** **小组任务：** （1）引导学生把集成运算放大器接成电压跟随器，接通电源，用万用表直流电压挡测量其输出电压，并记录测量数据。 （2）引导学生调节 RP，此时输出电压应能在接近 0 ~ V_{CC} 的范围内变化，在调节时，如果输出电压不变或者变化很小，表明集成运算放大器已损坏。 **3. 用专用仪器检测** **小组任务：** 引导学生用备好的 LEAPER-2 型线性 IC 测试仪进行检测，教师应先介绍检测方法，再指导各小组轮流操作。 **三、正确使用集成运算放大器** **1. 调零** **讲授：** 电路的调零方法一般有两种，有调零引出端的电路可外接调零电位器 RP，通过调整电位器阻值进行调零；无调零引出端的电路可在运算放大器的输入端加一个补偿电压，以抵消运算放大器本身的失调电压，从而达到调零的目的。 **2. 消除自激振荡** **讲授：** 在补偿端子上接指定的补偿电容或 RC 移相网络，便可消除自激振荡现象。 **四、集成运算放大器的保护电路** **1. 防止电源极性接反** **提出问题：** “在已学习过的器件中，哪种器件可以起到阻止反向电流流通的作用？” **讲授：** 为了防止因电源极性接反而损坏集成运算放大器，可将二极管串入集成电路直流电源电路中，当电源极性接反时，相应的二极管便截止，从而保护集成电路。 **2. 输入保护电路** **多媒体课件展示：** 展示输入保护电路图，讲解其保护原理。

<table>
<tr><td>讲授新课
（80 min）</td><td>3. 输出保护电路
讲授：
为了防止因输出端触及过高电压而引起过电流或击穿，可以利用稳压二极管来加以保护。</td></tr>
<tr><td>归纳总结
（4 min）</td><td>1. 集成运算放大器的合理选择。
2. 集成运算放大器的三种质量检测方法。
3. 集成运算放大器的正确使用方法及其保护电路。</td></tr>
<tr><td>布置作业
（1 min）</td><td>1. 作业：习题册 §3–5。
2. 拓展任务：查阅资料，说一说集成运算放大器还有哪些质量检测方法。</td></tr>
<tr><td colspan="2">课　　后</td></tr>
<tr><td>学业评价</td><td>学业评价包括过程性评价和期末考试评价。过程性评价主要包括课前测试、课前讨论、资源学习、课堂签到、课堂活动、课堂考核、课后测试、课后拓展等要素。
课前测试、课后测试、课堂签到、课堂活动参与情况等由互联网学习平台自动记录并打分，课堂考核由学生和教师共同评价，课后拓展主要由教师评价。学业评价贯穿整个学习过程，多方面考核学生的学习效果，有助于全面培养学生的综合职业能力。</td></tr>
<tr><td>教学反思</td><td>一、教学效果及创新

二、回顾与改进

</td></tr>
</table>

技能训练 7　呼吸灯电路的安装与调试

<table>
<tr><td colspan="4">教 案 首 页</td></tr>
<tr><td>序号</td><td>20</td><td>授课地点</td><td></td></tr>
<tr><td>授课专业</td><td></td><td>授课班级</td><td></td></tr>
<tr><td>授课日期</td><td></td><td>授课时数</td><td>2</td></tr>
<tr><td colspan="4">教 学 思 路</td></tr>
<tr><td colspan="4">作为本实训内容的呼吸灯电路的安装与调试是集成运算放大器实际应用电路的真实而完整的工作任务。呼吸灯电路的安装与调试练习对学生学习分立元件的安装与调试，以及电子元器件的检测、插装、焊接和调试等专业基本技能有重要的作用。本实训有利于提升学生的综合职业能力。学生通过接收任务单明确任务要求，通过制订工作计划熟悉工作流程，通过根据技术要求准备工具和电子仪表以及学习实际的工作过程，提前适应工作氛围、熟悉工作流程和内容。</td></tr>
<tr><td colspan="4">教 学 目 标</td></tr>
<tr><td>知识目标</td><td colspan="3">1．理解集成运算放大器的非线性应用电路的工作原理。
2．掌握呼吸灯电路的分析方法。</td></tr>
<tr><td>技能目标</td><td colspan="3">1. 能正确识别、检测电路所用元器件，熟悉 LM358P 的外形及引脚功能。
2. 能结合电路原理图和印制电路板找到对应元器件的安装位置。
3. 能根据测试结果判断电路是否存在故障，并能够排除故障。
4. 能运用双踪示波器、数字频率计观测输出信号的波形和频率，并正确记录测试结果，及时总结测试结果和安装技巧。</td></tr>
<tr><td>情感目标</td><td colspan="3">1. 通过积极主动地参与训练，培养学习专业技能的兴趣。
2. 培养合作意识和团队精神。
3. 能自觉遵守安全操作规程，通过 6S 现场管理培养良好的工作习惯和劳动光荣的职业素养。</td></tr>
</table>

<table>
<tr><th colspan="2">教学重、难点</th></tr>
<tr><td>教学重点</td><td>呼吸灯电路的安装与焊接。</td></tr>
<tr><td>教学难点</td><td>呼吸灯电路的工作原理及调试。</td></tr>
<tr><th colspan="2">教 学 资 源</th></tr>
<tr><td>教学环境</td><td>电子实训室、开放式的校园网。</td></tr>
<tr><td>教学设备</td><td>一体机、互联网学习平台、移动终端（手机）。</td></tr>
<tr><td>教学材料</td><td>微课、教学课件、呼吸灯电路原型板、呼吸灯电路电子套件、万用表、双踪示波器、数字频率计、常用电子装配工具、工作页等。</td></tr>
<tr><th colspan="2">审 批 意 见</th></tr>
<tr><td colspan="2">签字：
年　　月　　日</td></tr>
</table>

教学过程与教学内容			
课　　前			
教师活动	学生活动	教学手段	教学方法
1. 通过互联网社交软件群通知学生按时登录互联网学习平台学习，并及时沟通。 2. 在互联网学习平台上传相关的教学课件和微课等学习资料，提醒学生预习，同时上传集成运算放大器应用电路的相关复习资料。 3. 针对课程内容在互联网学习平台上发布测试题，对学生的学习结果进行检测。 4. 根据互联网学习平台统计的学生测试成绩将学生分组，实现学生间的优势互补，确定各小组名称。 5. 设计并打印工作页。工作页内容包括任务描述、工作要求、工作计划、物料清单及检测记录表等。 6. 准备呼吸灯电路电子套件、常用电子装配工具、双踪示波器、数字频率计等。	1. 通过互联网社交软件群与教师及时沟通。 2. 自主查阅教师上传的学习资料并预习。 3. 自主查阅教师在互联网学习平台上发布的测试题，完成测试。 4. 小组讨论，合理安排分工。 5. 准备好教材、笔记本、笔等学习用品。	互联网社交软件、手机、互联网学习平台、微课、工作页	自主学习法

课　　中			
教师活动	**学生活动**	**教学手段**	**教学方法**
一、组织教学（5 min） 1. 按照课前分组安排学生就座。 2. 组织学生利用互联网学习平台的点名功能签到。 3. 师生相互问好。 4. 组织学生整理着装，并按照职业素养要求检查学生着装。	**一、准备上课** 1. 按照课前分组就座。 2. 使用手机登录互联网学习平台，在线签到。 3. 师生相互问好。 4. 整理着装。	互联网学习平台、手机	
二、下发工作任务单及工作页（5 min） 1. 详细描述工作任务及要求，下发工作任务单。 2. 引导学生小组讨论，明确工作内容、要求和工时等。 3. 发放工作页。	**二、领取工作任务单及工作页** 1. 倾听工作任务描述，领取工作任务单。 2. 小组讨论，明确工作内容、要求和工时等，并填写工作任务单。 3. 领取工作页。	工作任务单、一体机、教学课件、工作页	情境导入法、任务驱动法
三、指导制订工作计划（10 min） 1. 向学生提出制订工作计划的要求。 2. 引导学生小组讨论，制订工作计划。 3. 引导学生上台展示本组的工作计划，记录各小组的展示情况。 4. 点评各小组的工作计划并提出改进建议。 5. 引导学生填写工作页。	**三、制订工作计划** 1. 认真倾听并记录制订工作计划的要求。 2. 进行小组讨论，制订工作计划。 3. 各小组派代表展示、讲解本组的工作计划。 4. 根据教师的点评和改进建议	工作页、手机、	任务驱动法、讲授法、展示法、

教师活动	学生活动	教学手段	教学方法
	优化本组的工作计划。 5. 填写工作页。	互联网学习平台	小组合作法、头脑风暴法
四、准备元器件（10 min） **1. 清点元器件** （1）和物料管理员（由学生扮演）一起给各小组学生发放常用电子装配工具、万用表、双踪示波器、呼吸灯电路电子套件及物料。 （2）引导学生清点元器件，填写工作页。 （3）引导学生分类摆放元器件。 **2. 认识元器件** （1）碳膜电阻器：R1 ~ R8。 （2）可调电阻器：RP。 （3）电解电容器：C。 （4）二极管：VD5。 （5）发光二极管：VD1 ~ VD4。 （6）三极管：V。 **3. 检测元器件参数** 指导学生检测电路的电子元器件。	**四、认识元器件** 1. 在教师的引导下，认真阅读教材内容，填写工作页中的清单。 2. 各小组组长核查清单并签字。 3. 各小组物料管理员根据工作页中的清单，到物料间领取常用电子装配工具、万用表、双踪示波器、呼吸灯电路电子套件及物料。 4. 采用角色互换的方式，轮流对照清单清点元器件，填写工作页。 5. 分类摆放元器件。 6. 观看教师的示范操作。 7. 轮流对电子元器件进行检测。	工作页	角色扮演法、演示法

教师活动	学生活动	教学手段	教学方法
五、介绍电路原理，展示信息资料（10 min） 1. 引导学生阅读教材相关内容及电路原理图。 2. 提出问题，引导各小组讨论电路的工作原理。 （1）集成运算放大器 U_A 和 U_B 在电路中各有什么作用? （2）呼吸灯是如何工作的? （3）如何改变呼吸灯的频率? 3. 引导各小组推选代表上台分析电路的工作原理。 4. 记录学生的回答要点，对学生的回答情况进行点评。 5. 引导学生利用专业网站查询 LM358P 的相关资料。	五、分析电路原理，查阅信息资料 1. 使用手机在互联网学习平台上查阅、学习教师上传的学习资源。 2. 各小组根据教师提出的问题进行对电路工作原理的讨论。 3. 各小组推选代表上台讲解电路的工作原理。 4. 倾听教师点评。 5. 利用专业网站查询 LM358P 的相关资料，记录查询结果。	一体机、教学课件、白板、教学资源库、手机	任务驱动法、头脑风暴法
六、指导安装与焊接电路（25 min） 1. 引导学生认真分析教材内容，识读电路原理图及印制板装配图。 2. 讲授安全操作规程和 6S 现场管理要求。 3. 示范 LM358P 的完好性检测方法。 4. 提示学生轮流对所有电子元器件进行检测。	六、安装与焊接电路 1. 在教师的引导下，认真分析教材内容，识读电路原理图及印制板装配图。 2. 倾听并记录安全操作规程和 6S 现场管理要求。 3. 观看教师的示范操作。	工作页	角色扮演法、演示法

教师活动	学生活动	教学手段	教学方法
5. 示范集成运算放大器插座的安装与焊接操作。 6. 引导学生轮流进行电子元器件的安装与焊接。 7. 巡回指导，针对学生在电路安装与焊接过程中存在的问题进行指导，集中讲解共性问题。	4. 采用角色互换的方式，轮流使用万用表对电子元器件进行检测。 5. 采用角色互换的方式，轮流进行电路的安装与焊接。 6. 在教师的指导下及时改正不规范的操作。	工作页	角色扮演法、演示法
七、指导调试电路（**15 min**） 1. 引导学生认真阅读电路图。 2. 引导学生使用目视检测法轮流对电路板的外观进行检查。 3. 对各小组电路板进行检查，确认无误后，在各小组工作页上签字确认。 4. 利用呼吸灯电路原型板示范电路的调试及测量方法。 5. 巡回指导，针对学生在电路调试过程中遇到的问题进行针对性指导和答疑。	**七、调试电路** 1. 在教师的引导下，认真阅读电路图。 2. 使用目视检测法，轮流对电路板的外观进行检查。 3. 观看教师示范调试过程。 4. 电路板经检查合格后，接通 ±12 V 直流电源，采用角色互换的方式进行电路调试，测量信号输出频率，填写工作页。 5. 对于调试过程中出现的问题，查找故障原因并将其排除。	一体机、互联网学习平台	演示法、任务驱动法、讲授法、讨论法

<table>
<tr><th>教师活动</th><th colspan="2">学生活动</th><th>教学手段</th><th>教学方法</th></tr>
<tr><td>八、清理现场（5 min）
1. 组织各小组物料管理员在物料间收取并复核工具、仪器仪表及物料。
2. 按照6S现场管理要求督促学生清扫、整理工作现场。</td><td colspan="2">八、清理现场
1. 按清单返还工具、仪器仪表及物料。
2. 按照6S现场管理要求清扫、整理工作现场。</td><td></td><td></td></tr>
<tr><td>九、实训测评（5 min）
1. 引导学生结合实训过程中的成功经验和遇到的问题进行总结。
2. 带领学生回顾本节课的训练目标，总结各小组表现，表扬其优点、指出不足，并进行点评，提出改进意见。
3. 根据学业评价标准，在互联网学习平台上指导小组完成自评和互评，并进行教师评价。</td><td colspan="2">九、自评和互评
1. 各小组代表上台分享本次实训过程中的心得体会。
2. 倾听教师点评。
3. 根据学业评价标准，在互联网学习平台上完成小组自评和互评。</td><td>一体机、互联网学习平台、手机</td><td>演示法、评价法、讲授法</td></tr>
<tr><td colspan="5">课　　后</td></tr>
<tr><td>学业评价</td><td colspan="4">1. 采用过程性评价与终结性评价相结合的评价方式。
2. 采用小组自评、互评和教师评价相结合的多元化评价方式。
3. 学业评价贯穿整个技能训练过程，多方面考核学生的学习效果，有助于全面培养学生的综合职业能力。</td></tr>
<tr><td>教学反思</td><td colspan="4">一、教学效果及创新

二、回顾与改进</td></tr>
</table>

第四章
正弦波振荡电路

本章主要介绍正弦波振荡电路的基本概念以及常用的正弦波振荡电路。本章主要内容及其相互关系如下图所示。

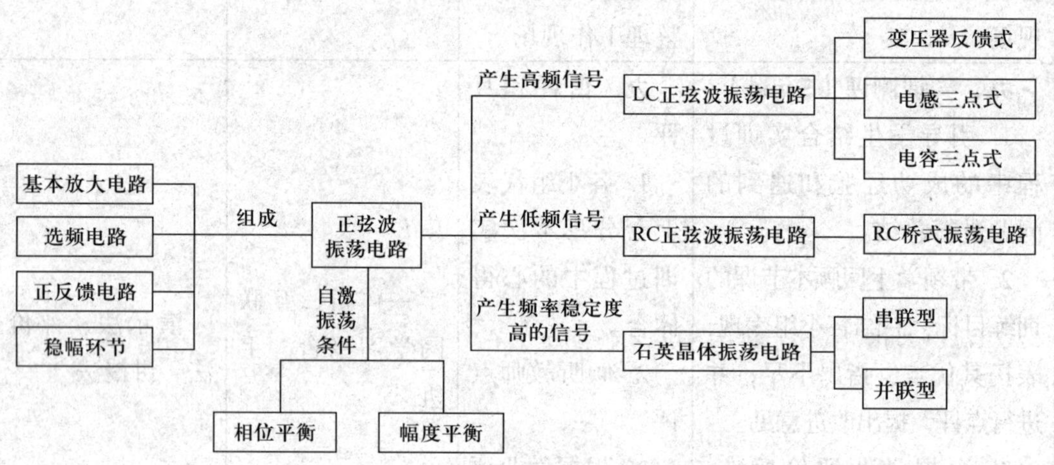

§4-1　正弦波振荡电路的基本概念

<table>
<tr><th colspan="4">教 案 首 页</th></tr>
<tr><td>序号</td><td>21</td><td>授课地点</td><td></td></tr>
<tr><td>授课专业</td><td></td><td>授课班级</td><td></td></tr>
<tr><td>授课日期</td><td></td><td>授课时数</td><td>1</td></tr>
<tr><th colspan="4">教 学 思 路</th></tr>
<tr><td colspan="4">正弦波振荡电路是一种带有选频网络的正反馈放大电路，它无须外加输入信号就能输出具有一定频率的等幅正弦波信号。常用的正弦波振荡电路主要有 LC 正弦波振荡电路、RC 正弦波振荡电路和石英晶体振荡电路。
本节课主要介绍正弦波振荡电路的基本概念、自激振荡电路的基本组成、自激振荡产生的幅度条件和相位条件及自激振荡的建立和稳幅措施。本节课内容是正弦波振荡电路的基础，是为后续对正弦波振荡电路的分析作准备的。</td></tr>
<tr><th colspan="4">教 学 目 标</th></tr>
<tr><td>知识目标</td><td colspan="3">1. 了解自激振荡电路的基本组成及其各部分的作用。
2. 理解自激振荡电路的起振条件，掌握自激振荡产生的幅度条件和相位条件。
3. 了解自激振荡电路的稳幅措施。</td></tr>
<tr><td>技能目标</td><td colspan="3">1. 能够列举自激振荡电路的稳幅措施。
2. 通过小组任务，增强合作意识，提高社交能力。
3. 提高分析、概括、分类等逻辑思维能力。</td></tr>
<tr><td>情感目标</td><td colspan="3">1. 通过参与课堂活动，培养学习兴趣。
2. 通过体验积分奖励等环节，建立和增强学习的自信心。
3. 培养乐于探究的精神。</td></tr>
<tr><th colspan="4">教学重、难点</th></tr>
<tr><td>教学重点</td><td colspan="3">1. 自激振荡电路的基本组成。
2. 自激振荡电路产生自激振荡的条件。</td></tr>
</table>

教学难点	自激振荡电路产生自激振荡的条件。
教 学 资 源	
教学环境	多媒体教室。
教学设备	互联网学习平台、移动终端（手机）、演示示教板、黑板。
教学材料	视频资源、教学课件、电子元器件、电子电路板、彩色粉笔。
教 学 方 法	
任务驱动法、讲授法、演示法、头脑风暴法。	
审 批 意 见	
签字： 年 月 日	

<table>
<tr><th colspan="2">教学过程与教学内容</th></tr>
<tr><th colspan="2">课　　前</th></tr>
<tr><td colspan="2">1. 通过互联网学习平台布置任务，让学生明确学习目标，了解学习任务。
2. 准备教学课件、电子教案，并将其上传至互联网学习平台。
3. 准备演示示教板、电子元器件、电子电路板等。</td></tr>
<tr><th colspan="2">课　　中</th></tr>
<tr><td>教学引入
（4 min）</td><td>准备上课：
组织学生利用互联网学习平台的点名功能签到，师生相互问好。
提出问题：
“信号源的信号是如何产生的？”
提示：
展示、调节信号源，使其产生正弦波，并将其接入示波器，示波器就会显示信号源的波形。信号源无须外加输入信号，就能输出正弦波信号。
放大电路在有输入信号时才有信号输出。可由正弦波振荡电路无须外来输入信号就能输出一定频率、一定幅度的正弦波信号来导入新课。</td></tr>
<tr><td>讲授新课
（35 min）</td><td>一、自激振荡电路的基本组成和作用
互动游戏：
引导学生展开联想，在生活中，荡秋千的过程实际上就是一个振荡的过程，秋千需要用手去推动，如要使振荡过程继续下去，就须不断补充能量。
提出问题：
1.“若无输入信号，但要求有信号输出，应该怎么办？”
2.“如何获得单一频率的信号（正弦波信号）输出？”
3.“若要使振荡保持一定的幅度不变，应如何补充振荡过程中的能量损耗？”
提示：
1. 若在无输入信号时要求有信号输出，电路须加入正反馈电路。
2. 若要获得单一频率的信号输出，电路必须有选频电路。
3. 若要补充振荡过程中的能量损耗，可采用基本放大电路。
讲授：
正弦波振荡电路的最基本组成部分有基本放大电路、选频电路、正反馈电路和稳幅环节。</td></tr>
</table>

讲授新课 （35 min）	**二、自激振荡产生的条件** **多媒体课件展示：** 展示正弦波振荡电路的基本组成方框图。 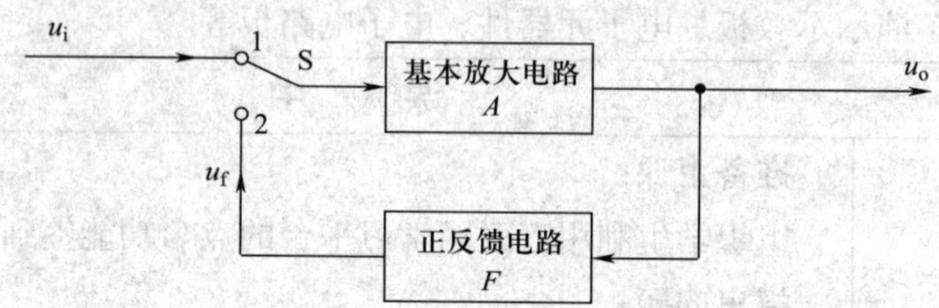 **讲授：** 1. 正弦波振荡电路方框图中各符号的含义如下： u_i：输入信号。 u_o：输出信号。 u_f：正反馈电路的输出信号。 A：基本放大电路的开环放大倍数。 F：反馈电路的反馈系数。 2. 当开关S掷向“1”时，有输入信号 u_i，输出端有信号输出。当开关S掷向“2”时，去掉了 u_i，电路仍有稳定的输出信号，反馈信号 u_f 代替了原来的 u_i，即 u_f 与 u_i 大小相等、相位相同。 3. 自激振荡产生的条件： 幅值条件：$AF=1$。 相位条件：$\varphi_A+\varphi_F=2n\pi$（$n=0，1，2\cdots$）。 **提示：** 1. 相位条件表明自激振荡电路必须包含正反馈电路。幅度条件表明自激振荡电路必须有足够的反馈量（可以通过调整 A 或 F 达到）。 2. 幅度平衡条件和相位平衡条件二者缺一不可。 3. 相位条件确定振荡频率，幅度条件确定振荡幅度。 **三、自激振荡的建立及稳幅** **提出问题：** “自激振荡电路没有输入信号，其原始的输入信号来自哪里？” **多媒体动画演示：** 通过动画，演示原始输入信号的产生过程。

<table>
<tr><td>讲授新课
（35 min）</td><td>提示：
对于自激振荡的建立，可从以下几个方面来介绍：
1. 初始信号：电路接通电源的瞬间产生的电冲击激起的多种频率成分的谐波信号。
2. 满足相位平衡条件的信号经正反馈回送放大。
3. 起振的条件为 $AF>1$。
提出问题：
“振荡电路输出信号的振幅是否会无限增大？”
提示：
当振荡电路的振荡幅度增大到一定程度后，振荡电路中的三极管将进入非线性区，三极管的放大系数降低，放大电路的电压放大倍数 A 会减小，从而使 AF 减小，当满足 $AF=1$ 的平衡条件时，输出幅度就会稳定到一定值。
提示：
稳幅的特征为 $AF=1$。
归纳总结：
1. 从 $AF>1$ 到 $AF=1$ 就是自激振荡建立的过程。
2. 常见的稳幅措施有两种：
（1）利用三极管的非线性稳幅。
（2）利用负反馈稳幅。</td></tr>
<tr><td>归纳总结
（5 min）</td><td>1. 自激振荡电路的基本组成及各部分的作用。
2. 自激振荡的建立及稳幅条件。</td></tr>
<tr><td>布置作业
（1 min）</td><td>1. 作业：习题册 §4-1。
2. 拓展任务：查阅资料，说一说正弦波振荡电路的分类及各种正弦波振荡电路的应用场合。</td></tr>
<tr><td colspan="2" align="center">课　　后</td></tr>
<tr><td>学业评价</td><td>学业评价包括过程性评价和期末考试评价。过程性评价主要包括课前测试、课前讨论、资源学习、课堂签到、课堂活动、课堂考核、课后测试、课后拓展等要素。
课前测试、课后测试、课堂签到、课堂活动参与情况等由互联网学习平台自动记录并打分，课堂考核由学生和教师共同评价，课后拓展主要由教师评价。学业评价贯穿整个学习过程，多方面考核学生的学习效果，有助于全面培养学生的综合职业能力。</td></tr>
</table>

<table>
<tr><td>教学反思</td><td>一、教学效果及创新

二、回顾与改进

</td></tr>
</table>

§4-2　LC 正弦波振荡电路

<table>
<tr><th colspan="4">教 案 首 页</th></tr>
<tr><td>序号</td><td>22</td><td>授课地点</td><td></td></tr>
<tr><td>授课专业</td><td></td><td>授课班级</td><td></td></tr>
<tr><td>授课日期</td><td></td><td>授课时数</td><td>2</td></tr>
<tr><th colspan="4">教 学 思 路</th></tr>
<tr><td colspan="4">LC 正弦波振荡电路采用 LC 并联谐振电路作为选频网络，主要被用于产生 1 MHz 以上的高频正弦波信号。LC 正弦波振荡电路按反馈电路形式的不同，分为变压器反馈式、电感三点式和电容三点式三种。
本节课主要以 LC 并联谐振电路的选频特性为基础，介绍三种 LC 正弦波振荡电路。不同形式的 LC 正弦波振荡电路具有不同的电路特点。</td></tr>
<tr><th colspan="4">教 学 目 标</th></tr>
<tr><td>知识目标</td><td colspan="3">1. 了解 LC 并联谐振电路的选频特性。
2. 认识变压器反馈式、电感三点式和电容三点式 LC 正弦波振荡电路。
3. 理解并掌握三种 LC 正弦波振荡电路的工作原理。
4. 理解三种 LC 正弦波振荡电路的特点。</td></tr>
<tr><td>技能目标</td><td colspan="3">1. 能根据并联谐振电路的幅频特性判断三种 LC 正弦波振荡电路是否满足振荡电路的相位条件。
2. 能计算正弦波振荡电路的振荡频率。
3. 通过小组任务，增强合作意识，提高社交能力。
4. 提高分析、概括、分类等逻辑思维能力。</td></tr>
<tr><td>情感目标</td><td colspan="3">1. 通过参与课堂活动，培养学习兴趣。
2. 通过体验积分奖励等环节，建立和增强学习的自信心。
3. 培养乐于探究的精神。</td></tr>
</table>

教学重、难点	
教学重点	1. 用相位平衡条件判断三种 LC 正弦波振荡电路是否能够起振。 2. 三种 LC 正弦波振荡电路的振荡频率。 3. 三种 LC 正弦波振荡电路的电路特点。
教学难点	1. 用相位平衡条件判断三种 LC 正弦波振荡电路是否能够起振。 2. 三种 LC 正弦波振荡电路的工作特点。
教 学 资 源	
教学环境	多媒体教室。
教学设备	互联网学习平台、移动终端（手机）、演示示教板、黑板。
教学材料	视频资源、教学课件、LC 正弦波振荡电路、彩色粉笔。
教 学 方 法	
讲授法、演示法、讨论法、头脑风暴法。	
审 批 意 见	
签字： 年　　月　　日	

<table>
<tr><th colspan="2">教学过程与教学内容</th></tr>
<tr><th colspan="2">课　　前</th></tr>
<tr><td colspan="2">1. 通过互联网学习平台布置任务，让学生明确学习目标，了解学习任务。
2. 准备教学课件、电子教案，并将其上传至互联网学习平台。
3. 准备演示示教板、电子元器件、电子电路板等。</td></tr>
<tr><th colspan="2">课　　中</th></tr>
<tr><td>教学引入
（5 min）</td><td>准备上课：
组织学生利用互联网学习平台的点名功能签到，师生相互问好。
复习提问：
（1）“正弦波振荡电路的基本组成部分有哪些？”
（2）“正弦波振荡电路自激振荡的条件是什么？”
提示：
引导学生回忆正弦波振荡电路必须有选频电路才能产生单一频率的正弦波信号的知识，由此导入新课。</td></tr>
<tr><td>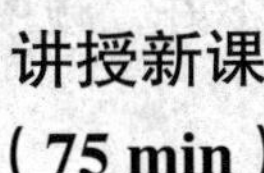
讲授新课
（75 min）</td><td>一、LC 并联谐振电路的选频特性
多媒体课件展示：
展示 LC 并联谐振电路图、LC 并联电路的幅频特性图和相频特性图。
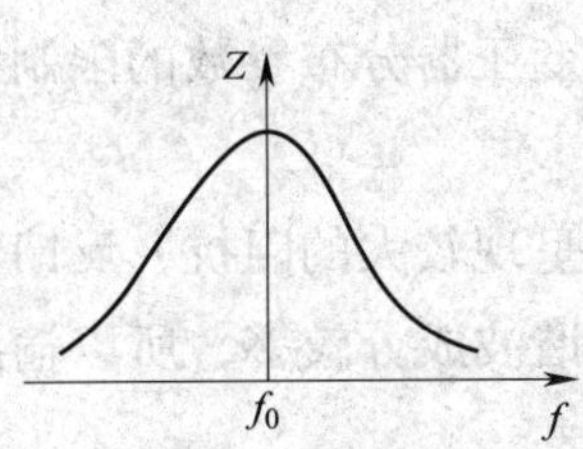

LC 并联谐振电路幅频特性曲线
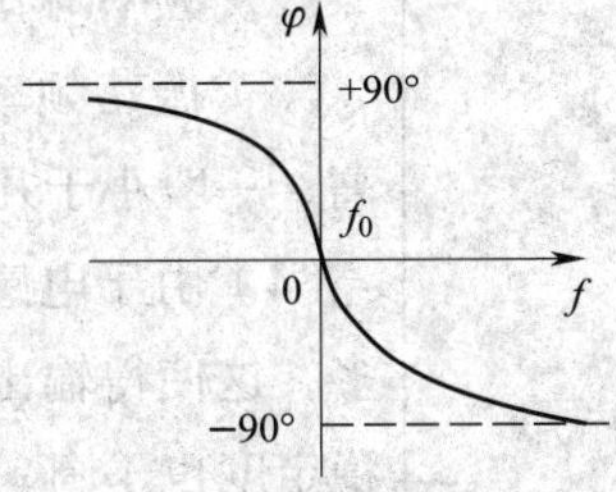

LC 并联谐振电路相频特性曲线
小组任务：
“观察 LC 并联谐振电路的幅频特性曲线和相频特性曲线，总结规律。”
归纳总结：
LC 并联谐振电路的选频特性有以下几点：
1. LC 并联谐振电路的谐振频率为 $f_0=\frac{1}{2\pi\sqrt{LC}}$。
2. 当信号频率 $f=f_0$ 时，电路呈纯电阻特性，等效阻抗 Z 最大，此时电路具有选频特性。</td></tr>
</table>

<table>
<tr>
<td>讲授新课
（75 min）</td>
<td>
3. 当信号频率 f 偏离 f_0 时，电路呈电感或电容的性质，等效阻抗会减小，信号偏离越远，衰减越多。
二、变压器反馈式 LC 振荡电路
提出问题：
“变压器反馈式 LC 振荡电路是否能够产生并维持振荡？”
讲授：
电路分析思路：
1. 检查电路是否具备基本放大电路、正反馈电路和选频电路三个基本组成部分。
2. 画出电路的直流通路，判断电路的基本放大电路能否正常放大工作。
3. 画出电路的交流通路，利用瞬时极性法判断电路是否是正反馈。
提示：
在画电路的交流通路时，将 LC 并联谐振电路看作一个整体，并将其等效为纯电阻，将非谐振电容（耦合电容和旁路电容）看作短路。
讲授：
1. 变压器反馈式 LC 振荡电路的振荡频率为 $f_0=\frac{1}{2\pi\sqrt{LC}}$。
2. 变压器反馈式 LC 振荡电路的电路特点有以下几点：
（1）电路起振容易。只要变压器同名端接线正确，就容易起振。
（2）频率调节方便。采用可变电容，可获得一个较宽的频率调节范围。
（3）振荡频率不高。由于变压器分布参数的限制，振荡频率不能太高，一般小于几十兆赫兹。
（4）由于电感对高次谐波呈现较大的阻抗，反馈信号中高频成分较多，这使得输出波形中高次谐波成分较多，所以输出波形不好，频率稳定度也不高。
三、电感三点式振荡电路
提出问题：
“电感三点式振荡电路是否能够产生并维持振荡？”
讲授：
电路分析思路：
1. 检查电路是否具备基本放大电路、正反馈电路和选频电路三个基本组成部分。
2. 检查基本放大电路能否正常工作。
3. 分析电路是否满足相位平衡条件，即电路是否是正反馈。
</td>
</tr>
</table>

讲授新课 （75 min）	**提示：** 可画出电路的交流通路，指出电路被称为电感三点式振荡电路的原因。 **讲授：** 1. 电感三点式振荡电路的振荡频率为$f_0=\frac{1}{2\pi\sqrt{LC}}$。 2. 电感三点式振荡电路的电路特点有以下几点： （1）由于线圈 L1 与 L2 之间耦合很紧，因此比较容易起振。改变电感抽头的位置，可以获得满意的正弦波输出，且振荡幅度较大。根据经验，通常可以选择反馈线圈 L2 的圈数为整个线圈的 1/8 ~ 1/4。 （2）调节频率方便。电路采用可变电容，可获得一个较宽的频率调节范围。 （3）电路工作频率不高。该电路工作频率一般为 1 兆赫至几十兆赫。 （4）由于电感反馈支路对高次谐波呈现较大的阻抗，所以输出波形中含有高次谐波的成分较多，波形较差，且频率稳定度也不高。 **四、电容三点式振荡电路** **提出问题：** “电容三点式振荡电路是否能够产生并维持振荡？” **讲授：** 电路分析思路： 1. 检查电路是否具备基本放大电路、正反馈电路和选频电路三个基本组成部分。 2. 检查基本放大电路能否正常工作。 3. 分析电路是否满足相位平衡条件，即电路是否是正反馈。 **提示：** 可画出电路的交流通路，指出电路被称为电容三点式振荡电路的原因。 **讲授：** 1. 电容三点式振荡电路的振荡频率为$f_0=\frac{1}{2\pi\sqrt{LC}}$，其中$C=\frac{C_1C_2}{C_1+C_2}$。 2. 电容三点式振荡电路的电路特点有以下几点： （1）由于反馈电压取自电容 C2 两端，电容对高次谐波阻抗很小，反馈电压中的谐波分量很小，所以输出波形较好，频率稳定度较高。 （2）因为电容 C1、C2 的容量可以选择较小值，若将放大管的极间电容也计算进去，则振荡频率较高，一般在 100 MHz 以上。 （3）调节电容可以改变振荡频率，但同时会影响起振条件，故频率调节范围较小，因此这种电路适用于产生固定频率的振荡电路。

讲授新课 （75 min）	**多媒体课件展示：** 展示电感三点式、电容三点式振荡电路图及各自的交流通路。 **提出问题：** “观察两种三点式振荡电路，从电路结构上看它们有什么共同点？”
归纳总结 （8 min）	1. 三种 LC 正弦波振荡电路的振荡频率。 2. 三种 LC 正弦波振荡电路的电路特点。
布置作业 （2 min）	1. 作业：习题册 §4–2。 2. 拓展任务：查阅资料，举例说明三种 LC 正弦波振荡电路的应用场合。
课　后	
学业评价	学业评价包括过程性评价和期末考试评价。过程性评价主要包括课前测试、课前讨论、资源学习、课堂签到、课堂活动、课堂考核、课后测试、课后拓展等要素。 课前测试、课后测试、课堂签到、课堂活动参与情况等由互联网学习平台自动记录并打分，课堂考核由学生和教师共同评价，课后拓展主要由教师评价。学业评价贯穿整个学习过程，多方面考核学生的学习效果，有助于全面培养学生的综合职业能力。
教学反思	一、教学效果及创新 二、回顾与改进

§4-3 RC 正弦波振荡电路

<table>
<tr><td colspan="4">教 案 首 页</td></tr>
<tr><td>序号</td><td>23</td><td>授课地点</td><td></td></tr>
<tr><td>授课专业</td><td></td><td>授课班级</td><td></td></tr>
<tr><td>授课日期</td><td></td><td>授课时数</td><td>2</td></tr>
<tr><td colspan="4">教 学 思 路</td></tr>
<tr><td colspan="4">RC 正弦波振荡电路是利用电阻和电容组成选频网络的振荡电路，一般被用于产生频率在 200 kHz 以下的低频正弦波信号。
本节课主要以 RC 串并联网络的选频特性为基础，从电路的组成、振荡频率、起振条件和稳幅措施等几个方面介绍 RC 正弦波振荡电路，引导学生从结构上认识 RC 正弦波振荡电路，学会判断电路是否满足幅度条件和相位条件。</td></tr>
<tr><td colspan="4">教 学 目 标</td></tr>
<tr><td>知识目标</td><td colspan="3">1. 了解 RC 串并联网络的选频特性。
2. 理解 RC 正弦波振荡电路的工作原理。
3. 了解 RC 正弦波振荡电路的特点及适用场合。</td></tr>
<tr><td>技能目标</td><td colspan="3">1. 根据 RC 串并联网络的谐振频率，能计算 RC 桥式振荡电路的振荡频率。
2. 根据 RC 串并联网络的选频特性，能判断 RC 桥式振荡电路是否满足电路的相位条件。
3. 根据电路中电抗元件和电感元件的特性及 RC 串并联网络的选频特性，能分析 RC 桥式振荡电路的工作特点。
4. 通过小组任务，增强合作意识，提高社交能力。
5. 提高分析、概括、分类等逻辑思维能力。</td></tr>
<tr><td>情感目标</td><td colspan="3">1. 通过参与课堂活动，培养学习兴趣。
2. 通过体验积分奖励等环节，建立和增强学习的自信心。
3. 培养乐于探究的精神。</td></tr>
</table>

<table>
<tr><td colspan="2">教学重、难点</td></tr>
<tr><td>教学重点</td><td>1. RC 正弦波振荡电路的工作原理。
2. RC 正弦波振荡电路的谐振频率。</td></tr>
<tr><td>教学难点</td><td>判断 RC 正弦波振荡电路是否满足幅度条件和相位条件。</td></tr>
<tr><td colspan="2">教 学 资 源</td></tr>
<tr><td>教学环境</td><td>多媒体教室。</td></tr>
<tr><td>教学设备</td><td>互联网学习平台、移动终端（手机）、演示示教板、黑板。</td></tr>
<tr><td>教学材料</td><td>视频资源、教学课件、RC 正弦波振荡电路、彩色粉笔。</td></tr>
<tr><td colspan="2">教 学 方 法</td></tr>
<tr><td colspan="2">讲授法、演示法、讨论法、头脑风暴法。</td></tr>
<tr><td colspan="2">审 批 意 见</td></tr>
<tr><td colspan="2">签字：
年　　月　　日</td></tr>
</table>

<table>
<tr><th colspan="2">教学过程与教学内容</th></tr>
<tr><th colspan="2">课　前</th></tr>
<tr><td colspan="2">1. 通过互联网学习平台布置任务，让学生明确学习目标，了解学习任务。
2. 准备教学课件、电子教案，并将其上传至互联网学习平台。
3. 准备演示示教板、电子元器件、电子电路板等。</td></tr>
<tr><th colspan="2">课　中</th></tr>
<tr><td>教学引入
（5 min）</td><td>准备上课：
组织学生利用互联网学习平台的点名功能签到，师生相互问好。
多媒体课件展示：
向学生展示 LC 正弦波振荡电路一般被用于产生频率为几百千赫到几百兆赫的信号，如果要产生几千赫或更低频率的信号，则 L 和 C 的取值会相当大，而大电感、大电容的制作比较困难，且成本高。由此导入常采用 RC 正弦波振荡电路来产生低频正弦波信号的现状，其中应用最多的是 RC 桥式正弦波振荡电路，其选频电路采用的是 RC 串并联网络。</td></tr>
<tr><td>讲授新课
（80 min）</td><td>一、RC 串并联网络的选频特性
讲授：
RC 串并联网络等效电路的分析思路为讨论电路在输入信号频率较低和频率较高两种情况下，其等效电路输出电压与输入电压之间的大小及相位关系。
小组任务：
“观察 RC 串并联网络的幅频特性和相频特性曲线图，寻找规律。”
归纳总结：
RC 串并联网络的选频特性包含以下几点：
1. 当 $f=f_0=\dfrac{1}{2\pi RC}$ 时，$F_{max}=\dfrac{U_f}{U_o}=\dfrac{1}{3}$，$u_f$ 与 u_o 同相，其中 $R_1=R_2=R$，$C_1=C_2=C$；
2. 当 $f\neq f_0$ 时，F 降低，电路呈电感性或电容性，u_f 与 u_o 不同相，且 f 偏离 f_0 越多，F 衰减得越多。
二、RC 桥式振荡电路的组成
讲授：
如教材图 4–16 所示，R3 和 R4 构成负反馈电路，R1、C1 和 R2、C2 组成串并联网络，构成正反馈电路，它们分别组成电桥的四个桥臂，该电桥与集成运算放大器一起组成 RC 桥式振荡电路。</td></tr>
</table>

<table>
<tr><td></td><td>
提出问题：
“RC 桥式振荡电路是否能够产生并维持振荡？”
讲授：
电路分析思路：
1. RC 串并联网络选频时，电路的相移为 0°；
2. 可利用瞬时极性法判断 RC 桥式振荡电路的总相移是否满足相位平衡条件；
3. RC 串并联网络选频时，电路的 $F_{\max}=\frac{U_f}{U_o}=\frac{1}{3}$。
三、振荡频率和起振条件
讲授：
1. RC 桥式振荡电路产生振荡的频率为 $f_0=\frac{1}{2\pi RC}$。
2. 改变 R 和 C 的值可以实现对振荡频率的调节。
3. RC 桥式振荡电路通常采用双联电位器或双联电容器来调节振荡器输出信号的频率。目前在生产和实验中一般可通过切换高稳定度的电容来进行频段的转换（即频率粗调），再采用双联电位器进行频率的细调。
四、稳幅措施
讲授：
在教材图 4-16 所示的 RC 桥式振荡电路中，R3 通常为具有负温度系数的热敏电阻。当输出幅度 u_o 增大时，通过 R3 的电流增大，R3 上功耗加大，温度升高，R3 阻值减小，负反馈增强，电压放大倍数下降，使输出电压幅度 u_o 减小，当 $AF=1$ 时，输出电压幅度 u_o 保持稳定；当输出电压幅度 u_o 减小时，R3 的负反馈支路会使电压放大倍数增大，当 $AF=1$ 时，输出电压幅度 u_o 保持稳定。
</td></tr>
<tr><td>讲授新课
（80 min）</td><td></td></tr>
<tr><td>归纳总结
（4 min）</td><td>
1. RC 桥式振荡电路的组成。
2. RC 正弦波振荡电路的谐振频率。
3. RC 正弦波振荡电路的起振条件。
</td></tr>
<tr><td>布置作业
（1 min）</td><td>
1. 作业：习题册 §4-3。
2. 拓展任务：查阅资料，找一找 RC 桥式振荡电路的实际应用例子，说一说其电路的组成、振荡频率和稳幅措施。
</td></tr>
</table>

<table>
<tr><th colspan="2">课　　后</th></tr>
<tr><td>学业评价</td><td>学业评价包括过程性评价和期末考试评价。过程性评价主要包括课前测试、课前讨论、资源学习、课堂签到、课堂活动、课堂考核、课后测试、课后拓展等要素。
课前测试、课后测试、课堂签到、课堂活动参与情况等由互联网学习平台自动记录并打分，课堂考核由学生和教师共同评价，课后拓展主要由教师评价。学业评价贯穿整个学习过程，多方面考核学生的学习效果，有助于全面培养学生的综合职业能力。</td></tr>
<tr><td>教学反思</td><td>一、教学效果及创新

二、回顾与改进</td></tr>
</table>

技能训练 8 RC 正弦波振荡电路的安装与调试

<table>
<tr><th colspan="4">教 案 首 页</th></tr>
<tr><td>序号</td><td>24</td><td>授课地点</td><td></td></tr>
<tr><td>授课专业</td><td></td><td>授课班级</td><td></td></tr>
<tr><td>授课日期</td><td></td><td>授课时数</td><td>2</td></tr>
<tr><th colspan="4">教 学 思 路</th></tr>
<tr><td colspan="4">本实训选取 RC 正弦波振荡电路的安装与调试作为实训内容，并与企业电子产品装配工作岗位的真实工作任务相结合，具有一定的代表性，同时对培养学生电子元器件的检测、插装、焊接和调试等专业基本技能具有重要的作用，具有典型性。</td></tr>
<tr><th colspan="4">教 学 目 标</th></tr>
<tr><td>知识目标</td><td colspan="3">1. 进一步理解 RC 正弦波振荡电路的工作原理。
2. 理解 RC 桥式振荡电路的稳幅措施。
3. 掌握 RC 桥式振荡电路振荡频率的调节办法。</td></tr>
<tr><td>技能目标</td><td colspan="3">1. 能正确识别、检测常用的元器件。
2. 能结合电路原理图和印制电路板正确安装元器件。
3. 能根据测试结果判断电路是否存在故障，并能够顺利排除故障。
4. 能正确运用示波器和数字频率计观测输出信号的波形及频率，并正确记录测试结果，及时总结测试和安装技巧。</td></tr>
<tr><td>情感目标</td><td colspan="3">1. 通过积极主动地参与训练，培养学习专业技能的兴趣。
2. 培养合作意识和团队精神。
3. 能自觉遵守安全操作规程，通过 6S 现场管理培养良好的工作习惯和劳动光荣的职业素养。</td></tr>
<tr><th colspan="4">教学重、难点</th></tr>
<tr><td>教学重点</td><td colspan="3">RC 正弦波振荡电路的安装与焊接。</td></tr>
</table>

教学难点	RC 正弦波振荡电路的工作原理及调试。
教学资源	
教学环境	电子实训室、开放式的校园网。
教学设备	一体机、互联网学习平台、移动终端（手机）。
教学材料	微课、教学课件、RC 正弦波振荡电路原型板、RC 正弦波振荡电路电子套件、万用表、双踪示波器、数字频率计、常用电子装配工具、工作页等。
审批意见	
签字： 年　月　日	

教学过程与教学内容			
课　　前			
教师活动	学生活动	教学手段	教学方法
1. 通过互联网社交软件群通知学生按时登录互联网学习平台学习，并及时沟通。 2. 在互联网学习平台上传相关的教学课件和微课等学习资料，提醒学生预习和复习。 3. 针对课程内容在互联网学习平台上发布测试题，对学生的学习结果进行检测。 4. 根据互联网学习平台统计的学生测试成绩将学生分组，实现学生间的优势互补，确定各小组名称。 5. 设计并打印工作页。工作页内容包括任务描述、工作要求、工作计划、物料清单及检测记录表等。 6. 准备RC正弦波振荡电路原型板、RC正弦波振荡电路电子套件、常用电子装配工具、万用表、双踪示波器、数字频率计等。	1. 通过互联网社交软件群与教师及时沟通。 2. 自主查阅教师上传的学习资料并预习。 3. 自主查阅教师在互联网学习平台上发布的测试题，完成测试。 4. 小组讨论，合理安排分工。 5. 准备好教材、笔记本、笔等学习用品。	互联网社交软件、手机、互联网学习平台、微课、工作页	自主学习法

课　　中			
教师活动	**学生活动**	**教学手段**	**教学方法**
一、组织教学（5 min） 1. 按照课前分组安排学生就座。 2. 组织学生利用互联网学习平台的点名功能签到。 3. 师生相互问好。 4. 组织学生整理着装，并按照职业素养要求检查学生着装。	**一、准备上课** 1. 按照课前分组就座。 2. 使用手机登录互联网学习平台，在线签到。 3. 师生相互问好。 4. 整理着装。	互联网学习平台、手机	
二、下发工作任务单及工作页（5 min） 1. 详细描述工作任务及要求，下发工作任务单。 2. 引导学生小组讨论，明确工作内容、要求和工时等。 3. 发放工作页。	**二、领取工作任务单及工作页** 1. 倾听工作任务描述，领取工作任务单。 2. 小组讨论，明确工作内容、要求和工时等，并填写工作任务单。 3. 领取工作页。	工作任务单、一体机、教学课件、工作页	情境导入法、任务驱动法
三、指导制订工作计划（5 min） 1. 向学生提出制订工作计划的要求。 2. 引导学生小组讨论，制订工作计划。 3. 引导学生上台展示本组的工作计划，记录各小组的展示情况。 4. 点评各小组的工作计划并提出改进建议。 5. 引导学生填写工作页。	**三、制订工作计划** 1. 认真倾听并记录制订工作计划的要求。 2. 进行小组讨论，制订工作计划。 3. 各小组派代表展示、讲解本组的工作计划。	工作页、手机、互联网学习平台	任务驱动法、讲授法、展示法、小组合作法、头脑风暴法

教师活动	学生活动	教学手段	教学方法
	4. 根据教师的点评和改进建议优化本组的工作计划。 5. 填写工作页。	工作页、手机、互联网学习平台	任务驱动法、讲授法、展示法、小组合作法、头脑风暴法
四、准备元器件（10 min） **1. 清点元器件** （1）和物料管理员（由学生扮演）一起给各小组学生发放常用电子装配工具、万用表、双踪示波器、电子套件及物料。 （2）引导学生清点元器件，填写工作页。 （3）引导学生分类摆放元器件。 **2. 认识元器件** （1）碳膜电阻器：R1 ~ R4。 （2）可调电阻器：RP。 （3）独石电容器：C1、C2。 （4）二极管：VD1、VD2。 （5）螺栓式端子：J1、J2。 **3. 检测元器件参数** 指导学生检测电路的电子元器件。	**四、认识元器件** 1. 在教师的引导下，认真阅读教材内容，填写工作页中的清单。 2. 各小组组长核查清单并签字。 3. 各小组物料管理员根据工作页中的清单，到物料间领取常用电子装配工具、万用表、双踪示波器、电子套件及物料。 4. 采用角色互换的方式，轮流对照清单清点元器件，填写工作页。 5. 分类摆放元器件。 6. 观看教师的示范操作。 7. 轮流对电子元器件进行检测。	工作页	角色扮演法、演示法

教师活动	学生活动	教学手段	教学方法
五、介绍电路原理，展示信息资料（10 min） 1. 引导学生阅读教材相关内容及 RC 正弦波振荡电路图。 2. 提出问题，引导各小组讨论电路的工作原理。 （1）集成运算放大器工作在什么状态？ （2）选频电路由哪些元件构成？ （3）稳幅电路由哪些元件构成？ （4）稳幅的原理是什么？ 3. 引导各小组推选代表上台分析电路的工作原理。 4. 记录学生的回答要点，对学生的回答情况进行点评。 5. 引导学生利用专业网站查询 LM358 的相关资料。	**五、分析电路原理，查阅信息资料** 1. 使用手机在互联网学习平台上查阅、学习教师上传的学习资源。 2. 根据教师提出的问题进行对电路工作原理的讨论。 3. 各小组推选代表上台讲解电路的工作原理。 4. 倾听教师点评。 5. 利用专业网站查询 LM358 的相关资料，记录查询结果。	一体机、教学课件、白板、教学资源库、手机	任务驱动法、头脑风暴法
六、指导安装与焊接电路（25 min） 1. 讲解电子元器件安装与焊接的工艺要求。 2. 示范电子元器件的安装与焊接操作。 3. 巡回指导，针对学生在电路安装与焊接过程中遇到的问题进行针对性答疑。	**六、安装与焊接电路** 1. 倾听并记录安全操作规程和 6S 现场管理要求。 2. 观看教师的示范操作，明确电子元器件安装的技术规范与焊接工艺要求。	工作页	角色扮演法、演示法

教师活动	学生活动	教学手段	教学方法
4. 观察学生在焊接过程中遇到的共性问题，集中讲解，引导学生按照电子技术规范及焊接工艺要求完成电路焊接。	3. 采用角色互换的方式，轮流进行电路的安装与焊接。 4. 在教师的指导下及时改正不规范的操作。	工作页	角色扮演法、演示法
七、指导调试电路（15 min） 1. 引导学生认真阅读电路图。 2. 引导学生使用目视检测法轮流对电路板的外观进行检查。 3. 对各小组电路板进行检查，确认无误后，在各小组工作页上签字确认。 4. 利用 RC 正弦波振荡电路原型板示范电路的调试及测量方法。 （1）静态调试。 （2）动态调试。 5. 巡回指导，针对学生在电路调试过程中遇到的问题进行针对性指导和答疑。	**七、调试电路** 1. 在教师的引导下，认真阅读电路图。 2. 使用目视检测法，轮流对电路板的外观进行检查。 3. 观看教师示范调试过程。 4. 电路板经检查合格后，接通 ±12 V 电源，采用角色互换的方式进行电路调试，测量、记录信号频率，填写工作页。 5. 对于调试过程中出现的问题，查找故障原因并排除。 6. 倾听教师点评，进行改进。	一体机、互联网学习平台	演示法、任务驱动法、讲授法、讨论法

教师活动	学生活动	教学手段	教学方法
八、清理现场（5 min） 1. 组织各小组物料管理员在物料间收取并复核工具、仪器仪表及物料。 2. 按照6S现场管理要求督促学生清扫、整理工作现场。	八、清理现场 1. 按清单返还工具、仪器仪表及物料。 2. 按照6S现场管理要求清扫、整理工作现场。		
九、实训测评（10 min） 1. 引导学生结合实训过程中的成功经验和遇到的问题进行总结。 2. 带领学生回顾本节课的训练目标，总结各小组表现，表扬其优点、指出不足，并进行点评，提出改进意见。 3. 根据学业评价标准，在互联网学习平台上指导小组完成自评和互评，并进行教师评价。	九、自评和互评 1. 各小组代表上台分享本次实训过程中的心得体会。 2. 倾听教师点评。 3. 根据学业评价标准，在互联网学习平台上完成小组自评和互评。	一体机、互联网学习平台、手机 演示法、评价法、讲授法	

课　　后

学业评价	1. 采用过程性评价与终结性评价相结合的评价方式。 2. 采用小组自评、互评和教师评价相结合的多元化评价方式。 3. 学业评价贯穿整个技能训练过程，多方面考核学生的学习效果，有助于全面培养学生的综合职业能力。
教学反思	一、教学效果及创新 二、回顾与改进

§4-4 石英晶体振荡电路

<table>
<tr><th colspan="4">教 案 首 页</th></tr>
<tr><td>序号</td><td>25</td><td>授课地点</td><td></td></tr>
<tr><td>授课专业</td><td></td><td>授课班级</td><td></td></tr>
<tr><td>授课日期</td><td></td><td>授课时数</td><td>1</td></tr>
<tr><th colspan="4">教 学 思 路</th></tr>
<tr><td colspan="4">石英晶体谐振器是高精度和高稳定度的振荡器，主要被用于产生频率稳定度高的正弦波信号，它被广泛应用于手机、计算机等各类对频率稳定度要求较高的振荡电路中。石英晶体振荡电路有串联型和并联型两种类型。
本节课主要介绍石英晶体谐振器的频率特性，以及两种由石英晶体组成的振荡电路——串联型石英晶体振荡电路和并联型石英晶体振荡电路。其中串联型石英晶体振荡电路发生谐振时，石英晶体呈纯阻性；在并联型石英晶体振荡电路中，石英晶体则工作在感性区。</td></tr>
<tr><th colspan="4">教 学 目 标</th></tr>
<tr><td>知识目标</td><td colspan="3">1. 了解石英晶片的压电效应。
2. 掌握石英晶体谐振器的频率特性。
3. 理解石英晶体振荡电路两种基本电路的工作原理。</td></tr>
<tr><td>技能目标</td><td colspan="3">1. 根据石英晶体的电抗频率特性曲线，能区分石英晶体工作在不同频率下的电抗性质。
2. 能区分串联型、并联型石英晶体振荡电路。
3. 通过小组任务，增强合作意识，提高社交能力。
4. 提高分析、概括、分类等逻辑思维能力。</td></tr>
<tr><td>情感目标</td><td colspan="3">1. 通过参与课堂活动，培养学习兴趣。
2. 通过体验积分奖励等环节，建立和增强学习的自信心。
3. 培养乐于探究的精神。</td></tr>
</table>

<table>
<tr><th colspan="2">教学重、难点</th></tr>
<tr><td>教学重点</td><td>石英晶体振荡电路的两种基本电路及其工作原理。</td></tr>
<tr><td>教学难点</td><td>石英晶体振荡电路的工作原理。</td></tr>
<tr><th colspan="2">教 学 资 源</th></tr>
<tr><td>教学环境</td><td>多媒体教室。</td></tr>
<tr><td>教学设备</td><td>互联网学习平台、移动终端（手机）、演示示教板、黑板。</td></tr>
<tr><td>教学材料</td><td>视频资源、教学课件、石英晶体谐振器、废旧计算机的主板、彩色粉笔。</td></tr>
<tr><th colspan="2">教 学 方 法</th></tr>
<tr><td colspan="2">讲授法、演示法、讨论法、头脑风暴法。</td></tr>
<tr><th colspan="2">审 批 意 见</th></tr>
<tr><td colspan="2">签字：
年　　月　　日</td></tr>
</table>

<table>
<tr><th colspan="2">教学过程与教学内容</th></tr>
<tr><th colspan="2">课　　前</th></tr>
<tr><td colspan="2">1. 通过互联网学习平台布置任务，让学生明确学习目标，了解学习任务。
2. 准备教学课件、电子教案，并将其上传至互联网学习平台。
3. 准备演示示教板、电子元器件、电子电路板等。</td></tr>
<tr><th colspan="2">课　　中</th></tr>
<tr><td>教学引入
（5 min）</td><td>准备上课：
组织学生利用互联网学习平台的点名功能签到，师生相互问好。
复习提问：
（1）“LC 并联谐振有什么特点？其谐振频率如何计算？”
（2）“LC 串联谐振有什么特点？其谐振频率如何计算？”
实物展示：
展示拆开的废旧计算机主板，指出其时钟电路，找出其关键元器件——石英晶体谐振器（晶振）。</td></tr>
<tr><td>讲授新课
（35 min）</td><td>一、石英晶体谐振器
1. 石英晶片
多媒体动画演示：
通过动画，演示压电效应现象。
2. 石英晶体谐振器
实物展示：
展示石英晶体谐振器。
讲授：
（1）石英晶体谐振器的电路符号。
（2）石英晶体谐振器的等效电路。
（3）石英晶体谐振器各参数的含义及取值范围。
（4）石英晶体谐振器的电抗频率特性曲线。
小组任务：
“观察石英晶体谐振器的电抗频率特性曲线，思考在不同频段，电路的电抗性质如何？”
提示：
电抗频率特性曲线的规律有以下几点：
（1）当谐振频率 $f=f_s$ 时，$X=0$，等效电路呈纯阻性，石英晶体发生串联谐振；</td></tr>
</table>

<table>
<tr><td>讲授新课
（35 min）</td><td>（2）当谐振频率 $f_s<f<f_p$ 时，石英晶体的等效电路阻抗 $X>0$，且 X 很大，等效电路呈感性，石英晶体发生并联谐振，这个频率区间其实很小，$f_s \approx f_p$；
（3）当谐振频率 $f<f_s$ 或 $f>f_p$ 时，$X<0$，等效电路呈容性。
归纳总结：
石英晶体谐振器有两个谐振频率 $\begin{cases} 串联谐振频率为 f_s=\dfrac{1}{2\pi\sqrt{LC}} \\ 并联谐振频率为 f_p=\dfrac{1}{2\pi\sqrt{L\dfrac{CC_0}{C+C_0}}} \end{cases}$
因 f_s 和 f_p 与外电路参数无关，所以频率的稳定性很高。
二、石英晶体振荡电路
1. 串联型石英晶体振荡电路
讲授：
电路分析思路为把石英晶体看作阻值很小的纯电阻，利用瞬时极性法，判断电路的反馈极性，确定满足相位平衡的条件，其振荡频率为串联谐振频率 $f_s=\dfrac{1}{2\pi\sqrt{LC}}$。
2. 并联型石英晶体振荡电路
讲授：
电路分析思路为把石英晶体看作大电感，画出电路的等效电路，判断电路能否振荡，其振荡频率为并联谐振频率 $f_p=\dfrac{1}{2\pi\sqrt{L\dfrac{CC_0}{C+C_0}}}$。</td></tr>
<tr><td>归纳总结
（4 min）</td><td>1. 石英晶体的谐振频率。
2. 两种石英晶体振荡电路的基本电路。
3. 在串联型石英晶体振荡电路中，石英晶体相当于纯电阻。在并联型石英晶体振荡电路中，石英晶体相当于大电感。</td></tr>
<tr><td>布置作业
（1 min）</td><td>1. 作业：习题册 §4–4。
2. 拓展任务：石英晶体常被用于单片机的时钟电路，查阅资料，说一说在实际的嵌入式应用中，石英晶体的频率有哪些。</td></tr>
</table>

<table>
<tr><th colspan="2">课　后</th></tr>
<tr><td>学业评价</td><td>学业评价包括过程性评价和期末考试评价。过程性评价主要包括课前测试、课前讨论、资源学习、课堂签到、课堂活动、课堂考核、课后测试、课后拓展等要素。
课前测试、课后测试、课堂签到、课堂活动参与情况等由互联网学习平台自动记录并打分，课堂考核由学生和教师共同评价，课后拓展主要由教师评价。学业评价贯穿整个学习过程，多方面考核学生的学习效果，有助于全面培养学生的综合职业能力。</td></tr>
<tr><td>教学反思</td><td>一、教学效果及创新

二、回顾与改进</td></tr>
</table>

第五章
直流稳压电源

本章共分为三大部分，第一节为第一部分，主要介绍单相整流电路和三相整流电路；第二节为第二部分，主要介绍滤波电路；第三节、第四节和第五节为第三部分，主要介绍广泛采用的稳压电路、集成稳压器和开关稳压电源。本章主要内容及其相互关系如下图所示。

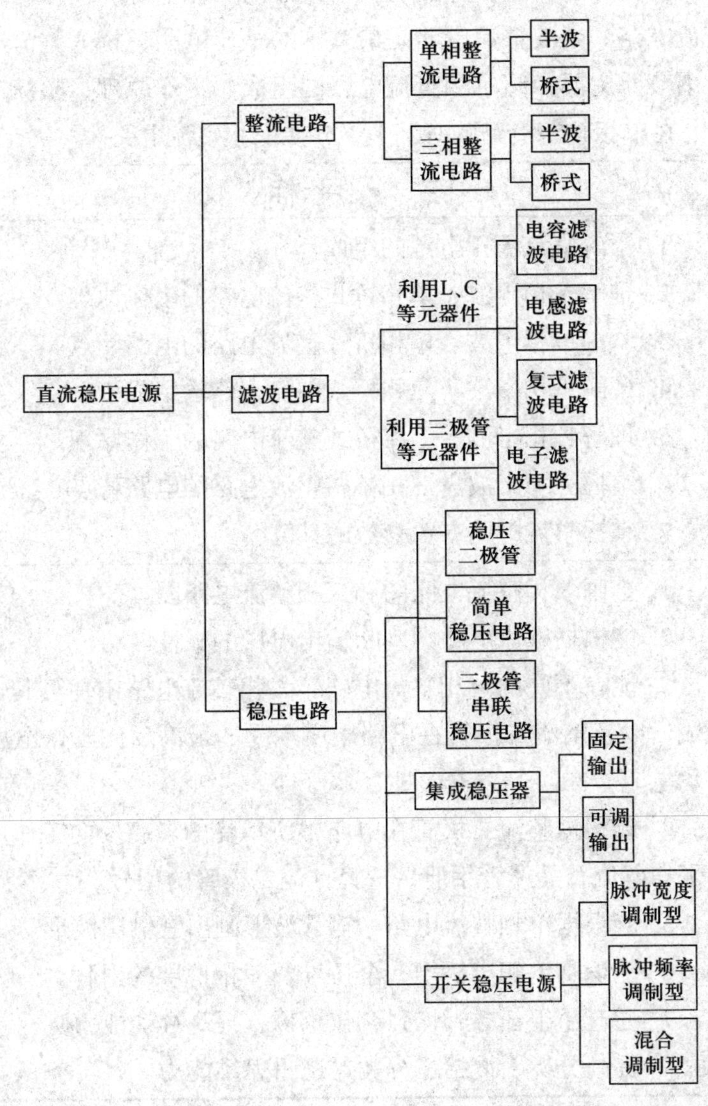

§5-1 整流电路

<table>
<tr><th colspan="4">教 案 首 页</th></tr>
<tr><td>序号</td><td>26</td><td>授课地点</td><td></td></tr>
<tr><td>授课专业</td><td></td><td>授课班级</td><td></td></tr>
<tr><td>授课日期</td><td></td><td>授课时数</td><td>4</td></tr>
<tr><th colspan="4">教 学 思 路</th></tr>
<tr><td colspan="4">本章内容基本上围绕直流稳压电源的几个组成部分编排，其中，整流电路是构成直流稳压电源的重要环节。整流电路按所需整流的交流电源不同，可分为单相整流电路和三相整流电路。半波整流电路是最基本的整流电路，桥式整流电路是最常用的整流电路。本节课主要介绍单相整流电路的组成、工作原理、整流二极管的选择和电路特点，并在单相整流电路的基础上，介绍三相整流电路。</td></tr>
<tr><th colspan="4">教 学 目 标</th></tr>
<tr><td>知识目标</td><td colspan="3">1. 了解直流稳压电源的组成。
2. 理解单相半波、单相桥式整流电路的工作原理。
3. 掌握单相半波、单相桥式整流电路的电路特点。
4. 了解三相半波、三相桥式整流电路的组成。
5. 理解三相半波、三相桥式整流电路的工作原理。
6. 掌握三相半波、三相桥式整流电路的电路特点。
7. 掌握整流电路有关参数的计算公式。</td></tr>
<tr><td>技能目标</td><td colspan="3">1. 会画单相整流电路图和三相整流电路图。
2. 能根据整流电路图判断输出电压的极性。
3. 能在不同的单相整流电路、三相整流电路中估算其输出电压、电流，以及整流二极管在电路中所承受的最高反向工作电压和通过的平均电流。
4. 能根据整流二极管在电路中所承受的最高反向工作电压及通过的平均电流查晶体管手册，选择整流二极管的型号。
5. 能根据单相整流电路的输入波形画出其输出波形。
6. 能识别单相半桥堆、全桥堆及三相桥堆的引脚。
7. 通过小组任务，增强合作意识，提高社交能力。
8. 提高分析、概括、分类等逻辑思维能力。</td></tr>
</table>

<table>
<tr><td>情感目标</td><td>1. 通过参与课堂活动，培养学习兴趣。
2. 通过体验积分奖励等环节，建立和增强学习的自信心。
3. 培养乐于探究的精神。</td></tr>
<tr><td colspan="2">教学重、难点</td></tr>
<tr><td>教学重点</td><td>1. 单相桥式整流电路的组成。
2. 三相半波整流电路和三相桥式整流电路的工作原理。
3. 在不同的整流电路中计算整流电路参数，选择合适的整流二极管。</td></tr>
<tr><td>教学难点</td><td>1. 单相桥式整流电路的工作原理。
2. 三相桥式整流电路的工作原理。</td></tr>
<tr><td colspan="2">教 学 资 源</td></tr>
<tr><td>教学环境</td><td>多媒体教室。</td></tr>
<tr><td>教学设备</td><td>互联网学习平台、移动终端（手机）、演示示教板、黑板。</td></tr>
<tr><td>教学材料</td><td>视频资源、教学课件、单相半桥堆、全桥堆、三相桥堆、已拆开的废旧充电器、彩色粉笔。</td></tr>
<tr><td colspan="2">教 学 方 法</td></tr>
<tr><td colspan="2">讲授法、演示法、讨论法、探究法。</td></tr>
<tr><td colspan="2">审 批 意 见</td></tr>
<tr><td colspan="2">签字：
年 月 日</td></tr>
</table>

<table>
<tr><th colspan="2">教学过程与教学内容</th></tr>
<tr><th colspan="2">课　　前</th></tr>
<tr><td colspan="2">1. 通过互联网学习平台布置任务，让学生明确学习目标，了解学习任务。
2. 准备教学课件、电子教案，并将其上传至互联网学习平台。
3. 准备演示示教板、电子元器件、电子电路板等。</td></tr>
<tr><th colspan="2">课　　中</th></tr>
<tr><td>教学引入
（15 min）</td><td>准备上课：
组织学生利用互联网学习平台的点名功能签到，师生相互问好。
多媒体课件展示：
展示日常生产生活中常见的直流稳压电源的外形，并说明其应用场合。
实物展示：
展示已拆开的废旧充电器，说明充电器内部电路就是一个电源电路。
提示：
可画出直流稳压电源的组成框图，说明其各部分的作用，讲解整流电路的概念、分类，导入对单相整流电路的讲解。</td></tr>
<tr><td>讲授新课
（145 min）</td><td>一、单相整流电路
1. 单相半波整流电路
（1）电路组成及工作原理
复习提问：
“二极管具有什么特性？”
讲授：
单相半波整流电路的分析思路为先分析电路输入交流电分别在波形正半周和负半周的情况下，二极管的偏置类型，再确定二极管的工作状态，分析电路输出和输入电压之间的关系，后根据输入电压波形，画出输出电压的波形图，根据纯电阻电路的欧姆定律，分析相应的输出电流。
提出问题：
“本电路为何叫‘半波’整流电路？”
小组任务：
“思考若想得到负的直流电源应该如何做。”</td></tr>
</table>

讲授新课 （145 min）	**（2）主要参数计算** **讲授：** 1）输出电压的平均值 输出电压的平均值 $U_L=0.45U_2$，其中，U_2 是电源变压器二次侧交流电压的有效值。 2）输出电流的平均值 利用欧姆定律，算出输出电流的平均值 $I_L=\frac{U_L}{R_L}$。 3）通过二极管的平均电流 二极管与负载串联，通过二极管的平均电流与输出电流的平均值相等，$I_F=I_L$。 4）二极管承受的最高反向工作电压 通过观察二极管两端的电压波形，分析其反向工作电压的最高值，$U_{Rm}=\sqrt{2}\,U_2$。 **（3）整流二极管的选择** **复习提问：** “在选择整流二极管的型号时，应主要考虑哪些参数？” **讲授：** 实际选择整流二极管时，应满足 $I_{FM}\geqslant I_F$，$U_{RM}\geqslant U_{Rm}$。 **讲解教材例 5–1：** 讲解教材例题，指导学生学习如何通过查晶体管手册来选择整流二极管的型号。 **（4）电路特点** **提示：** 可由单相半波整流电路的缺点导入对输出电压较高、脉动较小、变压器利用率高、应用较广的单相桥式整流电路的讲解。 **2. 单相桥式整流电路** **（1）电路组成及工作原理** **复习提问：** “直流电桥电路有哪些特点？” **提示：** 把直流电桥电路的四个桥臂上的电阻换成二极管，把直流电源换成变压器，则构成单相桥式整流电路。

<table>
<tr>
<td>讲授新课
（145 min）</td>
<td>

提示：

在介绍单相桥式整流电路的三种不同画法时，注意讲解三种画法的对应关系。应要求学生不仅能够熟练掌握三种不同的画法，而且能根据电路判断负载上输出电压的极性。

课堂练习 1：

试将下图所示二极管接成单相桥式整流电路。

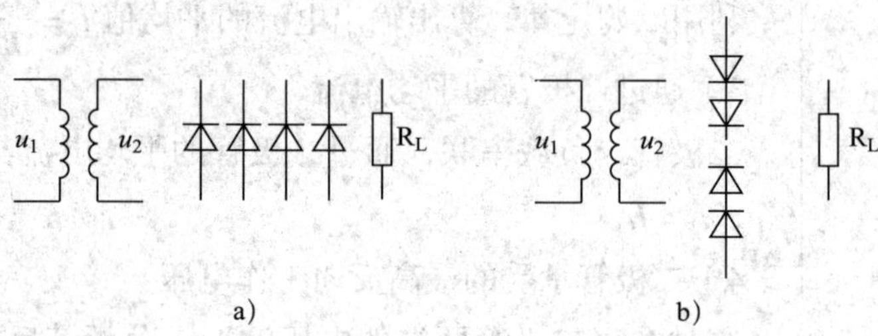

讲授：

1）单相桥式整流电路的分析思路为：

先判断二极管的偏置类型，再确定二极管的工作状态，画出其电流通路。根据输入电压波形，画出输出电压波形图。

2）与单相半波整流电路工作波形相比，单相桥式整流电路的脉动性变小了，变压器利用率提高了。

（2）主要参数计算

讲授：

1）输出电压的平均值

$$U_L = 0.9U_2$$

当变压器二次侧电压相同时，与单相半波整流电路相比，电路输出电压提高。

2）通过二极管的平均电流

$$I_F = \frac{1}{2} I_L$$

当输出电流一定时，与单相半波整流电路相比，通过二极管的电流降低。

3）二极管承受的最高反向工作电压

$$U_{Rm} = \sqrt{2}U_2$$

若变压器二次侧电压相同，二极管所承受的电压也与单相半波整流电路中二极管的相同。

</td>
</tr>
</table>

<table>
<tr><td>讲授新课
（145 min）</td><td>4）电路特点
单相桥式整流电路虽然包含四只整流二极管，但输出电压较高、脉动较小、变压器利用率高，所以应用较广。
讲解教材例 5–2：
讲解教材例题，引导学生自主查阅晶体管手册来选择整流二极管的型号。
3. 单相整流堆
实物展示：
分别展示单相半桥整流堆和全桥整流堆实物，让学生认识其引脚。
二、三相整流电路
复习提问：
“三相交流电有什么特点？‘Y’‘△’两种接法的电源线电压与相电压有何关系？电源采用‘Y’形接法时，三相交流相电压和线电压的波形图是怎样的？”
1. 三相半波整流电路
（1）电路组成及工作原理
讲授：
三相半波整流电路有两种接法，分别是共阴极接法和共阳极接法。
共阴极接法是二极管负极接在一起，共阳极接法是二极管正极接在一起。
提示：
1）根据电路输入电压波形，二极管导通的优先级别为
{共阴极电路：正极电位最高的优先导通
 共阳极电路：负极电位最低的优先导通
2）以共阴极电路为例，把输入电压波形的一个周期从 t_1 ~ t_4 分成 3 等份，则：
①在 t_1 ~ t_2 时间内，U 相电压最高，V1 优先导通，V2、V3 截止，负载输出电压 $u_L=u_U$；
②在 t_2 ~ t_3 时间内，V 相电压最高，V2 优先导通，V1、V3 截止，负载输出电压 $u_L=u_V$；</td></tr>
</table>

<table>
<tr>
<td>讲授新课
（145 min）</td>
<td>

③在 $t_3 \sim t_4$ 时间内，W 相电压最高，V3 优先导通，V1、V2 截止，负载输出电压 $u_L = u_W$。

3）每只二极管在一个周期内各导通 120°。

4）自然换相点是每只二极管导通的起始点。

（2）主要参数计算

讲授：

1）输出电压的平均值

$$U_L = 1.17U_2$$

引导学生理解输出电压的平均值的物理意义，记住公式。

2）输出电流的平均值

$$I_L = \frac{U_L}{R_L}$$

利用欧姆定律求输出电流的平均值。

3）通过二极管的平均电流

$$I_F = \frac{1}{3} I_L$$

4）二极管承受的最高反向工作电压

$$U_{Rm} = \sqrt{2} \times \sqrt{3}\, U_2 = \sqrt{6}\, U_2 \approx 2.45U_2$$

（3）整流二极管的选择

讲授：

实际选择整流二极管时，应满足 $I_{FM} \geqslant I_F$，$U_{RM} \geqslant U_{Rm}$。

讲解教材例 5–3：

讲解教材例题，引导学生自主查阅晶体管手册来选择整流二极管的型号。

（4）电路特点

讲授：

三相半波整流电路比较简单，输出电压仍有一定的脉动，变压器利用率不高，变压器铁芯易趋于磁饱和。

提示：

可由三相半波整流电路的缺点导入对可使输出电压脉动小，解决变压器利用率不高、变压器铁芯易趋于磁饱和等缺点的三相桥式整流电路的讲解。

</td>
</tr>
</table>

讲授新课 （145 min）	**2. 三相桥式整流电路** **（1）电路组成及工作原理** **提示：** 可画出三相交流相电压的波形图，再画出对应的三相交流线电压的波形图。不同的相电压或线电压波形要用不同颜色的粉笔进行绘画，以使其易于区分。 **提出问题：** “三相交流相电压和线电压在大小及相位上有什么关系？” **提示：** 可分别邀请两个学生在黑板上画出一个共阴极接法的三相半波整流电路和一个共阳极接法的三相半波整流电路，然后把它们串联起来，并共用一个负载，即可得到三相桥式整流电路。 **提示：** 1）在电路三相电压 u_{2U}、u_{2V}、u_{2W} 的变化过程中，共阴极电路中三只二极管的正极电位最高者优先导通；共阳极电路中三只二极管的负极电位最低者优先导通，其余二极管截止。 2）把电路输入电压波形的一个周期从 t_1 ~ t_7 分成 6 等份，则： ①在 t_1 ~ t_2 时间内，U 相电压最高，V 相电压最低，V1、V5 优先导通，这时 $u_L = u_{UV}$； ②在 t_2 ~ t_3 时间内，U 相电压最高，W 相电压最低，V1、V6 串联导通，这时 $u_L = u_{UW}$； ③在 t_3 ~ t_4 时间内，V 相电压最高，W 相电压最低，V2、V6 串联导通，这时 $u_L = u_{VW}$； …… 依次类推。 **归纳总结：** 在任一瞬间，共阴极组和共阳极组中各有一只二极管导通，每只二极管在一个周期内导通 120°，负载上获得的脉动直流电压是线电压 u_{UV}、u_{UW}、u_{VW}、u_{VU}、u_{WU}、u_{WV} 的波顶连线。 **（2）主要参数计算** **讲授：** 1）输出电压的平均值 $$U_L = 2.34U_2$$

讲授新课 （145 min）	2）输出电流的平均值 $$I_L=\frac{U_L}{R_L}$$ 3）通过二极管的平均电流 $$I_F=\frac{1}{3}I_L$$ 4）二极管承受的最高反向工作电压 $$U_{Rm}=\sqrt{2}\times\sqrt{3}U_2=\sqrt{6}U_2\approx 2.45U_2$$ **（3）整流二极管的选择** 实际选择整流二极管时，应满足 $I_{FM}\geqslant I_F$，$U_{RM}\geqslant U_{Rm}$。 **（4）电路特点** **讲授：** 三相桥式整流电路变压器利用率较高，输出电压脉动小，此电路被广泛应用于要求输出电压高、脉动小的电气设备中。 **课堂练习 2：** 1）若整流电路输出的直流电压为 20 V，在下列情况下其变压器二次侧的电压各为多少？每只整流二极管所承受的最高反向工作电压各为多少？ ①单相半波整流电路。 ②单相桥式整流电路。 ③三相半波整流电路。 ④三相桥式整流电路。 2）若变压器二次侧的交流电压为 20 V，在下列情况下其输出直流电压各为多少？每只整流二极管所承受的最高反向工作电压各为多少？ ①单相半波整流电路。 ②单相桥式整流电路。 ③三相半波整流电路。 ④三相桥式整流电路。

讲授新课 （145 min）	**3. 三相桥堆** **讲授：** 厂家常把六只整流二极管按三相桥式整流方式用绝缘瓷、环氧树脂和外壳封装成一体，制成三相整流堆，又称三相整流模块。三相桥整流堆简称三相桥堆。 **提出问题：** “观察三相桥堆内部电气原理图，其输入、输出端在哪里？输出端的极性是什么？” **实物展示：** 展示课前准备的三相桥堆实物，引导学生认识其引出端。 **4. 实际应用电路** **提示：** 可列举一些电路，引导学生判断这些电路采用的整流方式。
归纳总结 （15 min）	1. 三相半波整流电路与三相桥式整流电路结构上的联系与区别。 2. 整流电路部分参数的计算方法。 3. 三相半波整流电路与三相桥式整流电路的工作特点。
布置作业 （5 min）	1. 作业：习题册 §5–1。 2. 拓展任务：查阅资料，说一说单相半波整流电路、单相桥式整流电路、三相半波整流电路和三相桥式整流电路在实际生活中有哪些应用。
课　　后	
学业评价	学业评价包括过程性评价和期末考试评价。过程性评价主要包括课前测试、课前讨论、资源学习、课堂签到、课堂活动、课堂考核、课后测试、课后拓展等要素。 课前测试、课后测试、课堂签到、课堂活动参与情况等由互联网学习平台自动记录并打分，课堂考核由学生和教师共同评价，课后拓展主要由教师评价。学业评价贯穿整个学习过程，多方面考核学生的学习效果，有助于全面培养学生的综合职业能力。

教学反思	一、教学效果及创新 二、回顾与改进

§5-2　滤波电路

<table>
<tr><th colspan="4">教 案 首 页</th></tr>
<tr><td>序号</td><td>27</td><td>授课地点</td><td></td></tr>
<tr><td>授课专业</td><td></td><td>授课班级</td><td></td></tr>
<tr><td>授课日期</td><td></td><td>授课时数</td><td>2</td></tr>
<tr><th colspan="4">教 学 思 路</th></tr>
<tr><td colspan="4">为了得到平滑的直流电，在直流稳压电源中，通常会在整流电路后面接入滤波电路。常用的滤波电路有电容滤波电路、电感滤波电路、复式滤波电路和电子滤波电路等。电容滤波电路适用于负载电流较小的场合，电感滤波电路适用于负载电流较大的场合，在实际工作中，二者常结合使用。本节课主要介绍滤波电路的电路组成、工作原理及电路特点，重点介绍电容滤波电路有关参数的计算方法。</td></tr>
<tr><th colspan="4">教 学 目 标</th></tr>
<tr><td>知识目标</td><td colspan="3">1. 掌握电容滤波电路、电感滤波电路的电路组成。
2. 理解电容滤波电路、电感滤波电路的工作原理。
3. 了解复式滤波电路、电子滤波电路的电路组成及工作原理。
4. 掌握电器滤波电路有关参数的计算方法。</td></tr>
<tr><td>技能目标</td><td colspan="3">1. 能在不同的整流电路中正确选择滤波电容。
2. 能够计算电容滤波电路的相关参数。
3. 通过小组任务，增强合作意识，提高社交能力。
4. 提高分析、概括、分类等逻辑思维能力。</td></tr>
<tr><td>情感目标</td><td colspan="3">1. 通过参与课堂活动，培养学习兴趣。
2. 通过体验积分奖励等环节，建立和增强学习的自信心。
3. 培养乐于探究的精神。</td></tr>
<tr><th colspan="4">教学重、难点</th></tr>
<tr><td>教学重点</td><td colspan="3">1. 电容滤波电路的工作原理。
2. 电容滤波电路有关参数的计算方法。</td></tr>
<tr><td>教学难点</td><td colspan="3">单相桥式整流电容滤波电路的工作原理。</td></tr>
</table>

<table>
<tr><th colspan="2">教学资源</th></tr>
<tr><td>教学环境</td><td>多媒体教室。</td></tr>
<tr><td>教学设备</td><td>互联网学习平台、移动终端（手机）、演示示教板、黑板。</td></tr>
<tr><td>教学材料</td><td>视频资源、教学课件、电子元器件、电子电路板、彩色粉笔。</td></tr>
<tr><th colspan="2">教学方法</th></tr>
<tr><td colspan="2">讲授法、演示法、讨论法、实验法。</td></tr>
<tr><th colspan="2">审批意见</th></tr>
<tr><td colspan="2">签字：
年　月　日</td></tr>
</table>

<table>
<tr><th colspan="2">教学过程与教学内容</th></tr>
<tr><th colspan="2">课 前</th></tr>
<tr><td colspan="2">1. 通过互联网学习平台布置任务，让学生明确学习目标，了解学习任务。
2. 准备教学课件、电子教案，并将其上传至互联网学习平台。
3. 准备演示示教板、电子元器件、电子电路板等。</td></tr>
<tr><th colspan="2">课 中</th></tr>
<tr><td>教学引入
（5 min）</td><td>准备上课：
组织学生利用互联网学习平台的点名功能签到，师生相互问好。
复习提问：
“整流电路的输出波形有什么特点？”
多媒体课件展示：
交流电经整流后会转变成脉动直流电，它一般被应用在电焊、电镀和蓄电池充电中，不能满足大多数电子电路和电子设备实际工作的需要。可以在整流电路后接入滤波电路来获得平滑的直流电，来满足这些电子设备的要求，以此导入新课。</td></tr>
<tr><td>讲授新课
（80 min）</td><td>一、电容滤波电路
1. 电路组成和工作原理
复习提问：
（1）“电容器的充、放电过程是怎样的？”
（2）“电容器两端电压会不会突变？”
（3）“电容器的‘通交隔直’作用是什么？”
讲授：
（1）滤波电解电容器与负载是并联的。
（2）单相半波整流电容滤波电路的滤波过程。
提示：
在讲解电路时，注意讲清二极管什么时候导通，什么时候截止；电容什么时候充电，什么时候放电；滤波电容充、放电的快慢对输出的直流电压波形会产生什么影响；滤波电容放电的快慢与电路的什么参数有关。改变负载 R_L 和电容 C 的大小，比较滤波的输出波形，进一步让学生理解电容滤波电路为什么适用于负载电流较小的场合。</td></tr>
</table>

<table>
<tr>
<td>讲授新课
(80 min)</td>
<td>

多媒体动画演示：

通过动画，演示单相半波整流电容滤波电路的工作原理。

提出问题：

“电容滤波对整流电路有什么影响？”

多媒体动画演示：

通过动画，演示单相桥式整流电容滤波电路的工作原理。

互动游戏：

组织学生用手臂模拟大海的波浪变化，以此比喻电容滤波的工作过程。

提出问题：

“电容对交流和直流电信号的作用有什么不同？”

提示：

电容具有“隔直通交”作用，对于整流输出脉动直流电中的直流成分，电容相当于开路，因此其直流成分都加在负载两端，而脉动直流电中的交流成分大部分经过电容旁路，因此负载中的交流成分很小，负载电压平滑。

互动游戏：

用生活中常见的筛粮食的“筛子”比喻电容滤波的原理。组织学生模拟用“筛子”筛粮食，筛掉无用的土（交流信号），保留有用的粮食（直流信号）。

2. 有关参数计算

讲授：

（1）电容滤波电路的输出电压

电容滤波电路的输出电压的大小与负载的大小有关。

负载开路时，因电容没有放电回路，所以输出电压为：$U_L=\sqrt{2}U_2$。

带负载时，整流电路不同，估算值的公式也不同，此时输出电压为：

$\begin{cases}\text{半波整流：}U_L=U_2\\ \text{桥式整流：}U_L=1.2U_2\end{cases}$。

（2）电容滤波后的输出电压比整流电路的输出电压高。

（3）通过整流器件的平均电流为：$\begin{cases}\text{半波整流：}I_F=I_L\\ \text{桥式整流：}I_F=\frac{1}{2}I_L\end{cases}$。

（4）整流器件两端承受的最高反向工作电压为：

$\begin{cases}\text{半波整流：}U_{Rm}=2\sqrt{2}U_2\\ \text{桥式整流：}U_{Rm}=\sqrt{2}U_2\end{cases}$。

</td>
</tr>
</table>

讲授新课 （80 min）	（5）电容滤波后的电路比整流电路的二极管承受的反向工作电压升高了。 **提示：** （1）对于滤波电容器容量的选取，在教材中，是以桥式整流电容滤波电路为例的，应根据输出电流的大小，采用工程经验选择滤波电容。 （2）滤波电容器容量的选取是有条件的，只有负载两端电压平均值在 12 ~ 36 V 时，才能用估算的方法进行选取。 **3. 电路特点** **讲授：** （1）接入滤波电容后，二极管的导通时间变短了。在接通电源的瞬间，电路会产生很大的浪涌电流，所以在选择二极管时，正向平均电流的参数应留有足够的裕量。 （2）经电容滤波后，输出波形变得平滑，输出电压的平均值升高了。 （3）电容滤波电路适用于负载电流较小的场合。 **二、电感滤波电路** **复习提问：** 1.“电感器的‘通直隔交’作用是什么？” 2.“通过电感器的电流会不会突变？” **讲授：** 1. 滤波电感器与负载是串联的。 2. 电感滤波电路的滤波过程。 **提示：** 1. 在讲解电路时，要讲清为什么电感滤波电路适用于负载电流较大的场合，对滤波后的电路工作波形只要求学生定性了解，不要求其掌握画法。 2. 利用电感对交流的阻抗大、对直流的阻抗小的性质，帮助学生理解电感滤波电路的原理。 3. 滤波电感与负载串联，其中交流成分降在电感上，直流成分加在负载上。 **互动游戏：** 用生活中常见的筛面粉的“筛子”比喻电感滤波的原理。组织学生模拟用“筛子”筛面粉，筛去无用的残渣（交流信号），保留有用的面（直流信号）。

<table>
<tr><td rowspan="1">讲授新课
（80 min）</td><td>**提出问题：**
“与电容滤波相比，电感滤波有哪些特点？”
讲授：
电感滤波电路的特点有以下几点：
1. 整流二极管的电流比较平稳；
2. 电感笨重、体积大，易引起电磁干扰等；
3. 电感滤波电路适用于负载电流较大的场合。
三、复式滤波电路
提示：
为了进一步减小输出电压的脉动程度，可用电容和电感组成各种形式的复式滤波电路。由此导入对 LC–r 型滤波电路、LC–π 型滤波电路和 RC–π 型滤波电路的讲解。
归纳总结：
1. LC–r 型滤波电路实质上经过了电感、电容两次滤波，所以其输出的直流电压和电流更为平滑。
2. LC–π 型滤波电路有三个元器件进行滤波，所以滤波效果比 LC–r 型的滤波效果好。
3. RC–π 型滤波电路用电阻器代替电感器，降低成本、缩小体积、减小质量，会使输出电压下降。
四、电子滤波电路
讲授：
RC–π 型滤波电路能起到较好的滤波效果，R 越大，滤波效果越好，但同时在电阻上产生的电压损失也越大。为了解决这对矛盾，可采用电子滤波电路进行滤波。
在工作过程中，电子滤波电路中输入了脉动的直流电压，由于其集电极电流基本不变，所以负载两端电压也基本不变。输出的直流成分经电容 C2 进一步滤波，可以获得一个电压损失很少、交流成分很小的平滑直流电压。</td></tr>
<tr><td>归纳总结
（4 min）</td><td>1. 电容滤波电路的电路特点。
2. 电感滤波电路的电路特点。
3. 复式滤波电路的优点。
4. 电子滤波电路的优点。</td></tr>
</table>

<table>
<tr><td>布置作业
（1 min）</td><td>1. 作业：习题册 §5–2。
2. 拓展任务：查阅资料，说一说滤波后的平滑直流电压可否被直接使用？为什么？</td></tr>
<tr><td colspan="2">课　　后</td></tr>
<tr><td>学业评价</td><td>学业评价包括过程性评价和期末考试评价。过程性评价主要包括课前测试、课前讨论、资源学习、课堂签到、课堂活动、课堂考核、课后测试、课后拓展等要素。
课前测试、课后测试、课堂签到、课堂活动参与情况等由互联网学习平台自动记录并打分，课堂考核由学生和教师共同评价，课后拓展主要由教师评价。学业评价贯穿整个学习过程，多方面考核学生的学习效果，有助于全面培养学生的综合职业能力。</td></tr>
<tr><td>教学反思</td><td>一、教学效果及创新

二、回顾与改进

</td></tr>
</table>

§5-3 稳压电路

<table>
<tr><td colspan="4">教 案 首 页</td></tr>
<tr><td>序号</td><td>28</td><td>授课地点</td><td></td></tr>
<tr><td>授课专业</td><td></td><td>授课班级</td><td></td></tr>
<tr><td>授课日期</td><td></td><td>授课时数</td><td>3</td></tr>
<tr><td colspan="4">教 学 思 路</td></tr>
<tr><td colspan="4">直流稳压电源将交流电经整流、滤波电路转换成平滑的直流电压，再由稳压电路处理为稳定的直流电压，使其不受电网电压波动、负载变化及温度的影响，为电子系统提供各种电压值，使电子系统在稳定电源下正常工作。稳压电路的核心是稳压二极管。稳压二极管是一种特殊二极管，其正向特性与普通二极管相近，而反向击穿特性曲线较陡，其通常工作在反向击穿区。
用稳压二极管作为调整器件的简单（并联）稳压电路结构简单，但其输出电压为稳压二极管的稳定电压，不能调节，且工作电流变化范围小。三极管串联稳压电路用三极管作为调整器件，工作于线性放大状态，可由调整管的压降来调节输出电压，使其稳定，因而电路的输出电压大小可以调节。并联稳压电路是稳压电路的基础，学生应掌握其工作原理和分析方法。三极管串联稳压电路应用很广，是本节课的难点。</td></tr>
<tr><td colspan="4">教 学 目 标</td></tr>
<tr><td>知识目标</td><td colspan="3">1. 掌握稳压二极管的工作特性，理解其主要参数的含义。
2. 掌握简单稳压电路的组成，理解电路的稳压原理，熟悉电路的特点。
3. 掌握三极管串联稳压电路的组成，理解电路的稳压原理。</td></tr>
<tr><td>技能目标</td><td colspan="3">1. 会计算三极管串联稳压电路输出电压的调节范围。
2. 通过小组任务，增强合作意识，提高社交能力。
3. 提高分析、概括、分类等逻辑思维能力。</td></tr>
<tr><td>情感目标</td><td colspan="3">1. 通过参与课堂活动，培养学习兴趣。
2. 通过体验积分奖励等环节，建立和增强学习的自信心。
3. 培养乐于探究的精神。</td></tr>
</table>

<table>
<tr><th colspan="2">教学重、难点</th></tr>
<tr><td>教学重点</td><td>1. 稳压二极管的工作特性和主要参数。
2. 三极管串联稳压电路的组成及稳压原理。</td></tr>
<tr><td>教学难点</td><td>三极管串联稳压电路的稳压原理。</td></tr>
<tr><th colspan="2">教 学 资 源</th></tr>
<tr><td>教学环境</td><td>多媒体教室。</td></tr>
<tr><td>教学设备</td><td>互联网学习平台、移动终端（手机）、演示示教板、黑板。</td></tr>
<tr><td>教学材料</td><td>视频资源、教学课件、稳压二极管、具有温度补偿作用的稳压管、彩色粉笔。</td></tr>
<tr><th colspan="2">教 学 方 法</th></tr>
<tr><td colspan="2">讲授法、演示法、讨论法、头脑风暴法、探究法。</td></tr>
<tr><th colspan="2">审 批 意 见</th></tr>
<tr><td colspan="2">签字：
年　　月　　日</td></tr>
</table>

<table>
<tr><th colspan="2">教学过程与教学内容</th></tr>
<tr><th colspan="2">课　　前</th></tr>
<tr><td colspan="2">1. 通过互联网学习平台布置任务，让学生明确学习目标，了解学习任务。
2. 准备教学课件、电子教案，并将其上传至互联网学习平台。
3. 准备演示示教板、电子元器件、电子电路板等。</td></tr>
<tr><th colspan="2">课　　中</th></tr>
<tr><td>教学引入
（10 min）</td><td>准备上课：
组织学生利用互联网学习平台的点名功能签到，师生相互问好。
复习提问：
“整流电路和滤波电路的作用分别是什么？”
多媒体课件展示：
交流电经整流、滤波后得到平滑的直流电，但输出电压并不稳定，负载电流变化时，输出电压就会发生相应的变化。
稳压电路的作用是在电网电压波动或负载电流变化时保持输出电压的基本稳定。常见的稳压电路有由硅稳压二极管组成的并联稳压电路、三极管串联稳压电路和具有一定发展前景的集成稳压器。构成稳压电路的核心元器件是稳压二极管，由此导入对稳压二极管相关内容的教学。</td></tr>
<tr><td>讲授新课
（115 min）</td><td>一、稳压二极管的工作特性和主要参数
实物展示：
展示稳压二极管实物。
1. 工作特性
讲授：
稳压二极管简称稳压管，其工作在反向击穿区，在一定的电流范围内具有稳压作用。
讲授：
硅稳压管的应用应注意以下几点：
（1）稳压管的负极接电路中的高电位，正极接低电位，才能稳定电压。若接反，相当于电源短路，电流过大会使稳压管过热烧毁；
（2）稳压管必须在电源电压高于它的稳压值时才能稳压；
（3）二极管的正向特性具有稳压作用，此时的稳压值就是正向管压降，约为 0.7 V。</td></tr>
</table>

讲授新课 （115 min）	**课堂练习 1：** 在下图所示电路中，若稳压管的稳压值为 3 V，试画出其输出电压的波形。 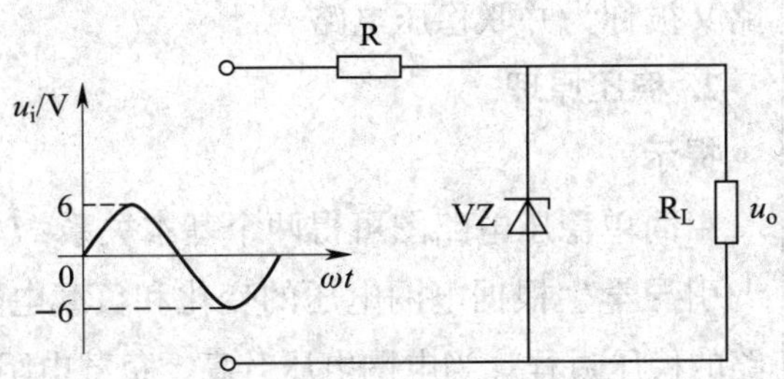 **提示：** 在使用稳压管时，若一个稳压管的稳压值不够，可以将多个稳压管串联使用，但绝对不能并联使用，否则会使额定稳压值小的稳压管因流过的电流大于最大稳定电流而烧毁。 **课堂练习 2：** 假设稳压管 V1 的稳压值为 4 V，稳压管 V2 的稳压值为 6 V，用这两只稳压管能组合出多少种稳压电源？ **2. 主要参数** **提示：** 稳压管的主要参数反映了稳压管的性能及其使用极限，可引导学生选取某种型号的稳压管并在晶体管手册查找其相关介绍。 **讲授：** （1）稳定电压是稳压管正常工作时两端所呈现的电压。 （2）稳定电流在最大稳定电流与最小稳定电流之间，在稳压管工作时，若实际电流超过最大稳定电流，稳压管就会烧毁；若实际电流小于最小稳定电流，稳压管就会截止。 （3）稳压管在工作时，其实际耗散功率不能超过最大耗散功率。 **实物展示：** 展示具有温度补偿作用的稳压管实物。 **提示：** 具有温度补偿作用的稳压管有三个引脚，有三个引脚的管子不一定是放大管。

<table>
<tr>
<td>讲授新课
（115 min）</td>
<td>

二、简单稳压电路

1. 电路组成

讲授：

在简单稳压电路中，稳压管和与之匹配的负载反向并联，所以此电路又被称为并联稳压电路。

2. 稳压原理

提示：

由简单稳压电路图可得两个基本关系：$U_i = U_R + U_L$，$I_R = I_Z + I_L$。

引导学生根据电网电压的变化和负载电阻的变化两种情形，分析电路的稳压过程。当电网电压升高、负载电阻不变时，其稳压过程如下：

$$U_i\uparrow \rightarrow U_L\uparrow \rightarrow I_Z\uparrow \rightarrow I_R\uparrow \rightarrow U_R\uparrow \rightarrow U_L\downarrow$$

对于电网电压不变、负载电阻减小时的稳压过程，让学生自主进行分析。

归纳总结：

（1）简单稳压电路实际上是利用稳压管电流的变化引起限流电阻 R 两端电压的变化，从而调整输出电压的变化，达到稳压的目的。

（2）电阻 R 不仅起限流作用，还起调压作用。

讲授：

并联稳压电路具有结构简单、稳压性能较差、输出电压受稳压管自身参数的限制等特点，它适用于输出电压固定且负载电流变化范围不大的场合。

提示：

可由简单稳压电路的缺点导入对可克服其缺点的带放大环节的三极管串联稳压电路的讲解。

三、三极管串联稳压电路

1. 电路组成

讲授：

三极管串联稳压电路有以下几个组成部分：

（1）取样电路——R3、R4、RP 组成的分压器；

（2）基准电路——稳压管 VZ 和 R2 组成的稳压电路；

（3）调整部分——调整管 V1；

（4）比较放大电路——放大管 V2。

</td>
</tr>
</table>

讲授新课 （115 min）	**2. 稳压原理** **讲授：** （1）当电网电压升高或 R_L 增大时，电路的稳压过程如下： $U_L\uparrow \to U_{B2}\uparrow \to U_{BE2}\uparrow \to I_{B2}\uparrow \to U_{C2}\ (U_{B1})\downarrow \to U_{CE1}\uparrow$ $(R_L)\uparrow$ $U_L\downarrow \leftarrow$ 外部条件变化（电网电压升高）使 U_L 升高，经 V1 管的调整作用，管压降 U_{CE1} 升高，从而使 U_L 降低，最终使 U_L 得以稳定。 上面的过程也可概括为： $U_L\uparrow \to U_{CE1}\uparrow$ $U_L\downarrow \leftarrow$ （2）当电网电压降低或 R_L 减小时，电路的稳压过程如下： 外部条件变化（负载 R_L 减小）使 U_L 有下降的趋势，经 V1 管的调整作用，管压降 U_{CE1} 下降，最终使 U_L 得以稳定。 其稳压过程可概括为： $U_L\downarrow \to U_{CE1}\downarrow$ $U_L\uparrow \leftarrow$ **提示：** 在电路中，V1 起调整作用，是调整管，是电路的核心元器件。由于通过调整管的电流即是电路的负载电流，所以该电路的带载能力较强。 **3. 输出电压的调节** **提示：** （1）当忽略 V2 管的基极电流时，根据分压原理，V2 管的基极电压的表达式为 $U_{B2}\approx\dfrac{R_4+R_{P(下)}}{R_3+R_4+R_P}U_L$。 （2）忽略 U_{BE2}，可整理上式得出输出电压 $U_L\approx\dfrac{R_3+R_4+R_P}{R_4+R_{P(下)}}U_Z$。 （3）改变可变电阻器 RP 滑动触点位置可改变输出电压的大小。 **4. 调整管的选用** **讲授：** 在串联稳压电路中，调整管是核心元器件。为使稳压电路正常工作，必须保证调整管始终工作于放大状态，并要求在各极限条件下调整管都不会损坏。在选用调整管时，有如下几条具体要求：

<table>
<tr><td>讲授新课
（115 min）</td><td>（1）调整管的管压降 U_{CE} 应适当，一般取 3 ~ 8 V；
（2）调整管的极限参数应满足：
$I_{CM} \geqslant 1.5I_{LM}$
$U_{(BR)CEO} \geqslant U_{imax} - U_{Lmin}$
$P_{CM} \geqslant 1.5I_{LM}U_{(BR)CEO}$
讲解教材例 5–6：
在讲解完教材例题后，可展示串联稳压电路的组成框图，讲解串联稳压电路的四个主要组成部分，并引导学生明白每个部分担负着不同的作用，缺一不可。</td></tr>
<tr><td>归纳总结
（8 min）</td><td>1. 稳压二极管的工作特性。
2. 简单稳压电路的稳压原理和电路特点。
3. 三极管串联稳压电路的组成和稳压原理。</td></tr>
<tr><td>布置作业
（2 min）</td><td>1. 作业：习题册 § 5–3。
2. 拓展任务：查阅资料，说一说常见的集成稳压器有哪些。</td></tr>
<tr><td colspan="2">课　　后</td></tr>
<tr><td>学业评价</td><td>学业评价包括过程性评价和期末考试评价。过程性评价主要包括课前测试、课前讨论、资源学习、课堂签到、课堂活动、课堂考核、课后测试、课后拓展等要素。
课前测试、课后测试、课堂签到、课堂活动参与情况等由互联网学习平台自动记录并打分，课堂考核由学生和教师共同评价，课后拓展主要由教师评价。学业评价贯穿整个学习过程，多方面考核学生的学习效果，有助于全面培养学生的综合职业能力。</td></tr>
<tr><td>教学反思</td><td>一、教学效果及创新

二、回顾与改进</td></tr>
</table>

技能训练 9 三极管串联稳压电路的安装与调试

<table>
<tr><th colspan="4">教 案 首 页</th></tr>
<tr><td>序号</td><td>29</td><td>授课地点</td><td></td></tr>
<tr><td>授课专业</td><td></td><td>授课班级</td><td></td></tr>
<tr><td>授课日期</td><td></td><td>授课时数</td><td>2</td></tr>
<tr><th colspan="4">教 学 思 路</th></tr>
<tr><td colspan="4">三极管串联稳压电路由基准电路、取样电路、比较放大电路和调整电路四部分组成，但实际的安装电路与各部分的理论电路相比要复杂许多，这是因为实际的安装电路不仅要考虑电路功能的实现，还要考虑保护、指示等附加功能的实现。因此，在教学过程中，应引导学生培养完善电路的思维。
在本次实训中，学生第一次接触大功率管散热片的安装操作，对散热片的安装工序不熟悉，且若将散热片错误安装，会直接导致大功率管在使用过程中损坏；而且，若学生在电路焊接时出现假焊、虚焊、错焊、漏焊或搭焊等状况，将会造成电子元器件松脱、焊点短路或开路等后果，这将直接影响三极管串联稳压电路的品质和性能，因此，三极管串联稳压电路的安装与焊接是本次实训的重点学习内容。</td></tr>
<tr><th colspan="4">教 学 目 标</th></tr>
<tr><td>知识目标</td><td colspan="3">1. 理解三极管串联稳压电路的稳压原理。
2. 掌握大功率管散热片的安装方法。
3. 掌握三极管串联稳压电路的安装与调试方法。</td></tr>
<tr><td>技能目标</td><td colspan="3">1. 能正确识别和检测所用元器件。
2. 能结合电路原理图和印制电路板找到对应元器件的安装位置。
3. 能根据测试结果判断电路是否存在故障，并能顺利排除故障。
4. 会调整输出电压的大小，能正确运用示波器测量输入、输出信号的波形和幅值。</td></tr>
</table>

<table>
<tr><td>情感目标</td><td>1. 通过积极主动地参与训练，培养学习专业技能的兴趣。
2. 培养合作意识和团队精神。
3. 能自觉遵守安全操作规程，通过 6S 现场管理培养良好的工作习惯和劳动光荣的职业素养。</td></tr>
<tr><td colspan="2">教学重、难点</td></tr>
<tr><td>教学重点</td><td>1. 大功率管 D880 的识别与检测。
2. 大功率管散热片的安装方法。
3. 三极管串联稳压电路的安装与调试。</td></tr>
<tr><td>教学难点</td><td>三极管串联稳压电路的调试。</td></tr>
<tr><td colspan="2">教 学 资 源</td></tr>
<tr><td>教学环境</td><td>电子实训室、开放式的校园网。</td></tr>
<tr><td>教学设备</td><td>一体机、互联网学习平台、移动终端（手机）。</td></tr>
<tr><td>教学材料</td><td>微课、教学课件、三极管串联稳压电路原型板、三极管串联稳压电路电子套件、万用表、示波器、常用电子装配工具、工作页等。</td></tr>
<tr><td colspan="2">审 批 意 见</td></tr>
<tr><td colspan="2">签字：
年 月 日</td></tr>
</table>

教学过程与教学内容			
课　前			
教师活动	学生活动	教学手段	教学方法
1. 通过互联网社交软件群通知学生按时登录互联网学习平台学习，并及时沟通。 2. 在互联网学习平台上传相关的教学课件和微课等学习资料，提醒学生预习和复习。 3. 针对课程内容在互联网学习平台上发布测试题，对学生的学习结果进行检测。 4. 根据互联网学习平台统计的学生测试成绩将学生分组，实现学生间的优势互补，确定各小组名称。 5. 设计并打印工作页。工作页内容包括任务描述、工作要求、工作计划、物料清单及检测记录表等。	1. 通过互联网社交软件群与教师及时沟通。 2. 自主查阅教师上传的学习资料并预习。 3. 自主查阅教师在互联网学习平台上发布的测试题，完成测试。 4. 小组讨论，合理安排分工。 5. 准备好教材、笔记本、笔等学习用品。	互联网社交软件、手机、互联网学习平台、微课、工作页	自主学习法
课　中			
教师活动	学生活动	教学手段	教学方法
一、组织教学（5 min） 1. 按照课前分组安排学生就座。 2. 组织学生利用互联网学习平台的点名功能签到。 3. 师生相互问好。 4. 组织学生整理着装，并按照职业素养要求检查学生着装。	**一、准备上课** 1. 按照课前分组就座。 2. 使用手机登录互联网学习平台，在线签到。 3. 师生相互问好。 4. 整理着装。	互联网学习平台、手机	

教师活动	学生活动	教学手段	教学方法
二、下发工作任务单及工作页（5 min） 1. 由“在生活中使用的电子产品通常都需要一个稳压电源，常用的手机充电器等就是稳压电源”来导入新课。 2. 详细描述工作任务及要求，下发工作任务单。 3. 引导学生小组讨论，明确工作内容、要求和工时等。 4. 发放工作页。	**二、领取工作任务单及工作页** 1. 倾听工作任务描述，领取工作任务单。 2. 小组讨论，明确工作内容、要求和工时等，并填写工作任务单。 3. 领取工作页。	工作任务单、一体机、教学课件、工作页	情境导入法、任务驱动法
三、指导制订工作计划（10 min） 1. 向学生提出制订工作计划的要求。 2. 引导学生小组讨论，制订工作计划。 3. 引导学生上台展示本组的工作计划，记录各小组的展示情况。 4. 点评各小组的工作计划并提出改进建议。 5. 引导学生填写工作页。	**三、制订工作计划** 1. 认真倾听并记录制订工作计划的要求。 2. 进行小组讨论，制订工作计划。 3. 各小组派代表展示、讲解本组的工作计划。 4. 根据教师的点评和改进建议优化本组的工作计划。 5. 填写工作页。	工作页、手机、互联网学习平台	任务驱动法、讲授法、展示法、小组合作法、头脑风暴法

教师活动	学生活动	教学手段	教学方法
四、准备元器件（10 min） **1. 清点元器件** （1）和物料管理员（由学生扮演）一起给各小组学生发放常用电子装配工具、万用表、示波器、电子套件及物料。 （2）引导学生清点元器件，填写工作页。 （3）引导学生分类摆放元器件。 **2. 认识元器件** （1）碳膜电阻器：R1 ~ R8。 （2）电位器：RP。 （3）三极管：V1、V2。 （4）大功率管 D880：V3。 （5）瓷片电容器：C1 ~ C4。 （6）电解电容器：C5 ~ C9。 （7）二极管：VD1 ~ VD4。 （8）稳压二极管：VZ。 **3. 检测元器件参数** （1）指导学生检测电路的电子元器件。 （2）示范大功率管 D880 的检测。 **提醒：** 用万用表的 R×1 挡或 R×10 挡测量大功率管 D880。	**四、认识元器件** 1. 在教师的引导下，认真阅读教材内容，填写工作页中的清单。 2. 各小组组长核查并签字。 3. 各小组物料管理员根据工作页中的清单，到物料间领取常用电子装配工具、万用表、示波器、电子套件及物料。 4. 采用角色互换的方式，轮流对照清单清点元器件，填写工作页。 5. 分类摆放元器件。 6. 观看教师的示范操作。 7. 轮流对电子元器件进行检测。	工作页	角色扮演法、演示法

教师活动	学生活动	教学手段	教学方法
五、介绍电路原理，展示信息资料（10 min） 1. 展示三极管串联稳压电路原理图，请学生识别电路原理图中各元器件。 2. 提出问题，引导各小组讨论电路的工作原理。 （1）整个电源电路由哪几个主要部分组成？它们各起什么作用？ （2）二极管 VD1 ~ VD4 并联的电容（C1 ~ C4）起什么作用？ （3）串联稳压电路由哪几部分组成？它们各起什么作用？ （4）如何调整输出电压？ 3. 引导各小组推选代表上台分析电路的工作原理。 4. 记录学生的回答要点，对学生的回答情况进行点评。 5. 布置任务，让学生查询 1N4733A 和 D880 的主要参数信息。	**五、分析电路原理，查阅信息资料** 1. 各小组根据教师提出的问题进行对电路工作原理的讨论。 2. 各小组代表上台分析、讲解电路的工作原理。 3. 倾听教师点评。 4. 利用专业网站查询 1N4733A 和 D880 的主要参数信息，记录查询结果。	一体机、教学课件、教学资源库、手机	任务驱动法、头脑风暴法
六、指导安装与焊接电路（25 min） 1. 讲授安全操作规程和 6S 现场管理要求 2. 讲解电子元器件安装与焊接工艺要求。 3. 示范电子元器件的安装与焊接操作。	**六、安装与焊接电路** 1. 倾听并记录安全操作规程和 6S 现场管理要求。	工作页	角色扮演法、演示法

教师活动	学生活动	教学手段	教学方法
4. 巡回指导，针对学生在电路安装与焊接过程中遇到的问题进行针对性答疑。 5. 观察学生在焊接过程中存在的共性问题，集中讲解，引导学生按照电子技术规范及焊接工艺要求完成电路焊接。	2. 观看教师的示范操作，明确电子元器件安装技术规范与焊接工艺要求。 3. 采用角色互换的方式，轮流进行电路安装与焊接。 4. 在教师引导下及时改正不规范的焊接操作。	工作页	角色扮演法、演示法
七、指导调试电路（15 min） 1. 引导学生认真阅读电路图。 2. 引导学生使用目视检测法轮流对电路板的外观进行检查。 3. 对各小组电路板进行检查，确认无误后，在各小组工作页上签字确认。 4. 利用三极管串联稳压电路原型板示范电路的调试及测量方法。 5. 巡回指导，针对学生在电路调试过程中遇到的问题进行针对性指导和答疑。 6. 针对调试过程中的故障，引导学生分组讨论、尝试排查。	**七、调试电路** 1. 在教师的引导下，认真阅读电路图。 2. 使用目视检测法，轮流对电路板的外观进行检查。 3. 观看教师示范调试过程。 4. 电路板经检查合格后，接通电源，采用角色互换的方式进行电路调试，测量输出电压，填写工作页。 5. 对于调试过程中出现的故障，查找原因并将其	一体机、互联网学习平台	演示法、任务驱动法、讲授法、讨论法

教师活动	学生活动	教学手段	教学方法
	排除，把处理结果填写在工作页相应表格内。 6. 倾听教师点评，改进不足。	一体机、互联网学习平台	演示法、任务驱动法、讲授法、讨论法
八、清理现场（5 min） 1. 组织各小组物料管理员在物料间收取并复核工具、仪器仪表及物料。 2. 按照6S现场管理要求督促学生清扫、整理工作现场。	八、清理现场 1. 按清单返还工具、仪器仪表及物料。 2. 按照6S现场管理要求清扫、整理工作现场。		
九、实训测评（5 min） 1. 引导学生结合实训过程中的成功经验和遇到的问题进行总结。 2. 带领学生回顾本节课的训练目标，总结各小组表现，表扬其优点、指出不足，并进行点评，提出改进意见。 3. 根据学业评价标准，在互联网学习平台上指导小组完成自评和互评，并进行教师评价。	九、自评和互评 1. 各小组代表上台分享本次实训过程中的心得体会。 2. 倾听教师点评。 3. 根据学业评价标准，在互联网学习平台上完成小组自评和互评。	一体机、互联网学习平台、手机	演示法、评价法、讲授法
课　后			
学业评价	1. 采用过程性评价与终结性评价相结合的评价方式。 2. 采用小组自评、互评和教师评价相结合的多元化评价方式。 3. 学业评价贯穿整个技能训练过程，多方面考核学生的学习效果，有助于全面培养学生的综合职业能力。		

教学反思	一、教学效果及创新 二、回顾与改进

§5-4 集成稳压器

<table>
<tr><td colspan="4">教 案 首 页</td></tr>
<tr><td>序号</td><td>30</td><td>授课地点</td><td></td></tr>
<tr><td>授课专业</td><td></td><td>授课班级</td><td></td></tr>
<tr><td>授课日期</td><td></td><td>授课时数</td><td>2</td></tr>
<tr><td colspan="4">教 学 思 路</td></tr>
<tr><td colspan="4">将串联稳压电路中的取样、基准、比较放大、调整及保护环节等集成于一个半导体芯片上，即构成集成稳压器。三端集成稳压器有三个引出端，分别是输入端、输出端和公共端（或调整端）。在使用集成稳压器时，要注意不同型号集成稳压器引脚排列及其功能的差异，同时要注意最大输入电压、最大输出电流及耗散功率等参数要与实际应用环境相匹配。
本节课主要介绍三端集成稳压器的引脚排列、分类、主要参数及使用方法，并在此基础上介绍三端集成稳压器常见的应用电路。</td></tr>
<tr><td colspan="4">教 学 目 标</td></tr>
<tr><td>知识目标</td><td colspan="3">1. 了解常用集成稳压器的引脚排列。
2. 了解三端集成稳压器的分类、主要参数。
3. 熟悉三端集成稳压器的应用电路。</td></tr>
<tr><td>技能目标</td><td colspan="3">1. 能识别常用集成稳压器的引脚。
2. 根据三端集成稳压器的型号，能区分固定输出和可调输出，能判断集成稳压器输出电压的极性。
3. 根据三端集成稳压器的应用电路图，能指出稳压电路输出电压的大小。
4. 通过小组任务，增强合作意识，提高社交能力。
5. 提高分析、概括、分类等逻辑思维能力。</td></tr>
<tr><td>情感目标</td><td colspan="3">1. 通过参与课堂活动，培养学习兴趣。
2. 通过体验积分奖励等环节，建立和增强学习的自信心。
3. 培养乐于探究的精神。</td></tr>
</table>

<table>
<tr><th colspan="2">教学重、难点</th></tr>
<tr><td>教学重点</td><td>三端集成稳压器的应用电路。</td></tr>
<tr><td>教学难点</td><td>三端集成稳压器的应用电路。</td></tr>
<tr><th colspan="2">教 学 资 源</th></tr>
<tr><td>教学环境</td><td>多媒体教室。</td></tr>
<tr><td>教学设备</td><td>互联网学习平台、移动终端（手机）、演示示教板、黑板。</td></tr>
<tr><td>教学材料</td><td>视频资源、教学课件、电子元器件、电子电路板、彩色粉笔。</td></tr>
<tr><th colspan="2">教 学 方 法</th></tr>
<tr><td colspan="2">讲授法、演示法、讨论法。</td></tr>
<tr><th colspan="2">审 批 意 见</th></tr>
<tr><td colspan="2">签字：
年　　月　　日</td></tr>
</table>

<table>
<tr><th colspan="2">教学过程与教学内容</th></tr>
<tr><th colspan="2">课　　前</th></tr>
<tr><td colspan="2">1. 通过互联网学习平台布置任务，让学生明确学习目标，了解学习任务。
2. 准备教学课件、电子教案，并将其上传至互联网学习平台。
3. 准备演示示教板、电子元器件、电子电路板等。</td></tr>
<tr><th colspan="2">课　　中</th></tr>
<tr><td>教学引入
（10 min）</td><td>准备上课：
组织学生利用互联网学习平台的点名功能签到，师生相互问好。
复习提问：
（1）“三极管串联稳压电路的组成部分有哪些？”
（2）“三极管串联稳压电路的特点有哪些？”
多媒体课件展示：
随着半导体集成电路工艺的迅速发展，现在常把串联稳压电路的几个组成部分集成于一个半导体芯片上，制成集成稳压器。可介绍集成稳压器的优点，以此导入对集成稳压器相关内容的讲解。</td></tr>
<tr><td>讲授新课
（75 min）</td><td>一、三端集成稳压器的型号和参数
实物展示：
展示各种不同外形的三端集成稳压器实物，引导学生认识其外形、识读其型号、区分其引脚功能。
1. 三端固定输出集成稳压器
展示实物：
展示正压输出和负压输出的三端固定输出集成稳压器实物。
强调：
CW78×× 系列和 CW79×× 系列三端固定输出集成稳压器的型号及型号意义。
正压输出和负压输出的三端固定输出集成稳压器的引脚排列及其功能。
课堂练习 1：
说明型号 CW79M12 的意义。
2. 三端可调输出集成稳压器
实物展示：
展示三端可调输出集成稳压器实物。
强调：
（1）CW117/217/317 系列和 CW137/237/337 系列三端可调输出集成</td></tr>
</table>

讲授新课 （75 min）	稳压器的型号及型号意义。 （2）三端可调输出集成稳压器的引脚排列及其功能。 **课堂练习 2：** 说明型号 CW217M 的意义。 **3. 三端集成稳压器的主要参数** **提示：** 可介绍具体型号的三端集成稳压器的主要参数。 **强调：** （1）在设计电路时，须根据输出的相关参数 U_L、I_{LM} 选择合适的集成稳压器。 （2）在电路测试或使用过程中应注意根据 U_{imax}、$(U_i - U_L)_{min}$ 来选择合适的输入电压。 **二、三端集成稳压器的应用** **1. 三端固定输出集成稳压电路** **（1）基本应用电路** **讲授：** 1）三端固定输出集成稳压器与输入信号、地、输出信号连接的引脚序号及其名称。 2）电容 C1 和电容 C2 的作用。 **（2）提高输出电压的稳压电路** **提示：** 结合串联电路的分压原理，指出电路输出电压与三端固定式集成稳压器的额定电压间的关系。 **（3）扩大输出电流的稳压电路** **提示：** 结合并联电路的分流原理和节点电流定律，说明电路输出电流与三端固定输出集成稳压器的输出电流及外接大功率管的集电极电流间的关系。 **（4）同时输出正、负电压的稳压电路** **2. 三端可调输出集成稳压电路** **（1）基本应用电路** **讲授：** 1）电容 C1 和电容 C2 的作用。

讲授新课 （75 min）	2）电路输出电压与可调电路电阻间的关系为 $U_L \approx 1.25\left(1+\frac{R_2}{R_1}\right)V$。 3）R1、R2 在连接电路时的注意事项。 **（2）外加保护的稳压电路**
归纳总结 （4 min）	1. 三端集成稳压器的引脚排列。 2. 三端集成稳压器的使用注意事项。
布置作业 （1 min）	1. 作业：习题册 §5–4。 2. 拓展任务：查阅资料，说一说线性集成稳压器和开关集成稳压器的异同点。
课　　后	
学业评价	学业评价包括过程性评价和期末考试评价。过程性评价主要包括课前测试、课前讨论、资源学习、课堂签到、课堂活动、课堂考核、课后测试、课后拓展等要素。 课前测试、课后测试、课堂签到、课堂活动参与情况等由互联网学习平台自动记录并打分，课堂考核由学生和老师共同评价，课后拓展主要由教师评价。学业评价贯穿整个学习过程，多方面考核学生的学习效果，有助于全面培养学生的综合职业能力。
教学反思	一、教学效果及创新 二、回顾与改进

§5-5　开关稳压电源

<table>
<tr><th colspan="4">教 案 首 页</th></tr>
<tr><td>序号</td><td>31</td><td>授课地点</td><td></td></tr>
<tr><td>授课专业</td><td></td><td>授课班级</td><td></td></tr>
<tr><td>授课日期</td><td></td><td>授课时数</td><td>1</td></tr>
<tr><th colspan="4">教 学 思 路</th></tr>
<tr><td colspan="4">本节课主要介绍开关稳压电源的特点及类型、开关稳压电源的工作原理及常见的集成开关稳压器，并在此基础上介绍集成开关稳压器的典型应用电路。</td></tr>
<tr><th colspan="4">教 学 目 标</th></tr>
<tr><td>知识目标</td><td colspan="3">1. 了解开关稳压电源的特点及类型。
2. 理解开关稳压电源的工作原理。
3. 了解 CW×524 和 CW496× 系列的引脚排列规律。
4. 了解 CW×524 和 CW496× 系列开关集成稳压器的典型应用电路。</td></tr>
<tr><td>技能目标</td><td colspan="3">1. 能根据 CW×524 和 CW496× 系列开关集成稳压器的典型应用电路连接开关集成稳压器应用电路。
2. 通过小组任务，增强合作意识，提高社交能力。
3. 提高分析、概括、分类等逻辑思维能力。</td></tr>
<tr><td>情感目标</td><td colspan="3">1. 通过参与课堂活动，培养学习兴趣。
2. 通过体验积分奖励等环节，建立和增强学习的自信心。
3. 培养乐于探究的精神。</td></tr>
<tr><th colspan="4">教学重、难点</th></tr>
<tr><td>教学重点</td><td colspan="3">开关集成稳压器的典型应用电路。</td></tr>
<tr><td>教学难点</td><td colspan="3">开关稳压电源的工作原理。</td></tr>
<tr><th colspan="4">教 学 资 源</th></tr>
<tr><td>教学环境</td><td colspan="3">多媒体教室。</td></tr>
<tr><td>教学设备</td><td colspan="3">互联网学习平台、移动终端（手机）、演示示教板、黑板。</td></tr>
</table>

教学材料	视频资源、教学课件、CW×524 和 CW496× 系列开关集成稳压器、彩色粉笔。
教 学 方 法	
讲授法、讨论法、头脑风暴法、探究法。	
审 批 意 见	
签字： 年　月　日	

<table>
<tr><th colspan="2">教学过程与教学内容</th></tr>
<tr><th colspan="2">课　　前</th></tr>
<tr><td colspan="2">1. 通过互联网学习平台布置任务，让学生明确学习目标，了解学习任务。
2. 准备教学课件、电子教案，并将其上传至互联网学习平台。
3. 准备演示示教板、电子元器件、电子电路板等。</td></tr>
<tr><th colspan="2">课　　中</th></tr>
<tr><td>教学引入
（5 min）</td><td>准备上课：
组织学生利用互联网学习平台的点名功能签到。师生相互问好。
复习提问：
（1）“三极管串联稳压电路的工作特点是什么？”
（2）“调整管在三极管串联稳压电路中工作在什么状态？”
多媒体课件展示：
之前讨论的稳压电源都属于线性稳压电路，其调整管工作在线性放大区，调整管功耗大，其电源变压器笨重、耗能，使电源效率大为降低。为了解决调整管的散热问题，要安装散热器，这必然要增大电源设备的体积和质量。而开关稳压电源与其相比，具有明显的优势，因而被广泛应用于电视机、计算机和航天电子设备等对稳压电源要求较高的场合中。</td></tr>
<tr><td>讲授新课
（35 min）</td><td>一、开关稳压电源的特点及类型
1. 开关稳压电源的特点
讲授：
开关稳压电路的特点有以下几点：
（1）功耗小，效率高；
（2）体积小，质量轻；
（3）稳压性能好，稳压范围宽；
（4）纹波和噪声较大。
2. 开关稳压电源的类型
讲授：
开关稳压电源的不同分类方法及类型。
二、开关稳压电源的基本结构和工作原理
1. 基本结构
提出问题：
（1）“开关稳压电路与三极管串联稳压电路的结构有哪些异同点？”</td></tr>
</table>

讲授新课 （35 min）	（2）“开关稳压电路为什么被称为并联型开关稳压电源？” **提示：** （1）开关稳压电路与三极管串联稳压电路结构的不同之处在于开关稳压电路多了储能电路、脉冲调宽电路和脉冲发生电路。 （2）因电路的开关调整管具有周期性的开关作用，储能电感 L 与负载并联，所以电路也被称作并联型开关稳压电源。 **2. 工作原理** **讲授：** （1）开关调整管：开关调整管具有周期性的开关作用，负责调整输入储能电路的能量。开关调整管导通时，储能电路电感储能；开关调整管截止时，电源输入电路断开。 （2）储能电路：开关调整管导通时，储能电路电感储能；开关调整管截止时，储能电路向负载放电。 （3）取样比较电路：取样比较电路将取样电压与基准电压进行比较，利用偏差电压控制脉冲调宽电路的脉冲宽度。 （4）基准电路：基准电路输出稳定的电压。 （5）脉冲调宽电路：脉冲调宽电路受偏差电压控制。当偏差电压升高时，脉冲宽度变窄，开关调整管导通时间减少，输出电压降低，反之亦然。 （6）脉冲发生电路：脉冲发生电路输出固定宽度的脉冲信号。 **三、常见的集成开关稳压器** **讲授：** **1. CW1524/2524/3524 系列：** （1）引脚排列； （2）典型应用电路。 **2. CW4960/4962 系列：** （1）引脚排列； （2）典型应用电路。
归纳总结 （4 min）	1. 开关稳压电源的特点及类型。 2. 常见的集成开关稳压器及其典型应用电路。
布置作业 （1 min）	1. 作业：习题册 §5–5。 2. 拓展任务：总结直流稳压电源的相关知识与技能，画出本章的思维导图。

<table>
<tr><th colspan="2">课　　后</th></tr>
<tr><td>学业评价</td><td>学业评价包括过程性评价和期末考试评价。过程性评价主要包括课前测试、课前讨论、资源学习、课堂签到、课堂活动、课堂考核、课后测试、课后拓展等要素。
课前测试、课后测试、课堂签到、课堂活动参与情况等由互联网学习平台自动记录并打分，课堂考核由学生和教师共同评价，课后拓展主要由教师评价。学业评价贯穿整个学习过程，多方面考核学生的学习效果，有助于全面培养学生的综合职业能力。</td></tr>
<tr><td>教学反思</td><td>一、教学效果及创新

二、回顾与改进</td></tr>
</table>

第六章
门电路及组合逻辑电路

本章共分为四个小节，主要介绍由各种元器件组成的门电路、数制及其相互转换、逻辑函数的化简和组合逻辑电路等内容，它们是数字电路的基础。本章主要内容及其相互关系如下图所示。

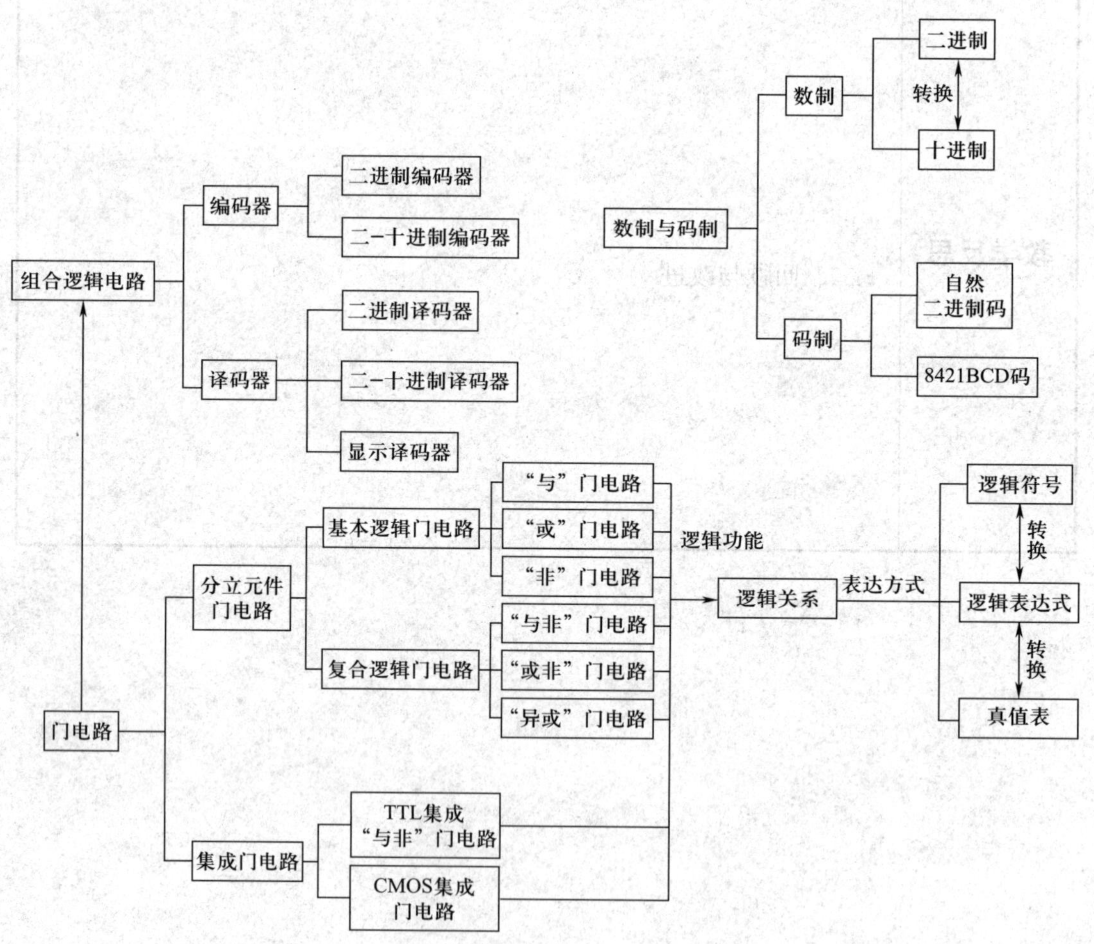

§6-1 分立元件门电路

<table>
<tr><th colspan="4">教 案 首 页</th></tr>
<tr><td>序号</td><td>32</td><td>授课地点</td><td></td></tr>
<tr><td>授课专业</td><td></td><td>授课班级</td><td></td></tr>
<tr><td>授课日期</td><td></td><td>授课时数</td><td>2</td></tr>
<tr><th colspan="4">教 学 思 路</th></tr>
<tr><td colspan="4">前几章涉及的电信号都是在数值上随时间连续变化的电信号，这种电信号被称为模拟信号，接收、处理和传递模拟信号的电路被称为模拟电路。而本章所研究的电信号却是幅度上不随时间连续变化的离散信号。
数字电路设计方便、功耗低、采用模块化结构、便于维护和更新。与模拟信号相比，数字信号在抗干扰能力上具有明显的优越性。数字逻辑电路分为组合逻辑电路和时序逻辑电路两大类。
本节课主要介绍“与”“或”“非”三种基本逻辑门电路，并在此基础上介绍“与非”“或非”“异或”三种复合逻辑门电路的符号及功能。
本节课的特点是基本概念多、知识新。基本逻辑关系、逻辑功能、真值表、逻辑表达式和逻辑符号是本节课的重点；对分立元件组成的“与”门、“或”门、“非”门电路工作过程的分析是本节课的难点，这些内容抽象，学生不易理解，教师应尽可能地联系实际，列举学生易于接受的实例来使其理解相应的逻辑关系，利用学生的好奇心，让学生亲自动手参与实验。本节课应以激发学生的学习兴趣、激活学生探究电子技术的好奇心为主要目的。</td></tr>
<tr><th colspan="4">教 学 目 标</th></tr>
<tr><td>知识目标</td><td colspan="3">1. 理解“与”“或”“非”三种基本逻辑关系。
2. 掌握“与”“或”“非”三种基本逻辑门电路的逻辑功能，熟悉其逻辑符号。
3. 掌握“与非”“或非”“异或”等复合逻辑门电路的逻辑功能，熟悉其逻辑符号，会写逻辑表达式和真值表。</td></tr>
</table>

<table>
<tr><td>技能目标</td><td>1. 会画“与”“或”“非”三种基本逻辑门电路及“与非”“或非”“异或”等复合逻辑门电路的逻辑符号。
2. 能根据逻辑表达式画组合逻辑电路图。
3. 能根据逻辑符号识别其逻辑关系。
4. 能根据真值表判断逻辑功能。
5. 通过小组任务，增强合作意识，提高社交能力。
6. 提高分析、概括、分类等逻辑思维能力。</td></tr>
<tr><td>情感目标</td><td>1. 通过参与课堂活动，培养学习兴趣。
2. 通过体验积分奖励等环节，建立和增强学习的自信心。
3. 培养乐于探究的精神。</td></tr>
<tr><td colspan="2">教学重、难点</td></tr>
<tr><td>教学重点</td><td>1. 三种基本逻辑门电路的逻辑功能、逻辑符号和逻辑表达式。
2. 复合逻辑门电路的逻辑符号、逻辑表达式和真值表。</td></tr>
<tr><td>教学难点</td><td>分立元件构成的“与”“或”“非”门电路的工作原理。</td></tr>
<tr><td colspan="2">教 学 资 源</td></tr>
<tr><td>教学环境</td><td>多媒体教室。</td></tr>
<tr><td>教学设备</td><td>互联网学习平台、移动终端（手机）、演示示教板、黑板。</td></tr>
<tr><td>教学材料</td><td>视频资源、教学课件、电子元器件、电子电路板、彩色粉笔。</td></tr>
<tr><td colspan="2">教 学 方 法</td></tr>
<tr><td colspan="2">讲授法、演示法、讨论法、探究法。</td></tr>
<tr><td colspan="2">审 批 意 见</td></tr>
<tr><td colspan="2">

签字：
年　月　日</td></tr>
</table>

<table>
<tr><th colspan="2">教学过程与教学内容</th></tr>
<tr><th colspan="2">课　前</th></tr>
<tr><td colspan="2">1. 通过互联网学习平台布置任务，让学生明确学习目标，了解学习任务。
2. 准备教学课件、电子教案，并将其上传至互联网学习平台。
3. 准备演示示教板、电子元器件、电子电路板等。</td></tr>
<tr><th colspan="2">课　中</th></tr>
<tr><td>教学引入
（15 min）</td><td>准备上课：
组织学生利用互联网学习平台的点名功能签到，师生相互问好。
复习提问：
在前面我们学习的电子技术课程中：
（1）“电路信号有什么特征？”
（2）“电路的基本单元电路有什么？”
（3）“电路研究的主要问题有什么？”
（4）“电路中的三极管工作在什么状态？”
（5）“电路的分析方法有哪些？”
多媒体课件展示：
展示数字电子技术应用的领域和日常生活中常见的数字产品。当今社会已经进入数字化信息时代，数字化信息时代建立在数字电子技术的基础上。数字电子技术在近几十年得到了飞速的发展，渗透到了各个领域，极大地改变了世界的面貌。
本节课所讲授的门电路是组成数字电路的基本单元电路，可由此导入新课。</td></tr>
<tr><td>讲授新课
（70 min）</td><td>一、“与”门电路
1.“与”逻辑关系
讲授：
（1）开关与灯之间的关系。
（2）灯的状态和开关的状态的表示方法。
（3）把开关的状态作为条件，把灯的状态作为结果，分析开关与灯的状态之间的关系，从而梳理开关的状态与灯的状态间的逻辑关系，并将其和“与”逻辑关系相联系。
（4）把开关与灯的状态之间的关系用逻辑状态表示，列出关系表，并将其归纳为“与”逻辑关系的真值表。</td></tr>
</table>

讲授新课（70 min）

（5）逻辑关系的其他表示方法有以下几种：

1）逻辑表达式：$Y=A\cdot B$；

2）逻辑符号：A、B —[&]— Y。

提示：

（1）数字电路中的“1”和“0”没有数值大小的概念，它们仅表示事物相互对立的两种状态。

（2）在一件事情中，当条件满足，结果才能发生时，条件与结果之间的关系就被称为逻辑关系。

（3）逻辑表达式的运算结果只有“0”和“1”两种逻辑状态。

（4）逻辑关系的表示方法有三种，它们分别是真值表、逻辑表达式、逻辑符号。

讲授：

逻辑体制分为两种，它们分别是正逻辑体制和负逻辑体制。

（1）正逻辑体制：“1”表示高电平，“0”表示低电平。

（2）负逻辑体制：“1”表示低电平，“0”表示高电平。

2. 二极管“与”门电路

提出问题：

“如何通过电路实现‘与’逻辑关系呢？”

多媒体课件展示：

展示二极管“与”门电路图。

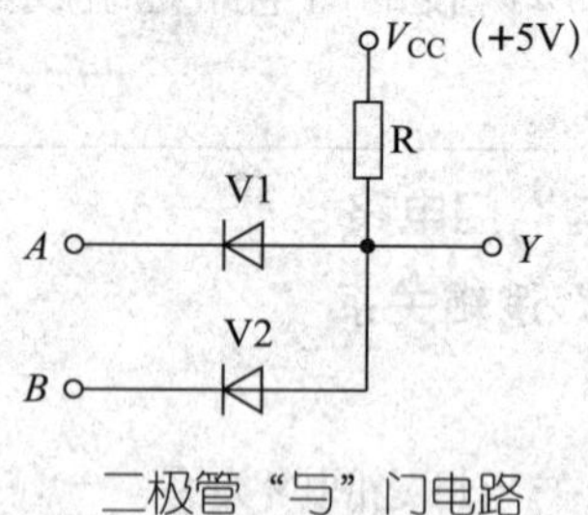

二极管“与”门电路

在此电路中，低电平 < 0.35 V，高电平 > 2.4 V。

提出问题：

（1）“当 $U_A=U_B=0$ V 时，U_Y 是多少？”

（2）“当 $U_A=0$ V、$U_B=3$ V 时，U_Y 是多少？”

（3）“当 $U_A=3$ V、$U_B=0$ V 时，U_Y 是多少？”

（4）“当 $U_A=3$ V、$U_B=3$ V 时，U_Y 是多少？”

<table>
<tr>
<td>讲授新课
（70 min）</td>
<td>
讲授：
（1）只有当电路输入全是高电平（条件都具备）时，输出才是高电平（事情才能发生），否则输出为低电平（条件不具备或只具备一个，事情就不能发生）。
（2）“与”门的逻辑功能为“全 1 出 1，有 0 出 0”。
提出问题：
“在现实生活中，还有哪些事件表达的是‘与’逻辑关系呢？”
二、“或”门电路
1.“或”逻辑关系
讲授：
（1）开关与灯之间的关系。
（2）灯的状态和开关的状态的表示方法。
（3）把开关的状态作为条件，把灯的状态作为结果，分析开关的状态与灯的状态之间的关系，从而梳理开关的状态与灯的状态之间的逻辑关系，并将其和“或”逻辑关系相联系。
（4）把开关的状态与灯的状态之间的关系用逻辑状态表示，列出关系表，并将其归纳为“或”逻辑关系的真值表。
（5）逻辑关系的其他表示方法有以下几种：
1）逻辑函数表达式：$Y = A + B$。
2）逻辑符号：A B ≥1 Y。
提示：
在逻辑函数表达式中，$1 + 1 \neq 2$，而是 $1 + 1 = 1$，与算术加法运算不同。
2. 二极管“或”门电路
提出问题：
“如何通过电路实现‘或’逻辑关系呢？”
多媒体课件展示：
展示二极管“或”门电路图。
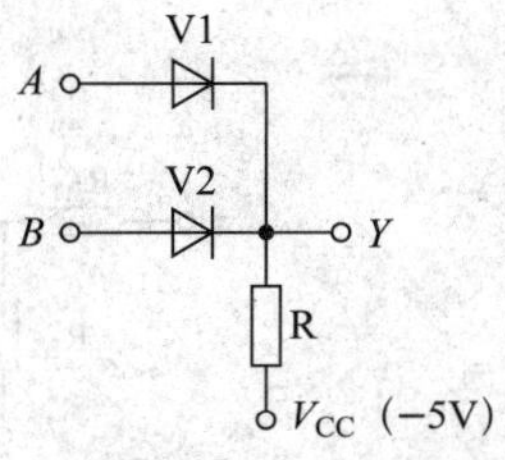

二极管“或”门电路
</td>
</tr>
</table>

讲授新课 （70 min）	**提出问题：** （1）“当 $U_A = U_B = 0\ V$ 时，U_Y 是多少？” （2）“当 $U_A = 0\ V$、$U_B = 3\ V$ 时，U_Y 是多少？” （3）“当 $U_A = 3\ V$、$U_B = 0\ V$ 时，U_Y 是多少？” （4）“当 $U_A = 3\ V$、$U_B = 3\ V$ 时，U_Y 是多少？” **讲授：** “或”门的逻辑功能为“全 0 出 0，有 1 出 1”。 **提出问题：** “在现实生活中，还有哪些事件表达的是‘或’逻辑关系呢？” **三、“非”门电路** **1.“非”逻辑关系** **讲授：** （1）开关与灯之间的关系。 （2）灯的状态和开关的状态的表示方法。 （3）把开关的状态作为条件，把灯的状态作为结果，分析开关的状态与灯的状态之间的关系，从而梳理开关的状态与灯的状态之间的逻辑关系，并将其和“非”逻辑关系相联系。 （4）把开关的状态与灯的状态之间的关系用逻辑状态表示，列出关系表，并将其归纳为“非”逻辑关系的真值表。 （5）逻辑关系的其他表示方法有以下几种： 1）逻辑函数表达式：$Y = \overline{A}$； 2）逻辑符号：A—[1]o—Y。 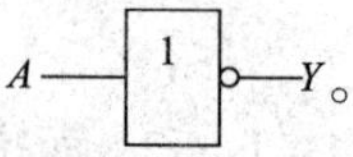 **2. 三极管“非”门电路** **提出问题：** “如何通过电路实现‘非’逻辑关系呢？” **多媒体课件展示：** 展示三极管“非”门电路图。 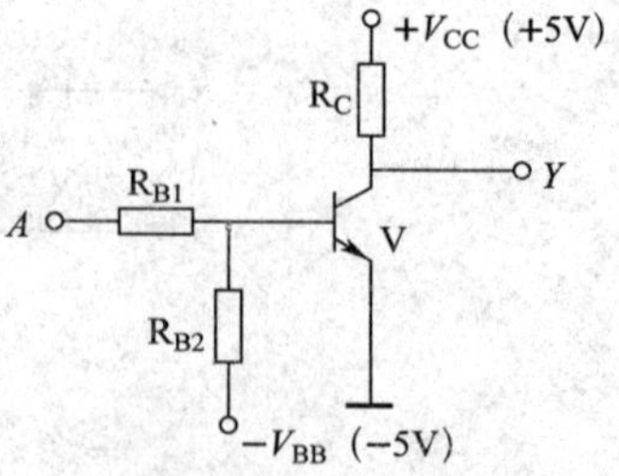 $+V_{CC}$（+5V） R_C Y R_{B1} A V R_{B2} $-V_{BB}$（−5V） 三极管“非”门电路

<table>
<tr><td rowspan="1">讲授新课
（70 min）</td><td>

提出问题：

（1）“当 $U_A=0\text{ V}$ 时，U_Y 是多少？”

（2）“当 $U_A=5\text{ V}$ 时，U_Y 是多少？”

讲授：

“非”门的逻辑功能为“输出始终和输入保持相反的状态”。

提出问题：

“在现实生活中，还有哪些事件表达的是‘非’逻辑关系呢？”

四、复合逻辑门电路

提示：

可引导学生理解将以上三种基本逻辑门电路进行适当的组合就能构成各种复合逻辑门电路。

1.“与非”门

讲授：

（1）“与非”门的逻辑结构和逻辑符号。

（2）“与非”门的逻辑表达式。

（3）“与非”门的真值表。

（4）“与非”门的逻辑功能为“有 0 出 1，全 1 出 0”。

2.“或非”门

讲授：

（1）“或非”门的逻辑结构和逻辑符号。

（2）“或非”门的逻辑表达式。

（3）“或非”门的真值表。

（4）“或非”门的逻辑功能为“有 1 出 0，全 0 出 1”。

3.“异或”门

讲授：

（1）“异或”门的逻辑结构和逻辑符号。

（2）“异或”门的逻辑表达式。

（3）“异或”门的真值表。

（4）“异或”门的逻辑功能为“相同出 0，不同出 1”。

</td></tr>
<tr><td>归纳总结
（4 min）</td><td>

1. 三种基本逻辑门电路的逻辑表达式、逻辑符号、真值表和逻辑功能。

2. 常见复合逻辑门电路的逻辑表达式、逻辑符号、真值表和逻辑功能。

</td></tr>
</table>

<table>
<tr><td>布置作业
（1 min）</td><td>1. 作业：习题册 §6–1。
2. 拓展任务：查阅资料，说一说在实际使用中还有哪些常见的复合逻辑门电路。</td></tr>
<tr><td colspan="2">课　后</td></tr>
<tr><td>学业评价</td><td>学业评价包括过程性评价和期末考试评价。过程性评价主要包括课前测试、课前讨论、资源学习、课堂签到、课堂活动、课堂考核、课后测试、课后拓展等要素。
课前测试、课后测试、课堂签到、课堂活动参与情况等由互联网学习平台自动记录并打分，课堂考核由学生和教师共同评价，课后拓展主要由教师评价。学业评价贯穿整个学习过程，多方面考核学生的学习效果，有助于全面培养学生的综合职业能力。</td></tr>
<tr><td>教学反思</td><td>一、教学效果及创新

二、回顾与改进</td></tr>
</table>

§6-2 集成门电路

<table>
<tr><td colspan="4">教 案 首 页</td></tr>
<tr><td>序号</td><td>33</td><td>授课地点</td><td></td></tr>
<tr><td>授课专业</td><td></td><td>授课班级</td><td></td></tr>
<tr><td>授课日期</td><td></td><td>授课时数</td><td>4</td></tr>
<tr><td colspan="4">教 学 思 路</td></tr>
<tr><td colspan="4">基本逻辑关系可以由分立元件组成的电路来实现，也可以由集成电路来实现，本节课主要介绍集成门电路。随着电子技术和电子集成技术的发展，出现了常用的小规模集成门电路。
集成门电路与分立元件门电路的逻辑功能、逻辑符号、逻辑表达式和真值表相似，学习难度不大。TTL、CMOS门电路的特点及逻辑功能是本节课的重点，TTL、CMOS门电路的分析、CMOS传输门和模拟开关电路是本节课的难点，这些内容抽象，学生不易理解。对集成门电路的学习可为后续学习组合逻辑电路奠定基础，本节课应以激发学生学习兴趣、激活学生探究电子技术的好奇心为主要目的。</td></tr>
<tr><td colspan="4">教 学 目 标</td></tr>
<tr><td>知识目标</td><td colspan="3">1. 了解TTL、CMOS门电路的特点，掌握其逻辑功能，并能根据逻辑功能写出相应的逻辑符号、逻辑表达式和真值表。
2. 了解CMOS传输门和模拟开关电路，掌握其逻辑符号。
3. 掌握OC门和TS门的逻辑符号，了解其应用。
4. 了解常用国标和国外常用逻辑符号及其对应关系。
5. 了解集成门电路的使用注意事项。
6. 掌握TTL门电路与CMOS门电路的连接方法。</td></tr>
<tr><td>技能目标</td><td colspan="3">1. 能根据TTL“与非”门引脚排列图识别实物对应的引脚。
2. 能根据逻辑功能画出相应的逻辑符号、写出逻辑表达式、列出真值表。
3. 通过小组任务，增强合作意识，提高社交能力。
4. 提高分析、概括、分类等逻辑思维能力。</td></tr>
</table>

<table>
<tr><td>情感目标</td><td>1. 通过参与课堂活动，培养学习兴趣。
2. 通过体验积分奖励等环节，建立和增强学习的自信心。
3. 培养乐于探究的精神。</td></tr>
<tr><td colspan="2">教学重、难点</td></tr>
<tr><td>教学重点</td><td>1. TTL 和 CMOS 门电路、CMOS 传输门、模拟开关电路、OC 门和 TS 门的逻辑功能、逻辑符号和逻辑表达式。
2. TTL 门电路与 CMOS 门电路的连接。</td></tr>
<tr><td>教学难点</td><td>集成门电路的工作原理。</td></tr>
<tr><td colspan="2">教 学 资 源</td></tr>
<tr><td>教学环境</td><td>多媒体教室。</td></tr>
<tr><td>教学设备</td><td>互联网学习平台、移动终端（手机）、演示示教板、黑板。</td></tr>
<tr><td>教学材料</td><td>视频资源、教学课件、常用集成门电路芯片、彩色粉笔。</td></tr>
<tr><td colspan="2">教 学 方 法</td></tr>
<tr><td colspan="2">讲授法、演示法、讨论法、探究法。</td></tr>
<tr><td colspan="2">审 批 意 见</td></tr>
<tr><td colspan="2">

签字：
年　　月　　日</td></tr>
</table>

<table>
<tr><th colspan="2">教学过程与教学内容</th></tr>
<tr><th colspan="2">课　　前</th></tr>
<tr><td colspan="2">1. 通过互联网学习平台布置任务，让学生明确学习目标，了解学习任务。
2. 准备教学课件、电子教案，并将其上传至互联网学习平台。
3. 准备演示示教板、电子元器件、电子电路板等。</td></tr>
<tr><th colspan="2">课　　中</th></tr>
<tr><td>教学引入
（15 min）</td><td>准备上课：
组织学生利用互联网学习平台的点名功能签到，师生相互问好。
复习提问：
（1）“由分立元器件组成的基本逻辑门电路和复合逻辑门电路有哪些？”
（2）“逻辑关系应该如何描述？”
多媒体课件展示：
随着电子技术的发展和电子集成技术的发展，出现了常用的小规模集成门电路。集成门电路在功能、体积及可靠性等方面优于由分立元器件组成的同类电路，按其内部半导体器件的不同，集成门电路可分为 TTL 集成门电路和 CMOS 集成门电路，由此导入本节新课。</td></tr>
<tr><td>讲授新课
（150 min）</td><td>一、TTL 集成“与非”门电路
多媒体课件展示：
展示 TTL 集成“与非”门电路（简称 TTL“与非”门）的三个组成部分，即输入级、中间级和输出级。
讲授：
TTL“与非”门的高电平为 3.6 V 左右，低电平为 0.3 V 左右。
提出问题：
“TTL‘与非’门电路实现的是什么逻辑功能？其逻辑表达式和逻辑符号应如何表示？”
1. 逻辑功能分析
提示：
引导学生分析在 TTL“与非”门的输入端 A、B 分别为“00”“01”“10”和“11”的情况下，输出端 Y 的状态，列出其真值表，判断其逻辑功能。
2. 主要参数
提示：
最好结合具体的 TTL“与非”门的型号来介绍其各主要参数的含义及典型数据。</td></tr>
</table>

<table>
<tr><td>讲授新课
（150 min）</td><td>

课堂练习 1：

查一查 TTL“与非”门 74HC00N 有哪些主要参数，以及各参数的含义。

实物展示：

展示 74HC00N 的外形图和引脚排列图。

讲授：

介绍 74HC00N 各引脚的排列规律，引导学生了解各引脚的功能。

二、MOS 集成门电路

讲授：

MOS 集成门电路以绝缘栅场效应管为基本元器件。MOS 管适宜向大规模集成电路发展，因而其发展迅速、应用广泛。

1. MOS 管特点

讲授：

（1）MOS 管有 PMOS 和 NMOS 两类。

（2）PMOS 管和 NMOS 管的电路符号。

（3）PMOS 管和 NMOS 管的工作原理。

提示：

两种 MOS 管的工作电源极性相反。

2. 几种 CMOS 集成门电路

多媒体课件展示：

展示常见的 CMOS“非”门、“与非”门和“或非”门的电路结构图。

提示：

可结合 NMOS 管和 PMOS 管的工作特性，引导学生分析几种 CMOS 集成门电路的工作原理，分析其逻辑功能，写出其电路的逻辑表达式。

3. CMOS 传输门和模拟开关

多媒体课件展示：

（1）展示 CMOS 传输门电路图和逻辑符号图。

（2）CMOS 传输门是由一只 NMOS 管和一只 PMOS 管并接而成的，两管的源极、漏极分别接在一起作为 CMOS 传输门的输入端和输出端，两管的栅极分别加互补的控制信号 C 和 $\overline{C}$。

提示：

结合 NMOS 管和 PMOS 管的工作特性，根据控制信号的不同，引导学生分析电路的工作原理。

</td></tr>
</table>

讲授新课 （150 min）	**讲授：** （1）当控制信号 $C=1$、$\overline{C}=0$ 时，传输门导通，相当于电路开关闭合。 （2）当控制信号 $C=0$、$\overline{C}=1$ 时，传输门截止，相当于电路开关断开。 **归纳总结：** （1）CMOS 传输门的导通与截止取决于控制信号的状态。 （2）由于 MOS 管的源极和漏极可以互换，所以电路的开关具有双向功能，CMOS 传输门又被称为双向开关。 **提出问题：** “CMOS 传输门和模拟开关有什么异同？” **归纳总结：** 如果将 CMOS 传输门和反相器相连，则构成一个双向模拟开关。 **三、其他类型集成门电路** **讲授：** 除了 TTL 和 CMOS 集成门电路，还有一些常见的具有特殊功能的集成门电路。 **提示：** 在实际使用中，存在将两个或两个以上的“与非”门的输出端连接在同一条导线上的需要，可由此导入对一种新的“与非”门电路——OC 门的教学。 **1. 集电极开路“与非”门（OC 门）** **提示：** （1）画出 OC 门的逻辑符号，指出其具有“与非”功能，逻辑表达式为 $Y=\overline{ABC}$。 （2）在使用 OC 门时，必须在其输出端与电源 V_{CC} 之间外接一个上拉电阻 R_L。 **讲授：** OC 门的应用主要有以下几种： （1）直接驱动发光二极管或小型继电器； （2）实现线与功能。 **实物展示：** （1）展示 OC 门 74LS01 实物。 （2）引导学生观察该集成门电路芯片的外形，了解芯片各引脚的功能。

讲授新课 （150 min）	**2. 三态门（TS 门）** **讲授：** TS 门有以下三种工作状态： （1）高电平状态； （2）低电平状态； （3）高阻状态（也称禁止状态）。 **课堂练习 2：** 画出 TS 门的逻辑符号，写出其逻辑功能，掌握其典型应用，并讲述用 TS 门如何构成总线结构。 **实物展示：** （1）展示 TS 门 74LS125 实物。 （2）引导学生观察该集成门电路芯片的外形，并结合外形图和引脚排列图了解芯片各引脚的功能。 **讲授：** TS 门的应用主要有以下几种： （1）构成单向总线； （2）构成双向总线。 **四、TTL 门电路与 CMOS 门电路的连接** **提出问题：** “TTL 与 CMOS 电路的电源电压、输入电平、输出电平以及负载能力等参数不同，在实际使用中，需要怎么处理它们之间的连接呢？” **1. TTL 门电路驱动 CMOS 门电路** **讲授：** 为解决 TTL 门电路与 CMOS 门电路之间的逻辑电平兼容问题，可使用以下方法： （1）在 TTL 门电路的输出端与电源之间接一个上拉电阻 R，使输出高电平提高到 3.5 V 以上，一般 R 的取值为 1 ~ 4.7 kΩ； （2）使用带电平转换作用的 CMOS 门（如 CC40109）实现电平转换。 **2. CMOS 门电路驱动 TTL 电路** **讲授：** 为解决 CMOS 门电路驱动电流小、驱动能力有限的问题，可使用以下方法：

讲授新课 （150 min）	（1）将几个同功能的CMOS门电路并联使用，将其输入端、输出端都分别并联（注意TTL门电路是不允许并联的）； （2）选用74HC/74HCT系列CMOS门电路直接驱动TTL门电路； （3）在CMOS门电路输出端增加一级CMOS驱动器作为接口电路，或者增加一级三极管放大器来扩展输出电流。
归纳总结 （10 min）	1. TTL集成“与非”门电路、CMOS集成门电路的特点。 2. CMOS传输门和模拟开关电路的逻辑符号。 3. OC门和TS门的逻辑符号。 4. TTL门电路与CMOS门电路的连接方法。
布置作业 （5 min）	1. 作业：习题册 §6–2。 2. 拓展任务：查阅资料，说一说在实际使用中还有哪些常见的集成门电路。
课　　后	
学业评价	学业评价包括过程性评价和期末考试评价。过程性评价主要包括课前测试、课前讨论、资源学习、课堂签到、课堂活动、课堂考核、课后测试、课后拓展等要素。 课前测试、课后测试、课堂签到、课堂活动参与情况等由互联网学习平台自动记录并打分，课堂考核由学生和老师共同评价，课后拓展主要由教师评价。学业评价贯穿整个学习过程，多方面考核学生的学习效果，有助于全面培养学生的综合职业能力。
教学反思	一、教学效果及创新 二、回顾与改进

§6-3 逻辑代数基础

<table>
<tr><td colspan="4">教 案 首 页</td></tr>
<tr><td>序号</td><td>34</td><td>授课地点</td><td></td></tr>
<tr><td>授课专业</td><td></td><td>授课班级</td><td></td></tr>
<tr><td>授课日期</td><td></td><td>授课时数</td><td>4</td></tr>
<tr><td colspan="4">教 学 思 路</td></tr>
<tr><td colspan="4">逻辑代数又称布尔代数或开关代数，它是研究逻辑电路的数学工具。它与普通代数类似，只不过逻辑代数为二值代数，主要处理的是二进制逻辑关系。本节课主要对数制（十进制、二进制）的表示法、自然二进制码、逻辑代数的基本公式和定律、逻辑函数的化简、逻辑函数的表达方式及其互相转换等进行介绍。
逻辑代数基础是学习数字电路的基础，它贯穿于数字电子技术的每个章节中。</td></tr>
<tr><td colspan="4">教 学 目 标</td></tr>
<tr><td>知识目标</td><td colspan="3">1. 掌握二进制数和十进制数的表示方法，熟练掌握二进制数与十进制数之间的相互转换方法。
2. 熟悉 8421BCD 码的编码规则。
3. 掌握逻辑代数的基本公式、定律和规则。
4. 掌握化简逻辑函数的逻辑代数法。
5. 掌握逻辑函数的逻辑表达式、逻辑电路图、真值表三种表示方式之间的相互转换方法。</td></tr>
<tr><td>技能目标</td><td colspan="3">1. 能对二进制数和十进制数进行相互转换。
2. 能把任一十进制数用 8421BCD 码表示。
3. 能熟练运用逻辑代数的基本公式和定律对逻辑函数进行化简。
4. 能对逻辑电路图、逻辑表达式、真值表三者进行相互转换。
5. 通过小组任务，增强合作意识，提高社交能力。
6. 提高分析、概括、分类等逻辑思维能力。</td></tr>
<tr><td>情感目标</td><td colspan="3">1. 通过参与课堂活动，培养学习兴趣。
2. 通过体验积分奖励等环节，建立和增强学习的自信心。
3. 培养乐于探究的精神。</td></tr>
</table>

<table>
<tr><th colspan="2">教学重、难点</th></tr>
<tr><td>教学重点</td><td>1. 数制的表示方法。
2. 二进制数与十进制数之间的转换。
3. 逻辑代数的基本公式、定律和规则。
4. 化简逻辑函数的逻辑代数法。
5. 逻辑电路图、逻辑表达式、真值表之间的相互转换。</td></tr>
<tr><td>教学难点</td><td>1. 数制之间的转换方法。
2. 化简逻辑函数的逻辑代数法。
3. 逻辑电路图、逻辑表达式、真值表之间的相互转换。</td></tr>
<tr><th colspan="2">教 学 资 源</th></tr>
<tr><td>教学环境</td><td>多媒体教室。</td></tr>
<tr><td>教学设备</td><td>互联网学习平台、移动终端（手机）、演示示教板、黑板。</td></tr>
<tr><td>教学材料</td><td>视频资源、教学课件、电子元器件、电子电路板、彩色粉笔。</td></tr>
<tr><th colspan="2">教 学 方 法</th></tr>
<tr><td colspan="2">讲授法、演示法、讨论法、探究法。</td></tr>
<tr><th colspan="2">审 批 意 见</th></tr>
<tr><td colspan="2">

签字：
年　　月　　日</td></tr>
</table>

教学过程与教学内容	
课　　前	
1. 通过互联网学习平台布置任务，让学生明确学习目标，了解学习任务。 2. 准备教学课件、电子教案，并将其上传至互联网学习平台。 3. 准备演示示教板、电子元器件、电子电路板等。	
课　　中	
教学引入 （5 min）	**准备上课：** 组织学生利用互联网学习平台的点名功能签到，师生相互问好。 **提出问题：** （1）“生活中常用的进位计数方法是什么？” （2）“在日常生活中，还有哪些进制的进位计数方法？” **多媒体课件展示：** 展示数制的概念，引导学生了解在日常生活中有哪些计数方式，它们各有何特点。向学生讲述平时计数用得最多的十进制、时钟计时用到的十二进制（或二十四进制）和六十进制、在计算机电路中用的二进制等，由此导入新课。
讲授新课 （165 min）	**一、数制与码制** **1. 数制及其相互转换** **讲授：** 数制是进位计数的方法。 **（1）十进制** **讲授：** 十进制的特点如下： 1）十进制数有 0、1、2、3、4、5、6、7、8、9 十个数字符号； 2）十进制的基数是 10； 3）十进制的计数规律为“逢十进一”； 4）十进制数的权值为 10^i，i 由数字所在的位数决定； 5）任意一个十进制数 N 可以用 $(N)_D$ 或 $(N)_{10}$ 来表示。 **课堂练习 1：** 1）十进制数 165.8 如何展开？ 2）十进制数 437.82 如何展开？

讲授新课 （165 min）	**（2）二进制** **讲授：** 二进制的特点如下： 1）有 0 和 1 两个数字符号； 2）基数是 2； 3）计数规律为“逢二进一”； 4）权值为 2^i，i 由数字所在的位数决定； 5）任意一个二进制数 N 可以用（N）$_2$ 或（N）$_B$ 来表示。 **课堂练习 2：** 1）二进制数 110100 如何展开？ 2）二进制数 1110111 如何展开？ **提示：** 1）二进制数加法运算时，1 + 1 = 10（低位满 2 向高位进 1）。 2）二进制数减法运算时，10 − 1 = 1（向高位借 1，本位当 2）。 **（3）两种数制之间的相互转换** **讲授：** 1）二进制数转换成十进制数 用乘权相加法，即将二进制数按权展开，然后将各项相加。 如：$(110100)_2 = 1\times2^5+1\times2^4+0\times2^3+1\times2^2+0\times2^1+0\times2^0=(52)_{10}$。 2）十进制数转换成二进制数 十进制数整数部分的转换为除以 2 取余、余数倒排，即将十进制数除以 2 取余并倒序排列。具体方法为不断地用 2 去除某个十进制数，并依次记下余数，直到商为 0 为止，将每次整除得到的余数进行倒序排列，即最先得到的余数为最低位，最后得到的余数为最高位，这样就可得到与该十进制数等值的二进制数了。 如：将十进制数（25）$_D$ 转换为二进制数。 2 | 25………… 余 1 ↑ 2 | 12………… 余 0 2 | 6………… 余 0 2 | 3………… 余 1 2 | 1………… 余 1 0 所以，（25）$_D$ =（11001）$_B$。

<table>
<tr>
<td>讲授新课
（165 min）</td>
<td>
课堂练习 3：
1）二进制数 1011 如何转换为十进制数？
2）十进制数 365 如何转换为二进制数？
2. 码制
（1）自然二进制码
讲授：
在数字电子计算机等数字系统中，各种数据都要转换为二进制代码才能被处理。
课堂练习 4：
写出十进制数 365 的自然二进制码。
提示：
根据十进制数的大小不同，可以用不同位数的二进制数来表示十进制数。十进制数越大，所需的二进制数的位数就越多。
（2）8421BCD 码
讲授：
若需要表示十进制数 0 ~ 9，则至少需要 4 位二进制数码，这样的四位二进制代码被称为二 – 十进制代码，简称 BCD 码。
8421BCD 码则是一种有权码，从高位到低位的各位二进制数码的权分别为 8、4、2、1，即用四位二进制代码对十进制数的各个数码进行编码。
提示：
结合教材表 6–15，引导学生写出十进制数 0 ~ 9 的 8421BCD 码。
课堂练习 5：
写出十进制数 365 的 8421BCD 码。
二、逻辑代数及逻辑函数的化简
1. 逻辑代数
讲授：
逻辑代数又被称为布尔代数或者开关代数，它是研究逻辑电路的数学工具。
提示：
逻辑代数的变量只有两种取值：“0”和“1”。这里的“0”和“1”仅代表两种相反的逻辑状态，并没有数量大小的含义，因而逻辑代数的运算规律与普通代数有差别。
</td>
</tr>
</table>

<table>
<tr>
<td>讲授新课
（165 min）</td>
<td>
讲授：
（1）逻辑代数的基本公式和基本定律。
（2）逻辑代数的最基本运算方式是与、或、非，其不包含普通代数中的减、除、乘方等运算方式。
（3）逻辑代数的重叠律、反演律（摩根定律）、吸收律和冗余律都是普通代数没有的。
（4）在普通代数中，$1+1=2$；在逻辑代数中，$1+1=1$。
（5）在逻辑代数中，$A+1=1$，其与普通代数不同。
（6）在普通代数中，$A\cdot A=A^2$；在逻辑代数中，$A\cdot A=A$。
（7）在普通代数中，$A+A=2A$；在逻辑代数中，$A+A=A$。
2. 逻辑函数的化简
讲授：
（1）逻辑函数的化简是求逻辑函数的最简“与 - 或”表达式，即要求表达式中乘积项的项数最少，每个乘积项中包含的变量个数最少。
（2）逻辑函数表达式的公式化简法常采用并项法、吸收法、消去法和配项法。
课堂练习 6：
化简逻辑函数 $Y=\overline{A}\overline{C}+\overline{A}\overline{B}+BC+\overline{A}\overline{C}\overline{D}$。
三、逻辑函数的表达方式及其互相转换
1. 逻辑函数的表达方式
讲授：
逻辑表达式、真值表和逻辑电路图（简称逻辑图）。
2. 逻辑图与逻辑表达式的互换
（1）由逻辑图写出逻辑表达式
讲授：
由逻辑图写出逻辑表达式的方法为——从逻辑图的输入端开始，逐级写出各级输出端的函数式，最后得到该逻辑图所表达的逻辑函数。
课堂练习 7：
写出下图所示电路的逻辑表达式。
</td>
</tr>
</table>

讲授新课 （165 min）	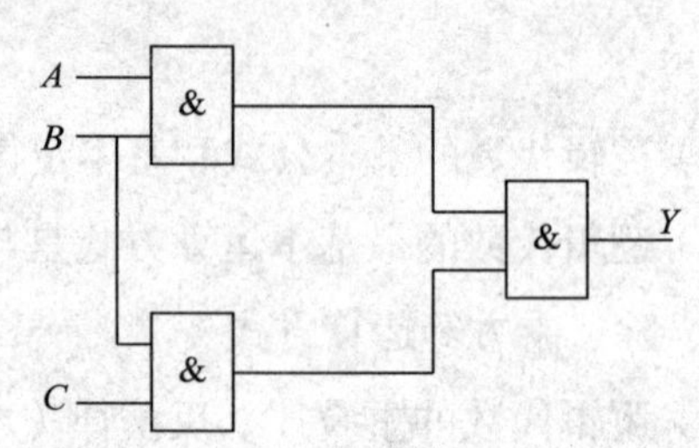 **（2）由逻辑表达式画出逻辑图** **提示：** 在画逻辑图时，应将表达式中的“与”“或”和“非”等基本逻辑运算用相应的逻辑符号表示，并将它们按运算的先后顺序连接起来。 **课堂练习 8：** 根据下列逻辑表达式，画出相应的逻辑图。 $$Y=\overline{A(B+C)+BC}$$ **3. 逻辑表达式与真值表的互换** **（1）由逻辑表达式列真值表** **讲授：** 在列真值表时，应先把函数中变量的各种可能的取值全部列出来，再将每一真值组合代入原表达式，计算出函数的真值，并将输入变量值与函数值一一对应、列成表格，即得该函数的真值表。 **（2）由真值表写出逻辑表达式** **讲授：** 在写逻辑表达式时，应挑出真值表中函数值为 1 的所有真值组合，在每一组合中，变量取值为“0”的写成反变量，为“1”的写成原变量，这样一个组合就可得到一个“与”项，再把这些“与”项相“或”即得表达式。
归纳总结 （8 min）	1. 十进制数、二进制数的特点及它们之间的相互转换。 2. 逻辑代数的基本公式和定律，用逻辑代数法化简逻辑函数。 3. 逻辑函数的几种表达方式，几种表达方式之间的相互转换。
布置作业 （2 min）	1. 作业：习题册 §6–3。 2. 拓展任务：查阅资料，说一说在实际使用中，除了本节课介绍的十进制数和二进制数，还有哪些进制的数，它们各有什么特点。

<table>
<tr><th colspan="2">课　后</th></tr>
<tr><td>学业评价</td><td>学业评价包括过程性评价和期末考试评价。过程性评价主要包括课前测试、课前讨论、资源学习、课堂签到、课堂活动、课堂考核、课后测试、课后拓展等要素。
课前测试、课后测试、课堂签到、课堂活动参与情况等由互联网学习平台自动记录并打分，课堂考核由学生和教师共同评价，课后拓展主要由教师评价。学业评价贯穿整个学习过程，多方面考核学生的学习效果，有助于全面培养学生的综合职业能力。</td></tr>
<tr><td>教学反思</td><td>一、教学效果及创新

二、回顾与改进</td></tr>
</table>

技能训练 10　三人表决器电路的安装与调试

<table>
<tr><td colspan="4">教 案 首 页</td></tr>
<tr><td>序号</td><td>35</td><td>授课地点</td><td></td></tr>
<tr><td>授课专业</td><td></td><td>授课班级</td><td></td></tr>
<tr><td>授课日期</td><td></td><td>授课时数</td><td>2</td></tr>
<tr><td colspan="4">教 学 思 路</td></tr>
<tr><td colspan="4">三人表决器电路是由集成“与非”门芯片组成的一个实际应用逻辑电路，本实训选取三人表决器电路的安装与调试作为实训内容，以三人表决器电路的安装与调试的工作过程为导向组织并实施教学，让学生在“做中学、学中做”的过程中提升自身的综合职业能力。</td></tr>
<tr><td colspan="4">教 学 目 标</td></tr>
<tr><td>知识目标</td><td colspan="3">1. 掌握“与非”门的逻辑功能。
2. 理解三人表决器电路的工作原理。</td></tr>
<tr><td>技能目标</td><td colspan="3">1. 能正确识读三人表决器电路工作原理图。
2. 结合电路原理图和印制电路板，能找到对应元器件的安装位置。
3. 根据测试结果，能够判断电路是否存在故障，并顺利排除故障。
4. 能正确运用万用表测试芯片引脚的电位值，观测发光二极管的状态，并正确记录测试结果，及时总结测试和安装技巧。</td></tr>
<tr><td>情感目标</td><td colspan="3">1. 通过积极主动地参与训练，培养学习专业技能的兴趣。
2. 培养合作意识和团队精神。
3. 能自觉遵守安全操作规程，通过 6S 现场管理培养良好的工作习惯和劳动光荣的职业素养。</td></tr>
</table>

<table>
<tr><th colspan="2">教学重、难点</th></tr>
<tr><td>教学重点</td><td>三人表决器电路的安装与焊接。</td></tr>
<tr><td>教学难点</td><td>三人表决器电路的工作原理及调试。</td></tr>
<tr><th colspan="2">教 学 资 源</th></tr>
<tr><td>教学环境</td><td>电子实训室、开放式的校园网。</td></tr>
<tr><td>教学设备</td><td>一体机、互联网学习平台、移动终端（手机）。</td></tr>
<tr><td>教学材料</td><td>微课、教学课件、三人表决器电路原型板、三人表决器电路电子套件、常用电子装配工具、工作页等。</td></tr>
<tr><th colspan="2">审 批 意 见</th></tr>
<tr><td colspan="2">签字：
年　月　日</td></tr>
</table>

教学过程与教学内容			
课　　前			
教师活动	学生活动	教学手段	教学方法
1. 通过互联网社交软件群通知学生按时登录互联网学习平台学习，并及时沟通。 2. 在互联网学习平台上传相关的教学课件和微课等学习资料，提醒学生预习，同时上传“与非”门电路的逻辑功能的相关学习及复习资料。 3. 针对课程内容在互联网学习平台上发布测试题，对学生的学习结果进行检测。 4. 根据互联网学习平台统计的学生测试成绩将学生分组，实现学生间的优势互补，确定各小组名称。 5. 设计并打印工作页。工作页内容包括任务描述、工作要求、工作计划、物料清单及检测记录表等。 6. 准备三人表决器电路原型板、三人表决器电路电子套件、常用电子装配工具、仪器仪表等。	1. 通过互联网社交软件群与教师及时沟通。 2. 自主查阅教师上传的学习资料并预习。 3. 自主查阅教师在互联网学习平台上发布的测试题，完成测试。 4. 小组讨论，合理安排分工。 5. 准备好教材、笔记本、笔等学习用品。	互联网社交软件、手机、互联网学习平台、微课、工作页	自主学习法
课　　中			
教师活动	学生活动	教学手段	教学方法
一、组织教学（5 min） 1. 按照课前分组安排学生就座。	**一、准备上课** 1. 按照课前分组就座。	互联网学习平台、手机	

教师活动	学生活动	教学手段	教学方法
2. 组织学生利用互联网学习平台的点名功能签到。 3. 师生相互问好。 4. 组织学生整理着装，并按照职业素养要求检查学生着装。	2. 使用手机登录互联网学习平台，在线签到。 3. 师生相互问好。 4. 整理着装。	互联网学习平台、手机	
二、下发工作任务单及工作页（5 min） 1. 创设情境，导入新课（如某比赛现场用表决器进行表决）。 2. 详细描述工作任务及要求，下发工作任务单。 3. 引导学生小组讨论，明确工作内容、要求和工时等。 4. 发放工作页。	**二、领取工作任务单及工作页** 1. 倾听工作任务描述，领取工作任务单。 2 小组讨论，明确工作内容、要求和工时等，并填写工作任务单。 3. 领取工作页。	工作任务单、一体机、教学课件、工作页	情境导入法、任务驱动法
三、指导制订工作计划（10 min） 1. 向学生提出制订工作计划的要求。 2. 引导学生小组讨论，制订工作计划。 3. 引导学生上台展示本组的工作计划，记录各小组的展示情况。 4. 点评各小组的工作计划，并提出改进建议。 5. 引导学生填写工作页。	**三、制订工作计划** 1. 认真倾听并记录制订工作计划的要求。 2. 进行小组讨论，制订工作计划。 3. 各小组派代表展示、讲解本组的工作计划。 4. 根据教师的点评和改进建议优化本组的工作计划。 5. 填写工作页。	工作页、手机、互联网学习平台	任务驱动法、讲授法、展示法、小组合作法、头脑风暴法

教师活动	学生活动	教学手段	教学方法
四、准备元器件（10 min） 1. 清点元器件 （1）和物料管理员（由学生扮演）一起给各小组学生发放常用电子装配工具、万用表、电子套件及物料。 （2）引导学生清点元器件，填写工作页。 （3）引导学生分类摆放元器件。 2. 认识元器件 （1）金属膜电阻器：R1 ~ R4。 （2）瓷片电容器：C。 （3）发光二极管：LED。 （4）四 2 输入与非门芯片：U1。 （5）三 3 输入与非门芯片：U2。 （6）按键：SA、SB、SC。 提示： 按键的内部结构靠金属弹片的受力变化来实现通断。 3. 检测元器件参数 （1）示范集成电路芯片 74HC00、74HC10 的质量检测方法。 （2）示范用万用表检测所有电子元器件的完好性。	**四、认识元器件** 1. 在教师的引导下，认真阅读教材内容，填写工作页中的清单。 2. 各小组组长核查清单并签字。 3. 各小组物料管理员根据工作页中的清单，到物料间领取常用电子装配工具、元器件、仪器仪表及物料。 4. 采用角色互换的方式，轮流对照清单清点元器件，填写工作页。 5. 分类摆放元器件。 6. 观看教师的示范操作。 7. 轮流使用万用表对电子元器件进行识别和完好性检测。	工作页	角色扮演法、演示法

教师活动	学生活动	教学手段	教学方法
五、介绍电路原理，展示信息资料（10 min） 1. 引导学生查阅 74HC00 和 74HC10 的相关信息，了解其功能和各引脚的信息。 2. 认识电路原理图 （1）通过教学课件展示电路原理图，引导学生讨论电路的工作原理。 （2）引导各小组推选一名代表上台分析电路的工作原理。 3. 记录学生的回答要点，对学生的回答情况进行点评。	**五、分析电路原理，查阅信息资料** 1. 使用手机查阅 74HC00 和 74HC10 的相关信息，了解其功能和各引脚的信息。 2. 开展有关电路工作原理的讨论。 3. 各小组推选代表上台讲解电路的工作原理。 4. 倾听教师总结。	一体机、教学课件、教学资源库、手机	任务驱动法、头脑风暴法
六、指导安装与焊接电路（25 min） 1. 讲授安全操作规程和 6S 现场管理要求。 2. 讲解电子元器件安装与焊接工艺要求。 3. 示范电子元器件的安装与焊接操作。 4. 巡回指导，针对学生在电路安装与焊接过程中遇到的问题进行针对性答疑。 5. 观察学生在焊接过程中存在的共性问题，集中讲解，引导学生按照电子技术规范及焊接工艺要求完成电路焊接。	**六、安装与焊接电路** 1. 倾听并记录安全操作规程和 6S 现场管理要求。 2. 观看教师的示范操作，明确电子元器件安装技术规范与焊接工艺要求。 3. 采用角色互换的方式，轮流进行电路的安装与焊接。 4. 在教师的引导下及时改正不规范的操作。	工作页	角色扮演法、演示法

教师活动	学生活动	教学手段	教学方法
七、指导调试电路（15 min） 1. 引导学生认真阅读电路图。 2. 引导学生使用目视检测法轮流对电路板的外观进行检查。 3. 对各小组电路板进行检查，确认无误后，在各小组工作页上签字确认。 4. 利用三人表决器电路原型板示范电路的调试及测量方法，讲授操作规范和用电安全。 5. 巡回指导，针对学生在电路调试过程中遇到的问题进行针对性指导和答疑。 6. 针对调试过程中的故障，引导学生分组讨论、尝试排查。	七、调试电路 1. 在教师的引导下，认真阅读电路图。 2. 使用目视检测法，轮流对电路板的外观进行检查。 3. 观看教师示范调试过程，倾听教师对操作规范和用电安全的讲解。 4. 电路板经检查合格后，轮流采用通电检测法，接通+5 V直流稳压电源，根据调试步骤进行电路调试，记录测量结果和数据，填写工作页。 5. 对于调试过程中出现的故障，分组讨论、尝试排除，并把处理结果填写在工作页相应表格内。	一体机、互联网学习平台	演示法、任务驱动法、讲授法、讨论法
八、清理现场（5 min） 1. 组织各小组物料管理员在物料间收取并复核工具、仪器仪表及物料。	八、清理现场 1. 按清单返还工具、仪器仪表及物料。		

<table>
<tr><th>教师活动</th><th>学生活动</th><th>教学手段</th><th>教学方法</th></tr>
<tr><td>2. 按照6S现场管理要求督促学生清扫、整理工作现场。</td><td>2. 按照6S现场管理要求清扫、整理工作现场。</td><td></td><td></td></tr>
<tr><td>九、实训测评（5 min）
1. 引导学生结合实训过程中的成功经验和遇到的问题进行总结。
2. 带领学生回顾本节课的训练目标，总结各小组表现，表扬其优点、指出不足，并进行点评，提出改进意见。
3. 根据学业评价标准，在互联网学习平台上指导小组完成自评和互评，并进行教师评价。</td><td>九、自评和互评
1. 各小组代表上台分享本次实训过程中的心得体会。
2. 倾听教师点评。
3. 根据学业评价标准，在互联网学习平台上完成小组自评和互评。</td><td>一体机、互联网学习平台、手机</td><td>演示法、评价法、讲授法</td></tr>
<tr><td colspan="4">课　　后</td></tr>
<tr><td>学业评价</td><td colspan="3">1. 采用过程性评价与终结性评价相结合的评价方式。
2. 采用小组自评、互评和教师评价相结合的多元化评价方式。
3. 学业评价贯穿整个技能训练过程，多方面考核学生的学习效果，有助于全面培养学生的综合职业能力。</td></tr>
<tr><td>教学反思</td><td colspan="3">一、教学效果及创新

二、回顾与改进</td></tr>
</table>

§6-4 组合逻辑电路

<table>
<tr><th colspan="4">教 案 首 页</th></tr>
<tr><td>序号</td><td>36</td><td>授课地点</td><td></td></tr>
<tr><td>授课专业</td><td></td><td>授课班级</td><td></td></tr>
<tr><td>授课日期</td><td></td><td>授课时数</td><td>4</td></tr>
<tr><th colspan="4">教 学 思 路</th></tr>
<tr><td colspan="4">数字逻辑电路分为组合逻辑电路和时序逻辑电路两大类。本节课主要介绍组合逻辑电路的内容，组合逻辑电路的输入端可以有一个或多个输入变量，输出端也可以有一个或多个逻辑函数，是一种非记忆性逻辑电路。
常见的组合逻辑电路有编码器、译码器、加法器、比较器、数据选择 / 分配器等，组合逻辑电路在数字技术系统中用途十分广泛，本节课着重介绍其中的编码器和译码器。</td></tr>
<tr><th colspan="4">教 学 目 标</th></tr>
<tr><td>知识目标</td><td colspan="3">1. 掌握组合逻辑电路的功能和特点，了解组合逻辑电路的一般分析方法。
2. 理解编码、译码的概念，了解编码器、译码器的分类。
3. 了解编码器、译码器典型集成电路的引脚功能和使用方法。
4. 掌握半导体七段显示数码管的使用方法。</td></tr>
<tr><td>技能目标</td><td colspan="3">1. 能根据组合逻辑电路写出逻辑表达式、列出真值表、分析出组合逻辑电路的功能。
2. 能正确阅读编码器、译码器的真值表，能够正确使用编码器、译码器。
3. 能够正确使用半导体七段显示数码管。
4. 通过小组任务，增强合作意识，提高社交能力。
5. 提高分析、概括、分类等逻辑思维能力。</td></tr>
<tr><td>情感目标</td><td colspan="3">1. 通过参与课堂活动，培养学习兴趣。
2. 通过体验积分奖励等环节，建立和增强学习的自信心。
3. 培养乐于探究的精神。</td></tr>
</table>

教学重、难点	
教学重点	1. 组合逻辑电路的分析方法。 2. 编码器、译码器典型集成电路的使用方法。
教学难点	编码器、译码器的真值表。
教 学 资 源	
教学环境	多媒体教室。
教学设备	互联网学习平台、移动终端（手机）、演示示教板、黑板。
教学材料	视频资源、教学课件、电子元器件、电子电路板、彩色粉笔。
教 学 方 法	
讲授法、演示法、讨论法、探究法。	
审 批 意 见	
签字： 年　　月　　日	

<table>
<tr><td colspan="2">教学过程与教学内容</td></tr>
<tr><td colspan="2">课　　前</td></tr>
<tr><td colspan="2">1. 通过互联网学习平台布置任务，让学生明确学习目标，了解学习任务。
2. 准备教学课件、电子教案，并将其上传至互联网学习平台。
3. 准备演示示教板、电子元器件、电子电路板等。</td></tr>
<tr><td colspan="2">课　　中</td></tr>
<tr><td>教学引入
（10 min）</td><td>准备上课：
组织学生利用互联网学习平台的点名功能签到，师生相互问好。
复习提问：
（1）“逻辑电路图转换成逻辑表达式的方法是什么？”
（2）“逻辑表达式转换成逻辑电路图的方法是什么？”
（3）“真值表转换成逻辑表达式的方法是什么？”
多媒体课件展示：
数字逻辑电路分为组合逻辑电路和时序逻辑电路两大类，其中，组合逻辑电路是由若干个基本逻辑门电路和复合逻辑门电路组成的。
常见的组合逻辑电路有编码器、译码器、加法器、比较器、数据选择 / 分配器等，在数字技术系统中用途十分广泛，可由此导入对编码器和译码器的教学。</td></tr>
<tr><td>讲授新课
（165 min）</td><td>一、组合逻辑电路的特点与分析方法
1. 组合逻辑电路的特点
讲授：
（1）电路在任何时刻的输出状态只取决于该时刻电路的输入状态，而与电路原来所处的状态无关。
（2）电路没有从输出端引回输入端的反馈线，信号的流向只有从输入端到输出端一个方向。
2. 组合逻辑电路的分析方法
讲授：
分析组合逻辑电路，即根据已知的逻辑图，写出输出逻辑函数表达式并化简，列出真值表，最后分析电路的逻辑功能。</td></tr>
</table>

<table>
<tr>
<td>讲授新课
（165 min）</td>
<td>

二、常见组合逻辑电路

互动游戏：

组织学生分小组进行孩子出生时家长给取名字和开运动会时工作人员给运动员编号等事件的角色扮演，并向学生说明这些都是编码活动。给孩子取名字用的是汉字，给运动员编号用的是十进制数，而计算机内部都采用二进制数，二进制数是机器唯一能够认知的，因汉字和十进制数比较难用电路实现，所以在数字电路中，一般采用二进制进行编码，相应的二进制数被称为二进制代码。编码器就是能够实现编码功能的数字电路，其输入为被编信号，输出为二进制代码。

多媒体动画演示：

通过动画，演示一段去银行存钱、取钱的情境。

客户先在叫号机的触摸屏上进行相关操作，叫号机就会打印出一张带有号码的纸条。客户的触摸相当于给叫号机一个信号，叫号机即对该客户进行编码，并把编码后的二进制代码发送给计算机，各窗口就按照顺序呼叫号码进行业务办理。教师通过介绍此情境，先让学生对编码器有个感性认识，再导入对编码器相关知识的讲解。

1. 编码器

讲授：

编码是用二进制代码表示特定对象的过程，实现编码功能的数字电路被称为编码器。编码器的主要类型有二进制编码器和二－十进制编码器。

（1）二进制编码器

讲授：

用 1 位二进制代码，可以对 2 个信号进行编码；用 2 位二进制代码，可以对 2^2 个信号进行编码；用 3 位二进制代码，可以对 2^3 个信号进行编码……那么用 n 位二进制代码，可以对 2^n 个信号进行编码。通过以上从简单到复杂的分析过程，可得出由 n 位代码表示输出信号，最多可输入 2^n 个输入信号，即需编码的信号数 $\leqslant 2^n$。

课堂练习 1：

1）用 4 位二进制代码，可以对（　　）个信号进行编码。

2）若要对 32 个输入信号进行编码，则编码器的输出应为（　　）位代码。

3）若要对 50 个输入信号进行编码，则编码器的输出应为（　　）位代码。

</td>
</tr>
</table>

讲授新课
（165 min）

讲授：

根据已知的三位二进制编码器的电路，可以写出该编码器的输出函数表达式：

$$Y_2 = I_4 + I_5 + I_6 + I_7$$

$$Y_1 = I_2 + I_3 + I_6 + I_7$$

$$Y_0 = I_1 + I_3 + I_5 + I_7$$

由逻辑表达式可以列出该编码器的真值表，该编码器只对取值为“1”的输入对象进行编码，其输出编码是该输入对象右下角标的二进制数。

三位二进制编码器的真值表

输入（8 个）								输出		
I_0	I_1	I_2	I_3	I_4	I_5	I_6	I_7	Y_2	Y_1	Y_0
1	0	0	0	0	0	0	0	0	0	0
0	1	0	0	0	0	0	0	0	0	1
0	0	1	0	0	0	0	0	0	1	0
0	0	0	1	0	0	0	0	0	1	1
0	0	0	0	1	0	0	0	1	0	0
0	0	0	0	0	1	0	0	1	0	1
0	0	0	0	0	0	1	0	1	1	0
0	0	0	0	0	0	0	1	1	1	1

由于该编码器输入有 8 个逻辑变量，输出有 3 个逻辑函数，所以又被称为 8 线 –3 线编码器。

提出问题：

“如果编码器有两个以上的高电平信号同时输入，则其输出情况如何？”

提示：

当有两个以上的高电平信号同时输入，编码器的输出会出现错误，可由此导入对优先编码器可允许同时输入两个以上高电平信号的讲解。

讲授：

优先编码器允许几个输入端同时加上高电平信号，电路只对其中优先级别最高的对象进行编码。

实物展示：

展示 8 线 –3 线优先编码器 74LS148 芯片实物。

多媒体课件展示：

展示 8 线 –3 线优先编码器 74LS148 的引脚排列情况。

讲授新课（165 min）

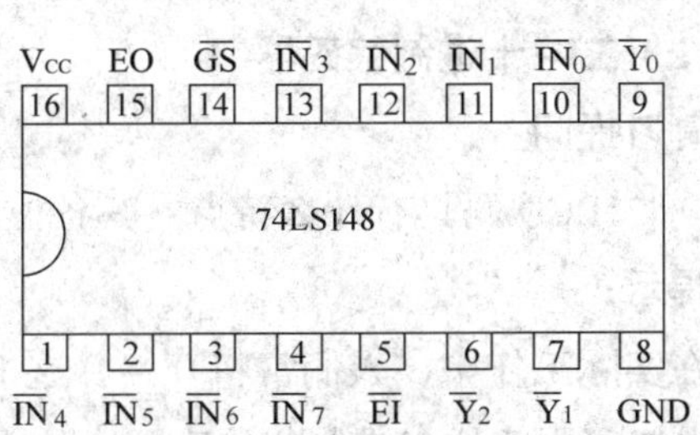

8 线 –3 线优先编码器 74LS148 的引脚图

讲授：

8 线 –3 线优先编码器 74LS148 的真值表如下表所示。

8 线 –3 线优先编码器 74LS148 的真值表

输入（8 个对象和 1 个输入使能端）									输出				
$\overline{EI}$	$\overline{IN_0}$	$\overline{IN_1}$	$\overline{IN_2}$	$\overline{IN_3}$	$\overline{IN_4}$	$\overline{IN_5}$	$\overline{IN_6}$	$\overline{IN_7}$	$\overline{Y_2}$	$\overline{Y_1}$	$\overline{Y_0}$	$\overline{GS}$	EO
1	×	×	×	×	×	×	×	×	1	1	1	1	1
0	×	×	×	×	×	×	×	0	0	0	0	0	1
0	×	×	×	×	×	×	0	1	0	0	1	0	1
0	×	×	×	×	×	0	1	1	0	1	0	0	1
0	×	×	×	×	0	1	1	1	0	1	1	0	1
0	×	×	×	0	1	1	1	1	1	0	0	0	1
0	×	×	0	1	1	1	1	1	1	0	1	0	1
0	×	0	1	1	1	1	1	1	1	1	0	0	1
0	0	1	1	1	1	1	1	1	1	1	1	0	1
0	1	1	1	1	1	1	1	1	1	1	1	1	0

$\overline{IN_0}$ ~ $\overline{IN_7}$ 代表 8 位输入，$\overline{Y_2}$ ~ $\overline{Y_0}$ 代表 3 位输出，输入和输出均为低电平有效，即 $\overline{IN_0}$ ~ $\overline{IN_7}$ 或 $\overline{Y_2}$ ~ $\overline{Y_0}$ 为低电平时，表示有输入或输出信号。

由真值表可以看出，$\overline{IN_7}$ 为最高优先，因为只要 $\overline{IN_7}=0$，不管其他输入端是 0 还是 1，输出总对应着 $\overline{IN_7}$ 的编码。优先级从 $\overline{IN_7}$ 起，$\overline{IN_6}$、$\overline{IN_5}$、$\overline{IN_4}$、$\overline{IN_3}$、$\overline{IN_2}$、$\overline{IN_1}$ 依次降低，最低为 $\overline{IN_0}$。

当 $\overline{EI}$ 为低电平时允许编码工作，若输入端有多个为低电平，则只对其最高位编码，在输出端输出对应自然三位二进制代码的反码，此时，使能输出端 EO 为高电平，优先标志端 $\overline{GS}$ 为低电平；而当 $\overline{EI}$ 为高电平时，电路禁止编码工作。

课堂练习 2：

若 8 线 –3 线优先编码器的输入信号 $\overline{IN_0}$ ~ $\overline{IN_7}$ 为 11011011 时，编码器的输出 $\overline{Y_2}$ ~ $\overline{Y_0}$ =(　　)。

讲授新课 （165 min）	**（2）二－十进制编码器** **复习提问：** “8421BCD 码具有什么特点？其各位的权值分别是多少？” **提示：** 在实际工作中，人们常将 0 ~ 9 这 10 个十进制数转换成二进制代码。可由如何用四位二进制代码表示一位十进制数，引入对二－十进制编码器的讲解。 **多媒体课件展示：** 将十进制数 0 ~ 9 共 10 个对象用 BCD 码来表示的电路，被称为二－十进制编码器。最常用的二－十进制编码器之一就是 8421BCD 编码器，也称 10 线 –4 线编码器。 **讲授：** 8421BCD 编码器的逻辑电路图和简化真值表。 **强调：** 1）要对 0 ~ 9 共 10 个十进制数编码需 10 个输入端，输出 4 位二进制数需 4 个输出端。 2）4 位二进制代码有 16 种取值组合，必须从 16 种组合中去掉 6 种组合。8421BCD 编码器删除了 1010 ~ 1111 这 6 种编码。 3）在逻辑电路图中，I_0 ~ I_9 代表 0 ~ 9 这 10 个数，输出信号 Y_0 ~ Y_3 为相应的二进制代码。编码器输出的 8421BCD 码对应的是输入端字母右下角标注的十进制数，即是需要编码的十进制数。 4）在编码器的输出函数表达式中不包含变量 I_0，但 I_0 却是客观存在的，它是隐含输入，当 I_1 ~ I_9 都不要求编码时，即对 I_0 进行编码。 **课堂练习 3：** 若 8421BCD 编码器的输入信号 I_9 ~ I_0 为 0001011001，则编码器的输出 $Y_3Y_2Y_1Y_0$ =(　　)。 **2. 译码器** **讲授：** 译码是编码的逆过程，就是将具有特定含义的二进制代码按其原意“翻译”出来，并转换成相应的输出信号。译码器就是能实现译码功能的数字电路，它可用于驱动显示电路或控制其他部件工作等。 译码器的主要类型有二进制译码器、二－十进制译码器和显示译码器。

讲授新课

（165 min）

（1）二进制译码器

实物展示：

展示 3 线 –8 线译码器 74LS138 芯片实物。

多媒体课件展示：

展示 3 线 –8 线译码器 74LS138 的引脚图和功能真值表。

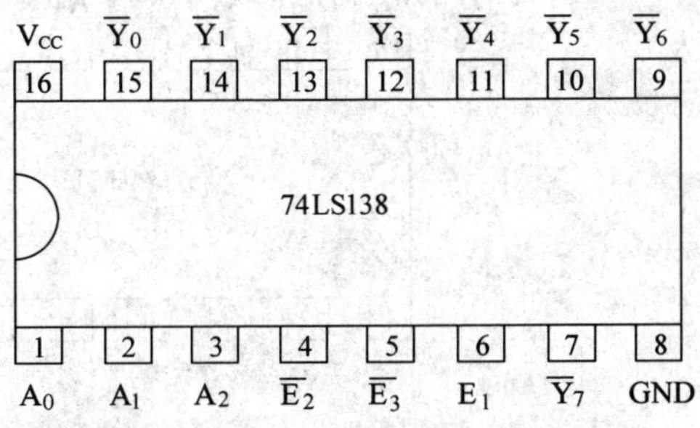

3 线 –8 线译码器 74LS138 的引脚图

3 线 –8 线译码器 74LS138 的功能真值表

输入						输出（8 个，低电平有效）							
控制端			代码输入端										
E_1	$\overline{E}_2$	$\overline{E}_3$	A_2	A_1	A_0	$\overline{Y}_7$	$\overline{Y}_6$	$\overline{Y}_5$	$\overline{Y}_4$	$\overline{Y}_3$	$\overline{Y}_2$	$\overline{Y}_1$	$\overline{Y}_0$
×	1	×	×	×	×	1	1	1	1	1	1	1	1
×	×	1	×	×	×	1	1	1	1	1	1	1	1
0	×	×	×	×	×	1	1	1	1	1	1	1	1
1	0	0	0	0	0	1	1	1	1	1	1	1	0
1	0	0	0	0	1	1	1	1	1	1	1	0	1
1	0	0	0	1	0	1	1	1	1	1	0	1	1
1	0	0	0	1	1	1	1	1	1	0	1	1	1
1	0	0	1	0	0	1	1	1	0	1	1	1	1
1	0	0	1	0	1	1	1	0	1	1	1	1	1
1	0	0	1	1	0	1	0	1	1	1	1	1	1
1	0	0	1	1	1	0	1	1	1	1	1	1	1

课堂练习 4：

若 3 线 –8 线译码器的输入 $A_2A_1A_0$ 为 101，则译码器的输出 $\overline{Y_7}\overline{Y_6}\overline{Y_5}\overline{Y_4}\overline{Y_3}\overline{Y_2}\overline{Y_1}\overline{Y_0}$=（　　）。

（2）二 – 十进制译码器

讲授：

二 – 十进制译码器可以把 4 位 8421BCD 码转换为相应的十进制数。

讲授新课（165 min）

实物展示：

展示 4 线 –10 线译码器 74HC42 芯片实物。

多媒体课件展示：

展示 4 线 –10 线译码器 74HC42 的引脚图和功能真值表。

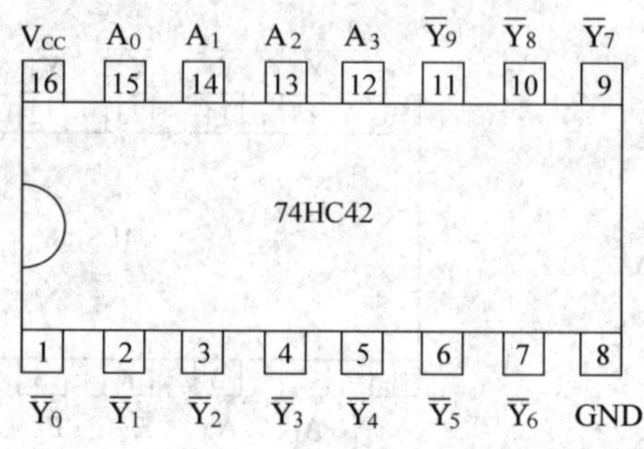

4 线 –10 线译码器 74HC42 的引脚图

4 线 – 10 线译码器 74HC42 的功能真值表

序号	输入				输出（10 个）									
	A_3	A_2	A_1	A_0	$\overline{Y}_9$	$\overline{Y}_8$	$\overline{Y}_7$	$\overline{Y}_6$	$\overline{Y}_5$	$\overline{Y}_4$	$\overline{Y}_3$	$\overline{Y}_2$	$\overline{Y}_1$	$\overline{Y}_0$
0	0	0	0	0	1	1	1	1	1	1	1	1	1	0
1	0	0	0	1	1	1	1	1	1	1	1	1	0	1
2	0	0	1	0	1	1	1	1	1	1	1	0	1	1
3	0	0	1	1	1	1	1	1	1	1	0	1	1	1
4	0	1	0	0	1	1	1	1	1	0	1	1	1	1
5	0	1	0	1	1	1	1	1	0	1	1	1	1	1
6	0	1	1	0	1	1	1	0	1	1	1	1	1	1
7	0	1	1	1	1	1	0	1	1	1	1	1	1	1
8	1	0	0	0	1	0	1	1	1	1	1	1	1	1
9	1	0	0	1	0	1	1	1	1	1	1	1	1	1
伪码	1	0	1	0	1	1	1	1	1	1	1	1	1	1
	1	0	1	1	1	1	1	1	1	1	1	1	1	1
	1	1	0	0	1	1	1	1	1	1	1	1	1	1
	1	1	0	1	1	1	1	1	1	1	1	1	1	1
	1	1	1	0	1	1	1	1	1	1	1	1	1	1
	1	1	1	1	1	1	1	1	1	1	1	1	1	1

课堂练习 5：

若 4 线 –10 线译码器的输入 $A_3A_2A_1A_0$ 为 0110，则译码器的输出 $\overline{Y_9}\overline{Y_8}\overline{Y_7}\overline{Y_6}\overline{Y_5}\overline{Y_4}\overline{Y_3}\overline{Y_2}\overline{Y_1}\overline{Y_0}=$(　　)。

讲授新课
（165 min）

（3）显示译码器

讲授：

在数字计算系统及数字式测量仪表如数字式万用表、电子表及电子钟等中，常常需要把译码后获得的结果或数据直接以十进制数字的形式显示出来，因此，必须用译码器的输出去驱动显示器件。具有这种功能的译码器被称为显示译码器。

常用的显示器件有荧光数码管、液晶数码管（LCD）和半导体数码管（LED）。

实物展示：

展示半导体数码管实物。

多媒体课件展示：

展示七段数码显示器的两种连接方式，即共阴极方式和共阳极方式。

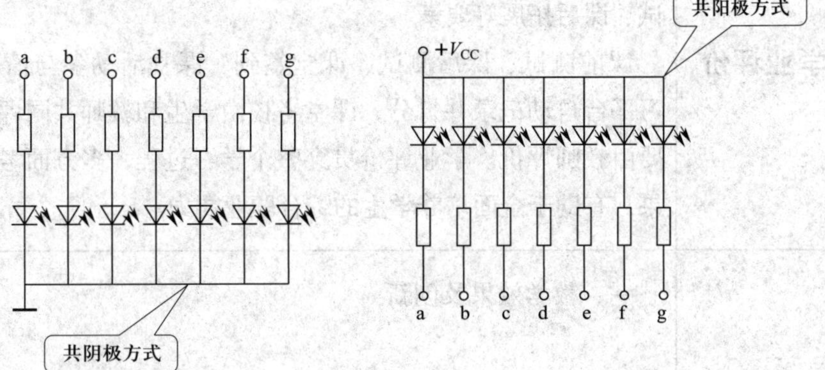

实物展示：

展示显示译码器 74LS47 芯片实物。

多媒体课件展示：

展示显示译码器 74LS47 的引脚图。

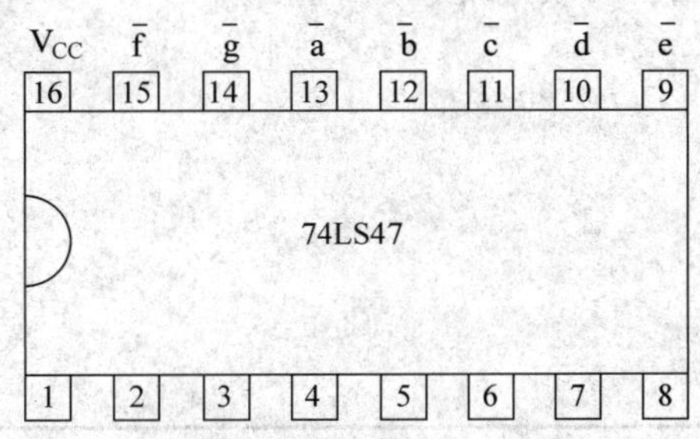

图中，A_3 ~ A_0 为 4 线输入，$\overline{a}$ ~ $\overline{g}$ 为七段输出，输出为低电平有效。

课堂练习 6：

若显示译码器 74LS47 的输出 $\overline{a}$ ~ $\overline{g}$ 为 0010010，则其输入的数是（　　）。

归纳总结（4 min）	1. 组合逻辑电路的特点与分析方法。 2. 编码器的定义、分类，常用编码器的型号、功能。 3. 译码器的定义、分类，常用译码器的型号、功能。
布置作业（1 min）	1. 作业：习题册 §6–4。 2. 拓展任务：查阅资料，说一说在实际使用中还有哪些常见的编码器和译码器。
课　　后	
学业评价	学业评价包括过程性评价和期末考试评价。过程性评价主要包括课前测试、课前讨论、资源学习、课堂签到、课堂活动、课堂考核、课后测试、课后拓展等要素。 课前测试、课后测试、课堂签到、课堂活动参与情况等由互联网学习平台自动记录并打分，课堂考核由学生和教师共同评价，课后拓展主要由教师评价。学业评价贯穿整个学习过程，多方面考核学生的学习效果，有助于全面培养学生的综合职业能力。
教学反思	一、教学效果及创新 二、回顾与改进

技能训练 11　八路抢答器电路的安装与调试

<table>
<tr><th colspan="4">教 案 首 页</th></tr>
<tr><td>序号</td><td>37</td><td>授课地点</td><td></td></tr>
<tr><td>授课专业</td><td></td><td>授课班级</td><td></td></tr>
<tr><td>授课日期</td><td></td><td>授课时数</td><td>2</td></tr>
<tr><th colspan="4">教 学 思 路</th></tr>
<tr><td colspan="4">八路抢答器电路是包含编码器和译码器的综合应用电路，本实训选取八路抢答器电路的安装与调试作为实训内容，并与企业电子产品装配工作岗位的真实工作任务相结合，具有一定的代表性。同时，本实训对培养学生电子元器件的检测、插装、焊接和调试等专业基本技能具有重要的作用，具有典型性，并以八路抢答器电路的安装与调试的工作过程为导向组织并实施教学，让学生在“做中学、学中做”的过程中，提升自身的综合职业能力。</td></tr>
<tr><th colspan="4">教 学 目 标</th></tr>
<tr><td>知识目标</td><td colspan="3">1. 掌握集成电路 CD4511 的工作原理。
2. 了解 LED 数码管的引脚功能及引脚排列位置。</td></tr>
<tr><td>技能目标</td><td colspan="3">1. 能正确识读八路抢答器电路的工作原理图。
2. 能结合电路原理图和印制电路板找到对应元器件的安装位置。
3. 能根据测试结果判断电路是否存在故障，并顺利排除故障。
4. 能正确运用万用表测试 CD4511 芯片 1、2、6、7 引脚的电位值，观测数码管显示的数字值，并正确记录测试结果，及时总结测试和安装技巧。</td></tr>
<tr><td>情感目标</td><td colspan="3">1. 通过积极主动地参与训练，培养学习专业技能的兴趣。
2. 培养合作意识和团队精神。
3. 能自觉遵守安全操作规程，通过 6S 现场管理培养良好的工作习惯和劳动光荣的职业素养。</td></tr>
</table>

<table>
<tr><th colspan="2">教学重、难点</th></tr>
<tr><td>教学重点</td><td>八路抢答器电路的安装与焊接。</td></tr>
<tr><td>教学难点</td><td>八路抢答器电路的工作原理及调试。</td></tr>
<tr><th colspan="2">教 学 资 源</th></tr>
<tr><td>教学环境</td><td>电子实训室、开放式的校园网。</td></tr>
<tr><td>教学设备</td><td>一体机、互联网学习平台、移动终端（手机）。</td></tr>
<tr><td>教学材料</td><td>微课、教学课件、八路抢答器电路原型板、八路抢答器电路电子套件、常用电子装配工具、工作页等。</td></tr>
<tr><th colspan="2">审 批 意 见</th></tr>
<tr><td colspan="2">签字：
年 月 日</td></tr>
</table>

<table>
<tr><th colspan="4">教学过程与教学内容</th></tr>
<tr><th colspan="4">课　前</th></tr>
<tr><th>教师活动</th><th>学生活动</th><th>教学手段</th><th>教学方法</th></tr>
<tr><td>1. 通过互联网社交软件群通知学生按时登录互联网学习平台学习，并及时沟通。
2. 在互联网学习平台上传相关的教学课件和微课等学习资料，提醒学生预习，同时上传编码器和译码器的相关学习及复习资料。
3. 针对课程内容在互联网学习平台上发布测试题，对学生的学习结果进行检测。
4. 根据互联网学习平台统计的学生测试成绩将学生分组，实现学生间的优势互补，确定各小组名称。
5. 设计并打印工作页。工作页内容包括任务描述、工作要求、工作计划、物料清单及检测记录表等。
6. 准备八路抢答器电路原型板、八路抢答器电路电子套件、常用电子装配工具、仪器仪表等。</td><td>1. 通过互联网社交软件群与教师及时沟通。
2. 自主查阅教师上传的学习资料并预习。
3. 自主查阅教师在互联网学习平台上发布的测试题，完成测试。
4. 小组讨论，合理安排分工。
5. 准备好教材、笔记本、笔等学习用品。</td><td>互联网社交软件、手机、互联网学习平台、微课、工作页</td><td>自主学习法</td></tr>
</table>

课　中			
教师活动	学生活动	教学手段	教学方法
一、组织教学（5 min） 1. 按照课前分组安排学生就座。 2. 组织学生利用互联网学习平台的点名功能签到。 3. 师生相互问好。 4. 组织学生整理着装，并按照职业素养要求检查学生着装。	一、准备上课 1. 按照课前分组就座。 2. 使用手机登录互联网学习平台，在线签到。 3. 师生相互问好。 4. 整理着装。	互联网学习平台、手机	
二、下发工作任务单及工作页（3 min） 1. 创设情境，导入新课（如某比赛现场用抢答器回答问题）。 2. 详细描述工作任务及要求，下发工作任务单。 3. 引导学生小组讨论，明确工作内容、要求和工时等。 4. 发放工作页。	二、领取工作任务单与工作页 1. 倾听工作任务描述，领取工作任务单。 2. 小组讨论，明确工作内容、要求和工时等，并填写工作任务单。 3. 领取工作页。	工作任务单、一体机、教学课件、工作页	情境导入法、任务驱动法
三、指导制订工作计划（10 min） 1. 向学生提出制订工作计划的要求。 2. 引导学生小组讨论，制订工作计划。 3. 引导学生上台展示本组的工作计划，记录各小组的展示情况。 4. 点评各小组的工作计划并提出改进建议。 5. 引导学生填写工作页。	三、制订工作计划 1. 认真倾听并记录制订工作计划的要求。 2. 进行小组讨论，制订工作计划。 3. 各小组派代表展示、讲解本组的工作计划。 4. 根据教师的点评和改进建议优化本组的工作计划。 5. 填写工作页。	工作页、手机、互联网学习平台	任务驱动法、讲授法、展示法、小组合作法、头脑风暴法

教师活动	学生活动	教学手段	教学方法
四、准备元器件（10 min） 1. 清点元器件 （1）和物料管理员（由学生扮演）一起给各小组学生发放常用电子装配工具、万用表、电子套件及物料。 （2）引导学生清点元器件，填写工作页。 （3）引导学生分类摆放元器件。 2. 认识元器件 （1）金属膜电阻器：R1 ~ R15。 （2）电解电容器：C。 （3）二极管：VD1 ~ VD15。 （4）三极管：V。 （5）轻触按键：S1 ~ S9。 （6）蜂鸣器：B。 （7）一位共阴数码管：LED。 （8）CD4511：U。 3. 检测元器件参数 指导学生对所有电子元器件进行完好性检测。	**四、认识元器件** 1. 在教师的引导下，认真阅读教材内容，填写工作页中的清单。 2. 各小组组长核查清单并签字。 3. 各小组物料管理员根据工作页中的清单，到物料间领取常用电子装配工具、万用表、电子套件及物料。 4. 采用角色互换的方式，轮流对照清单清点元器件，填写工作页。 5. 分类摆放元器件。 6. 观看教师的示范操作。 7. 轮流使用万用表对电子元器件进行识别和完好性检测。	工作页	角色扮演法、演示法
五、介绍电路原理，展示信息资料（10 min） 1. 引导学生查阅 LED 数码管和 CD4511 芯片的相关信息，了解其功能和各引脚的信息。	**五、分析电路原理，查阅信息资料** 1. 使用手机查阅 LED 数码管和 CD4511 芯片的相关信息，了解其功能和各引脚的信息。	一体机、教学课件、教学资源库、手机	任务驱动法、头脑风暴法

教师活动	学生活动	教学手段	教学方法
2. 认识电路原理图 （1）通过教学课件展示电路原理图，引导学生讨论电路的工作原理。 （2）引导各小组推选代表上台分析电路的工作原理。 3. 记录学生的回答要点，对学生的回答情况进行点评。	2. 开展有关电路工作原理的讨论。 3. 各小组推选代表上台讲解电路的工作原理。 4. 倾听教师总结。	一体机、教学课件、教学资源库、手机	任务驱动法、头脑风暴法
六、指导安装与焊接电路（25 min） 1. 讲授安全操作规程和6S现场管理要求。 2. 讲解电子元器件安装与焊接工艺要求。 3. 示范电子元器件的安装与焊接操作。 4. 巡回指导，针对学生在电路安装与焊接过程中遇到的问题进行针对性答疑。 5. 观察学生在焊接过程中存在的共性问题，集中讲解，引导学生按照电子技术规范及焊接工艺要求完成电路焊接。	**六、安装与焊接电路** 1. 倾听并记录安全操作规程和6S现场管理要求。 2. 观看教师的示范操作，明确电子元器件安装技术规范与焊接工艺要求。 3. 采用角色互换的方式，轮流进行电路安装与焊接。 4. 在教师的指导下及时改正不规范的焊接操作。	工作页	角色扮演法、演示法
七、指导调试电路（12 min） 1. 引导学生认真阅读电路图。	**七、调试电路** 1. 在教师的引导下，认真阅读电路图。	一体机、互联网学习平台	演示法、任务驱动法、讲授法、讨论法

教师活动	学生活动	教学手段	教学方法
2. 引导学生使用目视检测法轮流对电路板的外观进行检查。 3. 对各小组电路板进行检查，确认无误后，在各小组工作页上签字确认。 4. 利用八路抢答器电路原型板，示范电路的调试及测量方法，讲授操作规范和用电安全。 5. 巡回指导，针对学生在电路调试过程中遇到的问题进行针对性指导和答疑。 6. 针对调试过程中的故障，引导学生分组讨论、尝试排查。	2. 使用目视检测法，轮流对电路板的外观进行检查。 3. 观看教师示范调试过程，倾听教师对操作规范和用电安全的讲解。 4. 电路板经检查合格后，在教师的指导下，采用角色互换的方式，轮流采用通电检测法，接通+5 V 直流稳压电源，根据调试步骤进行电路调试，记录测量结果和数据，填写工作页。 5. 对于调试过程中出现的故障，向教师请教或小组讨论分析来查找原因并将其排除，把处理结果填写在工作页相应表格内。	一体机、互联网学习平台	演示法、任务驱动法、讲授法、讨论法
八、清理现场（5 min） 1. 组织各小组物料管理员在物料间收取并复核工具、仪器仪表及物料。 2. 按照 6S 现场管理要求督促学生清扫、整理工作现场。	**八、清理现场** 1. 按清单返还工具、仪器仪表及物料。 2. 按照 6S 现场管理要求清扫、整理工作现场。		

<table>
<tr><th>教师活动</th><th colspan="2">学生活动</th><th>教学手段</th><th>教学方法</th></tr>
<tr><td>九、实训测评（10 min）
1. 引导学生结合实训过程中的成功经验和遇到的问题进行总结。
2. 带领学生回顾本节课的训练目标，总结各小组表现，表扬其优点、指出不足，并进行点评，提出改进意见。
3. 根据学业评价标准，在互联网学习平台上指导小组完成自评和互评，并进行教师评价。</td><td colspan="2">九、自评和互评
1. 各小组代表上台分享本次实训过程中的心得体会。
2. 倾听教师点评。
3. 根据学业评价标准，在互联网学习平台上完成小组自评和互评。</td><td>一体机、互联网学习平台、手机</td><td>演示法、评价法、讲授法</td></tr>
<tr><td colspan="5">课　　后</td></tr>
<tr><td>学业评价</td><td colspan="4">1. 采用过程性评价与终结性评价相结合的评价方式。
2. 采用小组自评、互评和教师评价相结合的多元化评价方式。
3. 学业评价贯穿整个技能训练过程，多方面考核学生的学习效果，有助于全面培养学生的综合职业能力。</td></tr>
<tr><td>教学反思</td><td colspan="4">一、教学效果及创新

二、回顾与改进</td></tr>
</table>

第七章
触发器及时序逻辑电路

本章主要介绍由各种触发器组成的时序逻辑电路。本章主要内容及其相互关系如下图所示。

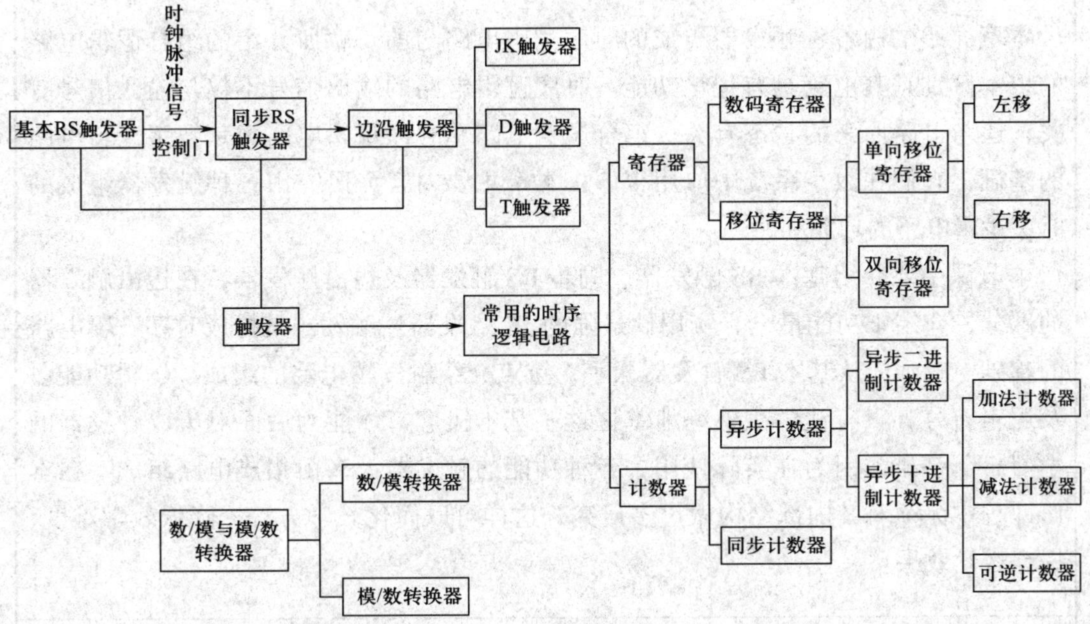

§7-1 触发器

<table>
<tr><th colspan="4">教 案 首 页</th></tr>
<tr><td>序号</td><td>38</td><td>授课地点</td><td></td></tr>
<tr><td>授课专业</td><td></td><td>授课班级</td><td></td></tr>
<tr><td>授课日期</td><td></td><td>授课时数</td><td>4</td></tr>
<tr><td colspan="4">教 学 思 路</td></tr>
<tr><td colspan="4">本章介绍的由各种触发器组成的时序逻辑电路与前一章所介绍的组合逻辑电路的根本区别是其电路具有记忆功能。时序逻辑电路的输出信号不仅与输入信号有关，还与电路原来的状态有关。组合逻辑电路和时序逻辑电路都是数字逻辑电路的基础，它们在数字系统中应用很广，本章主要内容为研究由各种触发器组成的时序逻辑电路的功能和原理。
本节课主要介绍基本 RS 触发器、同步 RS 触发器及边沿触发器，在边沿触发器的部分，介绍了功能最全、实用性最强的 JK 触发器。触发器是构成时序逻辑电路的基础。教师应从基本 RS 触发器入手，重点介绍触发器电路的组成、逻辑功能以及逻辑符号，只有让学生熟练地掌握这些基本概念，才能为后面对集成触发器的学习打下基础。因为在实际使用中各种功能的触发器大多由集成电路组成，在本门课程中无须对其内部结构做过多研究，这样可以简化教学方法、降低教学难度、提高教学效果。</td></tr>
<tr><td colspan="4">教 学 目 标</td></tr>
<tr><td>知识目标</td><td colspan="3">1. 了解时序逻辑电路的特点和基本组成。
2. 了解基本 RS 触发器、同步 RS 触发器的电路组成和逻辑功能。
3. 掌握 JK 触发器、D 触发器、T 触发器的逻辑功能。</td></tr>
<tr><td>技能目标</td><td colspan="3">1. 会画基本 RS 触发器、同步 RS 触发器、JK 触发器、D 触发器、T 触发器的逻辑符号。
2. 能根据触发器的逻辑符号识别其类型。
3. 能够根据真值表说明触发器的逻辑功能。
4. 能写出 JK 触发器、D 触发器、T 触发器的特征方程。
5. 通过小组任务，增强合作意识，提高社交能力。
6. 提高分析、概括、分类等逻辑思维能力。</td></tr>
</table>

<table>
<tr><td>情感目标</td><td>1. 通过参与课堂活动，培养学习兴趣。
2. 通过体验积分奖励等环节，建立和增强学习的自信心。
3. 培养乐于探究的精神。</td></tr>
<tr><td colspan="2">教学重、难点</td></tr>
<tr><td>教学重点</td><td>1. 触发器的基本概念。
2. 基本 RS 触发器的工作原理。
3. 基本 RS 触发器、同步 RS 触发器的逻辑功能及触发方式。</td></tr>
<tr><td>教学难点</td><td>基本 RS 触发器、同步 RS 触发器的逻辑功能及触发方式。</td></tr>
<tr><td colspan="2">教 学 资 源</td></tr>
<tr><td>教学环境</td><td>多媒体教室。</td></tr>
<tr><td>教学设备</td><td>互联网学习平台、移动终端（手机）、演示示教板、黑板。</td></tr>
<tr><td>教学材料</td><td>视频资源、教学课件、集成触发器 74HC74、彩色粉笔。</td></tr>
<tr><td colspan="2">教 学 方 法</td></tr>
<tr><td colspan="2">讲授法、演示法、讨论法、探究法。</td></tr>
<tr><td colspan="2">审 批 意 见</td></tr>
<tr><td colspan="2">

签字：
年　　月　　日</td></tr>
</table>

<table>
<tr><th colspan="2">教学过程与教学内容</th></tr>
<tr><th colspan="2">课　　前</th></tr>
<tr><td colspan="2">1. 通过互联网学习平台布置任务，让学生明确学习目标，了解学习任务。
2. 准备教学课件、电子教案，并将其上传至互联网学习平台。
3. 准备演示示教板、电子元器件、电子电路板等。</td></tr>
<tr><th colspan="2">课　　中</th></tr>
<tr><td>教学引入
（10 min）</td><td>准备上课：
组织学生利用互联网学习平台的点名功能签到，师生相互问好。
复习提问：
（1）“组合逻辑电路有什么特点？”
（2）“组合逻辑电路与时序逻辑电路的区别是什么？”
提出问题：
“电子时钟是怎样计数的？”
多媒体课件展示：
构成时序逻辑电路的基本单元是触发器，在时序逻辑电路中触发器具有记忆功能，它能存储一位二进制数码。</td></tr>
<tr><td>讲授新课
（159 min）</td><td>多媒体课件展示：
触发器具有三个基本特点：
（1）触发器有两个稳定的工作状态，即“0”和“1”；
（2）在适当信号的作用下，触发器的两种稳定状态可以相互转换；
（3）触发器在输入信号消失后，能将获得的新状态保持下来。
一、RS 触发器
1. 基本 RS 触发器
（1）电路组成与逻辑符号
提示：
可请一位同学在黑板上画出两个“与非”门的逻辑符号，然后将它们连接成基本 RS 触发器的逻辑电路。
讲授：
两个“与非”门的输入和输出交叉连接即构成基本 RS 触发器的逻辑电路。两个“与非”门的输出端分别是 Q 和 $\overline{Q}$。
多媒体课件展示：
展示基本 RS 触发器的逻辑符号图。</td></tr>
</table>

<table>
<tr><td>讲授新课
（159 min）</td><td>

提示：

介绍基本 RS 触发器的逻辑符号，引导学生观察逻辑符号的特点，让学生记住逻辑符号各部分所表示的意义，并要求学生掌握逻辑符号的画法。

讲授：

1）电路有两个输入端 $\overline{R}_D$ 和 $\overline{S}_D$，$\overline{R}_D$ 为直接复位端，$\overline{S}_D$ 为直接置位端。

2）电路有两个输出端 Q 和 $\overline{Q}$，在触发器处于稳定的工作状态时，它们的输出状态相反。Q 端的输出状态表示触发器的工作状态：

①“1”状态：$Q=1$、$\overline{Q}=0$。

②“0”状态：$Q=0$、$\overline{Q}=1$。

（2）工作原理

复习提问：

“‘与非’门具有什么逻辑功能？”

提示：

带领学生复习“与非”门电路知识，引导他们分析基本 RS 触发器在不同条件下的工作原理，并把分析的结果填在真值表中。

讲授：

1）当 $\overline{R}_D=0$、$\overline{S}_D=1$ 时，触发器处于“0”状态。

2）当 $\overline{R}_D=1$、$\overline{S}_D=0$ 时，触发器处于“1”状态。

3）当 $\overline{R}_D=1$、$\overline{S}_D=1$ 时，触发器保持原状态不变。

4）当 $\overline{R}_D=\overline{S}_D=0$ 时，不符合基本 RS 触发器的要求。

强调：

当 $\overline{R}_D=\overline{S}_D=0$ 时，输出 $Q=\overline{Q}=1$，这既不是“1”状态，也不是“0”状态，这种情况是不被允许的，因为会造成逻辑混乱。

（3）逻辑功能

讲授：

基本 RS 触发器具有置 0、置 1 和保持功能，$\overline{R}_D$ 和 $\overline{S}_D$ 不能同时为低电平。

讲解教材例 7–1：

讲解教材例题，讲授波形图的画法，提醒学生在画图时应注意对齐信号转换点。

提示：

可由基本 RS 触发器的缺点即电路抗干扰能力较差和不便于多个触发器同步工作，而在实际工作中，常要求各触发器按一定的节拍同步动作，来导入对同步 RS 触发器的讲解。

</td></tr>
</table>

讲授新课 （159 min）	**2. 同步 RS 触发器** **（1）电路组成与逻辑符号** **提示：** 1）在黑板上画出基本 RS 触发器的逻辑电路，在此基础上增加两个“与非”门 G3、G4 作为控制门，G3 和 G4 共用一个输入信号，即时钟脉冲 CP，另外两个输入端为同步 RS 触发器的输入端 R 端和 S 端。 2）画出同步 RS 触发器的逻辑符号图，引导学生观察逻辑符号，让学生记住逻辑符号各部分所表示的意义，并要求学生掌握逻辑符号的画法。 **（2）逻辑功能** **强调：** 1）同步的含义是触发器的状态改变与时钟脉冲 CP 同步。 2）同步 RS 触发器的状态改变不是直接靠输入信号来完成的，其控制门 G3 和 G4 的输出受时钟脉冲 CP 控制。 **提示：** 引导学生分析同步 RS 触发器的逻辑电路在时钟脉冲 $CP=0$ 和 $CP=1$ 两种不同情况下的输出状态，并将分析结果填入相应的真值表中。 **讲授：** 1）当 $CP=0$ 时，G3、G4 被封锁，都输出“1”，触发器的状态保持不变，即 $Q^{n+1}=Q^n$。 2）当 $CP=1$ 时，G3、G4 打开，R、S 端的输入信号反相后被送到基本 RS 触发器的输入端，触发器按输入 R 和 S 的不同状态组合得到相应的输出状态。 3）由于 $R=S=1$ 时触发器的输出状态不定，同步 RS 触发器正常工作条件即约束条件为 $RS=0$。 4）在同步 RS 触发器中，多个触发器可在同一个时钟脉冲的控制下同步工作，这给使用者带来了方便，而且这种触发器只在 $CP=1$ 时工作，在 $CP=0$ 时禁止，所以其抗干扰能力也比基本 RS 触发器强。 **提示：** R 端和 S 端是高电平有效，与基本 RS 触发器的输入端相反。 **讲解教材例 7–2：** 讲解教材例题，讲授波形图的画法，提醒学生在画图时应注意对齐信号转换点。 **二、其他类型触发器** **提示：** 边沿触发器的显著特点是只有在时钟脉冲的上升沿或下降沿的瞬间触发器的新状态才取决于此刻的输入信号状态，而其他时刻触发器均保持原状态不变。

<table>
<tr><td rowspan="1">讲授新课
（159 min）</td><td>

1. JK 触发器

多媒体课件展示：

（1）展示 JK 触发器的逻辑符号图、真值表，引导学生记忆逻辑符号各部分所表示的意义，并要求学生掌握逻辑符号的画法，进而介绍识别触发器触发方式的方法。

（2）展示 JK 触发器的逻辑功能，引导学生总结 JK 触发器的逻辑功能有置“0”、置“1”、“保持”和“计数”，并向学生讲述逻辑功能除可用简化真值表来表示之外，还可以用特征方程来表示。

讲解教材例 7–3：

讲解教材例题，提示学生注意触发器是上升沿触发还是下降沿触发，并讲授对照信号转换点画图的方法，强调波形图一定要画得规范。

2. D 触发器

多媒体课件展示：

（1）展示 D 触发器的逻辑电路图，使学生了解该电路的连接方式。

（2）展示 D 触发器的逻辑符号图和真值表，引导学生记忆逻辑符号各部分所表示的意义，并要求学生掌握逻辑符号的画法。

3. T 触发器

多媒体课件展示：

（1）展示 T 触发器的逻辑电路图，使学生了解该电路的连接方式。

（2）展示 T 触发器的逻辑符号图和真值表，引导学生记忆逻辑符号各部分所表示的意义，并要求学生掌握逻辑符号的画法。

三、集成触发器

多媒体课件展示：

展示集成 D 边沿触发器 74HC74 的引脚排列图及其内部结构，介绍其引脚排列规律。

实物展示：

把集成 D 边沿触发器 74HC74 的实物分发给学生，让学生观察。

讲授：

1. 集成触发器引脚的识别方法。

2. 集成触发器各引脚的功能。

</td></tr>
<tr><td>归纳总结
（10 min）</td><td>

1. 基本 RS 触发器和同步 RS 触发器的工作原理及逻辑功能。

2. JK 触发器、D 触发器、T 触发器的工作原理及逻辑功能。

3. 集成触发器的工作原理及逻辑功能。

</td></tr>
</table>

<table>
<tr><td>布置作业
（1 min）</td><td>1. 作业：习题册 §7–1。
2. 拓展任务：查阅资料，了解 74HC74、74LS279 和 CC4044 的逻辑功能。</td></tr>
<tr><td colspan="2">课　　后</td></tr>
<tr><td>学业评价</td><td>学业评价包括过程性评价和期末考试评价。过程性评价主要包括课前测试、课前讨论、资源学习、课堂签到、课堂活动、课堂考核、课后测试、课后拓展等要素。
课前测试、课后测试、课堂签到、课堂活动参与情况等由互联网学习平台自动记录并打分，课堂考核由学生和教师共同评价，课后拓展主要由教师评价。学业评价贯穿整个学习过程，多方面考核学生的学习效果，有助于全面培养学生的综合职业能力。</td></tr>
<tr><td>教学反思</td><td>一、教学效果及创新

二、回顾与改进</td></tr>
</table>

§7-2 常用的时序逻辑电路

<table>
<tr><td colspan="4">教 案 首 页</td></tr>
<tr><td>序号</td><td>39</td><td>授课地点</td><td></td></tr>
<tr><td>授课专业</td><td></td><td>授课班级</td><td></td></tr>
<tr><td>授课日期</td><td></td><td>授课时数</td><td>4</td></tr>
<tr><td colspan="4">教 学 思 路</td></tr>
<tr><td colspan="4">本节课主要介绍寄存器和计数器，它们是常用的时序逻辑电路，由触发器和门电路组成。时序逻辑电路的特点是在任一时刻电路的输出状态不仅取决于该时刻的输入信号，而且与前一时刻电路的状态有关。
在介绍寄存器时，注意强调寄存器是暂时存放数据的逻辑部件，具有接收数据、存放数据和输出数据的功能。寄存器通常分为数码寄存器和移位寄存器，数码寄存器是存放二进制数码的电路，而移位寄存器不仅可存放数码，而且具有在时钟脉冲作用下逐位向左或向右移动的功能。
计数器具有对输入脉冲进行计数的功能，还可以被用来定时、分频或者进行数字运算。在本部分，教师应重点介绍异步计数器。</td></tr>
<tr><td colspan="4">教 学 目 标</td></tr>
<tr><td>知识目标</td><td colspan="3">1. 理解寄存器和计数器的功能，了解寄存器和计数器的常见类型。
2. 掌握常用寄存器和计数器的使用方法。</td></tr>
<tr><td>技能目标</td><td colspan="3">1. 能根据寄存器的状态真值表判断寄存器的类型。
2. 能根据计数器的状态真值表判断计数器的类型。
3. 能分析不同寄存器的状态真值表。
4. 能分析不同计数器的状态真值表。
5. 能根据集成寄存器和集成计数器的引脚排列图判断其各引脚的功能。
6. 通过小组任务，增强合作意识，提高社交能力。
7. 提高分析、概括、分类等逻辑思维能力。</td></tr>
</table>

<table>
<tr><td>情感目标</td><td>1. 通过参与课堂活动，培养学习兴趣。
2. 通过体验积分奖励等环节，建立和增强学习的自信心。
3. 培养乐于探究的精神。</td></tr>
<tr><td colspan="2">教学重、难点</td></tr>
<tr><td>教学重点</td><td>1. 移位寄存器的工作原理。
2. 计数器的工作原理。</td></tr>
<tr><td>教学难点</td><td>1. 移位寄存器的移位过程。
2. 计数器的计数过程。</td></tr>
<tr><td colspan="2">教 学 资 源</td></tr>
<tr><td>教学环境</td><td>多媒体教室。</td></tr>
<tr><td>教学设备</td><td>互联网学习平台、移动终端（手机）、演示示教板、黑板。</td></tr>
<tr><td>教学材料</td><td>视频资源、教学课件、集成寄存器 74LS194、集成计数器 74LS190、电子表、彩色粉笔。</td></tr>
<tr><td colspan="2">教 学 方 法</td></tr>
<tr><td colspan="2">讲授法、讨论法、探究法、演示法、头脑风暴法。</td></tr>
<tr><td colspan="2">审 批 意 见</td></tr>
<tr><td colspan="2">

签字：
年　　月　　日</td></tr>
</table>

<table>
<tr><th colspan="2">教学过程与教学内容</th></tr>
<tr><th colspan="2">课　　前</th></tr>
<tr><td colspan="2">1. 通过互联网学习平台布置任务，让学生明确学习目标，了解学习任务。
2. 准备教学课件、电子教案，并将其上传至互联网学习平台。
3. 准备演示示教板、电子元器件、电子电路板等。</td></tr>
<tr><th colspan="2">课　　中</th></tr>
<tr><td>教学引入
（5 min）</td><td>准备上课：
组织学生利用互联网学习平台的点名功能签到，师生相互问好。
复习提问：
（1）“触发器按触发方式不同可分为哪几类？”
（2）“触发器按逻辑功能不同可分为哪几类？”
多媒体课件展示：
展示时序逻辑电路的特点，由此引入对寄存器的讲解。</td></tr>
<tr><td>讲授新课
（170 min）</td><td>一、寄存器
讲授：
（1）定义
能够暂时存放数据的逻辑部件称为寄存器。
（2）组成
寄存器由触发器和门电路组成。
（3）分类
1）寄存器分为数码寄存器和移位寄存器。
2）数码寄存器是用来存放二进制数码的寄存器。
3）移位寄存器是具有存放数码和在时钟脉冲作用下逐位向左或向右移动功能的电路。
（4）应用举例
计算机的 CPU 由运算逻辑部件、寄存器部件和控制部件组成，其中就有通用寄存器、专用寄存器和控制寄存器。
1. 数码寄存器
复习提问：
“D 触发器的逻辑符号是怎样的？它有哪些逻辑功能？它的特征方程是怎样的？”
多媒体课件展示：
展示 D 触发器的逻辑电路图，并在此基础上再画 3 个 D 触发器，用导线把它们连接成 4 位数码寄存器，然后引导学生分析其工作过程。</td></tr>
</table>

<table>
<tr>
<td>讲授新课
（170 min）</td>
<td>
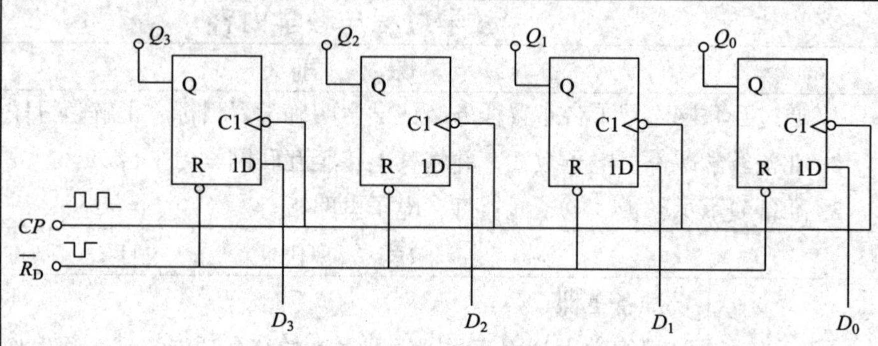

4 位数码寄存器的逻辑电路图

讲授：

该电路的工作原理如下：

（1）清零——首先让 $\overline{R}_D=0$，这时四个 D 触发器的输出端都为“0”，即 $Q_3Q_2Q_1Q_0=0000$；

（2）接收数码——当 CP 下降沿到来时，数码寄存器接收来自各触发器 D 端的信号，当 CP 下降沿消失后，刚才的四位数码就被存放在寄存器中了，即 $Q_3Q_2Q_1Q_0=D_3D_2D_1D_0$。

2. 移位寄存器

多媒体课件展示：

展示 4 位左移寄存器的逻辑电路图。

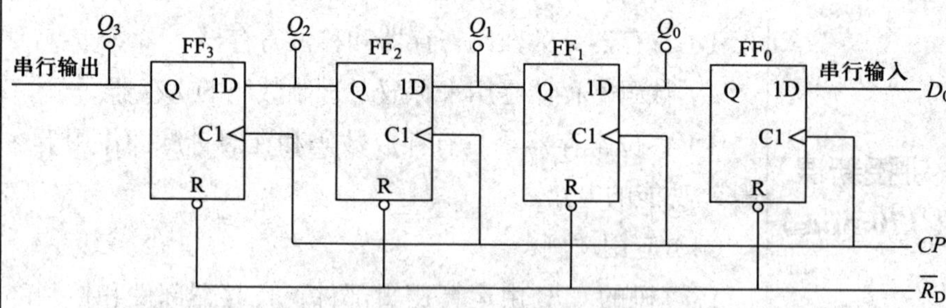

4 位左移寄存器的逻辑电路图

讲授：

1）定义

移位寄存器是具有存放数码和在时钟脉冲作用下逐位向左或向右移动功能的电路。

2）功能

移位寄存器不仅有存放数码的功能，同时还具有移位的功能。
</td>
</tr>
</table>

讲授新课（170 min）	3）分类 移位寄存器分为单向移位寄存器和双向移位寄存器。 **（1）单向移位寄存器** **多媒体课件展示：** 展示学生比较熟悉的使用计算器的例子，说明在数字系统中，由于运算的需要，常常要求设备能实现移位功能。 **讲授：** 1）定义 单向移位寄存器是在移位脉冲的作用下，所存数码只能向某一方向（左或右）移动的寄存器。 2）单向移位寄存器的移位过程 ①以左移寄存器为例，其右边的第一位为最低位，左边的第一位则为最高位，低一位的 Q 端与高一位的 D 端相连，数据由最低位的右边输入，由最高位的左边输出。 ②假设左移输入的串行数码为 1011，首先各个触发器清零，即让 $\overline{R}_D=0$，再输入数码 1011。当第一个 CP 上升沿到来时，寄存器的输出状态为 $Q_3Q_2Q_1Q_0=0001$；当第二个 CP 上升沿到来时，寄存器的输出状态为 $Q_3Q_2Q_1Q_0=0010$；当第三个 CP 上升沿到来时，寄存器的输出状态为 $Q_3Q_2Q_1Q_0=0101$；当第四个 CP 上升沿到来时，寄存器的输出状态为 $Q_3Q_2Q_1Q_0=1011$。 ③若在各个触发器输出端同时输出信号（并行输出），则输出数码为 1011。若连续再来 4 个 CP 上升沿，则可从 Q_3 端串行输出 4 位数码 1011。 3）右移寄存器与左移寄存器相似，它的左边第一位为最低位，右边第一位为最高位，低一位的 Q 端与高一位的 D 端相连，数据由最低位的左边输入，依次由最高位的右边输出。 **（2）双向移位寄存器** **提出问题：** “移位寄存器和数码寄存器有什么区别？” **实物展示：** 展示集成双向移位寄存器 74LS194 实物。 **提示：** 1）向学生说明双向移位寄存器同时具有左移与右移功能，74LS194 还是具有串行和并行输入、串行和并行输出的四位双向中规模集成移位寄存器。 2）引导学生了解 74LS194 各个引脚的功能及其排列方式。

讲授新课 （170 min）	**二、计数器** **多媒体课件展示：** 展示计数器在生产、生活中的应用实例，比如交通客运站客流量的统计仪器、电子钟表、倒计时器、点钞机等学生比较熟悉的例子，由此导入对计数器的讲解。这可以使学生对计数器的应用有一个初步的认识，让学生产生好奇心理，激发学生的学习兴趣。 **1. 计数器的分类** **讲授：** 计数器的种类繁多，可按不同的分类标准对其进行分类： （1）按照进位数制的不同，计数器可分为二进制计数器、十进制计数器和 *N* 进制计数器； （2）按照计数过程中计数变化的趋势是增加还是减少，计数器可分为加法计数器、减法计数器和可逆计数器（可逆计数器既可做加法计数，又可做减法计数）； （3）按照时钟脉冲引入的方式（或者计数器中各触发器翻转的次序），计数器可分为异步计数器和同步计数器。 **复习提问：** （1）“8 位二进制数码需用几个触发器来存放？” （2）“JK 触发器的逻辑功能是什么？” （3）“T 触发器的逻辑功能是什么？” （4）“JK、T 触发器的逻辑符号是什么样的？” **讲授：** 同步计数器与异步计数器的区别。 **2. 异步计数器** **（1）异步二进制计数器** **多媒体课件展示：** 展示异步 3 位二进制加法计数器的逻辑电路图。 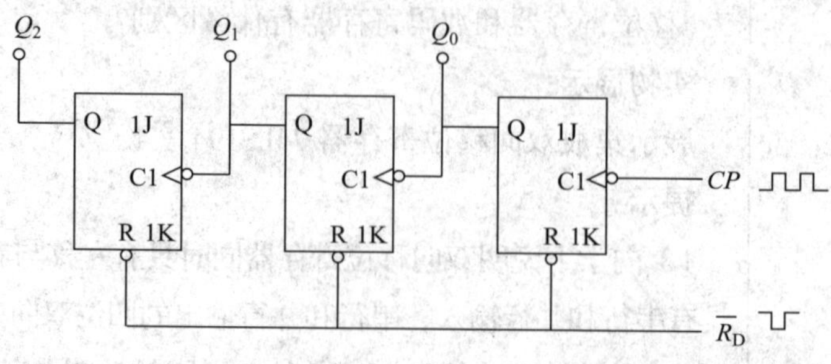 异步 3 位二进制加法计数器的逻辑电路图

讲授：

异步 3 位二进制加法计数器各触发器的 J、K 端均悬空，则各触发器处于“计数”状态。计数器脉冲 CP 从最低位的触发器输入，低位触发器的输出端 Q 连接到高一位触发器的 C 端，计数脉冲不断地输入，各触发器按先后顺序翻转。

多媒体课件展示：

展示异步 3 位二进制减法计数器的逻辑电路图。

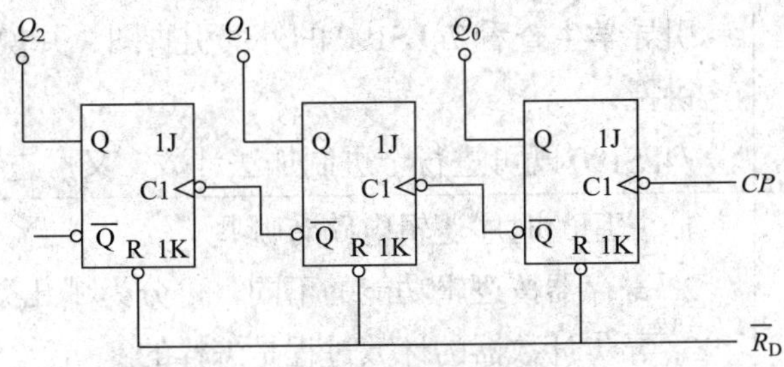

异步 3 位二进制减法计数器逻辑电路图

讲授：

如果将异步 3 位二进制加法计数器逻辑电路图中的低位触发器的 $\overline{Q}$ 端接至高位触发器的时钟脉冲端，就得到异步 3 位二进制减法计数器。

讲授新课（170 min）

（2）异步十进制加法计数器

复习提问：

“8421BCD 码具有什么特点？”

提示：

1）引导学生回忆如何用四位二进制数码表示一位十进制数，以及四位二进制数码中哪些数码是无效的数码。

2）可举例说明在日常生活、工作中人们更习惯于使用十进制来计数。

多媒体课件展示：

展示异步十进制加法计数器的逻辑电路图。

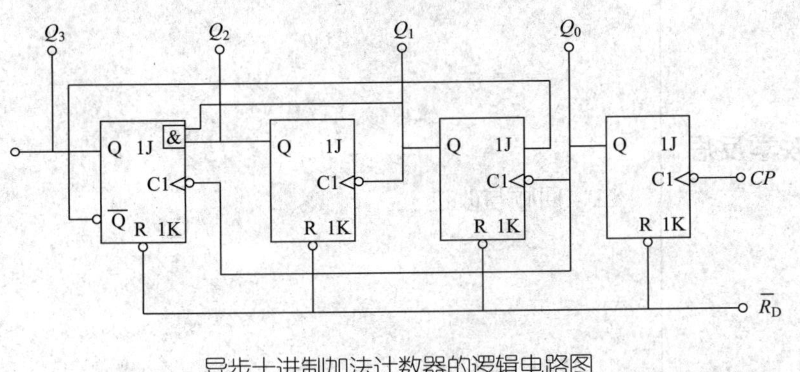

异步十进制加法计数器的逻辑电路图

<table>
<tr><td>讲授新课
（170 min）</td><td>讲授：
利用集成计数器可以构成其他任意进制的计数器，例如二十四进制、十二进制、六十进制等的电子钟和电子表，也可以构成一百进制计数器等。
实物展示：
展示集成十进制可逆计数器 74LS190 实物。
提示：
引导学生查看 74LS190 的外部引脚图，并说明每个引脚的功能。
讲授：
74LS190 既可进行十进制加法计数，又可进行十进制减法计数。</td></tr>
<tr><td>归纳总结
（4 min）</td><td>1. 常用的时序逻辑电路有哪些？
2. 寄存器按逻辑功能的不同，可分为哪几类？
3. 异步计数器的计数过程是怎样的？</td></tr>
<tr><td>布置作业
（1 min）</td><td>1. 作业：习题册 §7–2。
2. 拓展任务：查阅资料，了解 74LS90、74LS290、74LS160、74LS162 和 74LS168 的逻辑功能。</td></tr>
<tr><td colspan="2">课　　后</td></tr>
<tr><td>学业评价</td><td>学业评价包括过程性评价和期末考试评价。过程性评价主要包括课前测试、课前讨论、资源学习、课堂签到、课堂活动、课堂考核、课后测试、课后拓展等要素。
课前测试、课后测试、课堂签到、课堂活动参与情况等由互联网学习平台自动记录并打分，课堂考核由学生和教师共同评价，课后拓展主要由教师评价。学业评价贯穿整个学习过程，多方面考核学生的学习效果，有助于全面培养学生的综合职业能力。</td></tr>
<tr><td>教学反思</td><td>一、教学效果及创新

二、回顾与改进</td></tr>
</table>

§7-3　555 定时器及其应用电路

<table>
<tr><th colspan="4">教 案 首 页</th></tr>
<tr><td>序号</td><td>40</td><td>授课地点</td><td></td></tr>
<tr><td>授课专业</td><td></td><td>授课班级</td><td></td></tr>
<tr><td>授课日期</td><td></td><td>授课时数</td><td>4</td></tr>
<tr><th colspan="4">教 学 思 路</th></tr>
<tr><td colspan="4">555 集成定时器是一种将模拟电路和数字电路相结合的中规模集成电路，因其内部有 3 个阻值均为 5 kΩ 的电阻串接成分压器，又因其常在波形产生与变换等应用电路中起定时作用，故称为 555 定时器，或称为 555 时基电路。555 定时器通常只需外接几个阻容元件，就可方便地构成多谐波振荡器、单稳态触发器、施密特触发器等多种脉冲电路。本节课主要介绍 555 定时器及由 555 定时电路构成的单稳态触发器、多谐波振荡器、施密特触发器，应要求学生重点掌握它们的外部接线方法和典型应用。</td></tr>
<tr><th colspan="4">教 学 目 标</th></tr>
<tr><td>知识目标</td><td colspan="3">1. 熟悉 555 定时器电路的逻辑功能。
2. 了解多谐波振荡器、单稳态触发器、施密特触发器的工作过程。</td></tr>
<tr><td>技能目标</td><td colspan="3">1. 会用 555 定时器构成多谐波振荡器、单稳态触发器和施密特触发器。
2. 会计算多谐波振荡器的振荡频率及单稳态触发器的输出脉冲宽度。
3. 通过小组任务，增强合作意识，提高社交能力。
4. 提高分析、概括、分类等逻辑思维能力。</td></tr>
<tr><td>情感目标</td><td colspan="3">1. 通过参与课堂活动，培养学习兴趣。
2. 通过体验积分奖励等环节，建立和增强学习的自信心。
3. 培养乐于探究的精神。</td></tr>
</table>

<table>
<tr><td colspan="2">教学重、难点</td></tr>
<tr><td>教学重点</td><td>1. 555 定时器各引脚的功能。
2. 555 定时器的逻辑功能。
3. 多谐波振荡器的振荡频率及单稳态触发器的输出脉冲宽度的计算方法。</td></tr>
<tr><td>教学难点</td><td>1. 555 定时器的逻辑功能。
2. 多谐波振荡器、单稳态触发器和施密特触发器的工作过程。</td></tr>
<tr><td colspan="2">教 学 资 源</td></tr>
<tr><td>教学环境</td><td>多媒体教室。</td></tr>
<tr><td>教学设备</td><td>互联网学习平台、移动终端（手机）、演示示教板、黑板。</td></tr>
<tr><td>教学材料</td><td>视频资源、教学课件、电子元器件、电子电路板、彩色粉笔。</td></tr>
<tr><td colspan="2">教 学 方 法</td></tr>
<tr><td colspan="2">讲授法、讨论法、探究法、演示法。</td></tr>
<tr><td colspan="2">审 批 意 见</td></tr>
<tr><td colspan="2">

签字：
年　　月　　日</td></tr>
</table>

<table>
<tr><th colspan="2">教学过程与教学内容</th></tr>
<tr><th colspan="2">课　　前</th></tr>
<tr><td colspan="2">1. 通过互联网学习平台布置任务，让学生明确学习目标，了解学习任务。
2. 准备教学课件、电子教案，并将其上传至互联网学习平台。
3. 准备演示示教板、电子元器件、电子电路板等。</td></tr>
<tr><th colspan="2">课　　中</th></tr>
<tr><td>教学引入
（5 min）</td><td>准备上课：
组织学生利用互联网学习平台的点名功能签到，师生相互问好。
多媒体动画演示：
播放一个外卖员到客户家送餐的动画短片，当外卖员按下客户家的门铃时，门铃会发出‘叮咚’‘叮咚’的声音。
提出问题：
“门铃为什么会发出‘叮咚’‘叮咚’的声音？”
提示：
门铃电路里有一个关键性电路器件，即 555 定时器，可由此导入新课。
实物展示：
展示 555 定时器实物。
多媒体课件展示：
555 定时器也称 555 时基电路，它是一种将模拟电路与数字电路巧妙地组合在一起的中规模集成电路，电路功能灵活、适用范围广，只需外接几个阻容元件，就可以构成各种不同用途的脉冲电路，如多谐波振荡器、单稳态触发器、施密特触发器等，因而在定时、检测、控制、报警等方面都有广泛的应用。</td></tr>
<tr><td>讲授新课
（165 min）</td><td>一、555 定时器的电路结构
讲授：
555 定时器的电路结构包含以下几个部分：
1. 电阻分压器：电阻分压器为 3 个 5 kΩ 的电阻。
2. 电压比较器：电压比较器由 N1 和 N2 构成。
比较器 N1 的基准电压为 $U_{R1}=\frac{2}{3}V_{CC}$，比较器 N2 的基准电压为 $U_{R2}=\frac{1}{3}V_{CC}$。
3. 基本 RS 触发器：基本 RS 触发器由“与非”门 G1 和 G2 构成。
4. 放电晶体管 V。
5. 输出驱动反相器 G3。</td></tr>
</table>

<table>
<tr><td>讲授新课
（165 min）</td><td>

二、555 定时器的引脚和逻辑功能

1. 引脚功能

讲授：

555 定时器的引脚功能如下：

1——接地端。

2——低电平触发输入端。

3——输出端。

4——复位端。

5——电压控制端。

6——高电平触发输入端。

7——放电端。

8——电源端。

2. 逻辑功能

讲授：

$\overline{R}_D$ 为低电平时，输出 $u_o=0$，实现直接复位。

提示：

正常工作时，$\overline{R}_D$ 端必须为高电平。

讲授：

设 TH 和 $\overline{TR}$ 端的输入电压分别为 u_{i1} 和 u_{i2}。

（1）复位功能

当 $u_{i1}>U_{R1}$、$u_{i2}>U_{R2}$ 时，比较器 N1 和 N2 的输出 $u_{N1}=0$、$u_{N2}=1$，基本 RS 触发器被置 0，$Q=0$，$\overline{Q}=1$，输出 $u_o=0$，同时放电管 V 导通，实现复位功能。

（2）置位功能

当 $u_{i1}<U_{R1}$、$u_{i2}<U_{R2}$ 时，$u_{N1}=1$、$u_{N2}=0$，基本 RS 触发器被置 1，$Q=1$，$\overline{Q}=0$，输出 $u_o=1$，同时放电管 V 截止，实现置位功能。

当 $u_{i1}>U_{R1}$、$u_{i2}<U_{R2}$ 时，$u_{N1}=0$、$u_{N2}=0$，基本 RS 触发器输出不定，输出 $u_o=1$，同时放电管 V 截止，实现置位功能。

（3）保持功能

当 $u_{i1}<U_{R1}$、$u_{i2}>U_{R2}$ 时，$u_{N1}=1$、$u_{N2}=1$，基本 RS 触发器维持原状态不变，放电管和输出状态也保持不变，实现保持功能。

归纳总结：

（1）555 定时器可实现直接复位、复位、置位、保持 4 种功能。

（2）555 定时器有两个阈值电平，分别为 $\frac{1}{3}V_{CC}$ 和 $\frac{2}{3}V_{CC}$。

讲授：

（1）555 定时器的功能表如下表所示。

</td></tr>
</table>

输入			输出		功能
触发输入（u_{i2}）	阈值输入（u_{i1}）	复位（R_D）	输出（u_o）	放电管（V）	
×	×	0	0	导通	直接复位
$>\frac{1}{3}V_{CC}$	$>\frac{2}{3}V_{CC}$	1	0	导通	复位
$<\frac{1}{3}V_{CC}$	$>\frac{2}{3}V_{CC}$	1	1	截止	置位
$<\frac{1}{3}V_{CC}$	$<\frac{2}{3}V_{CC}$	1	1	截止	置位
$>\frac{1}{3}V_{CC}$	$<\frac{2}{3}V_{CC}$	1	不变	不变	保持

（2）555 定时器的引脚分布及一般画法如下图所示。

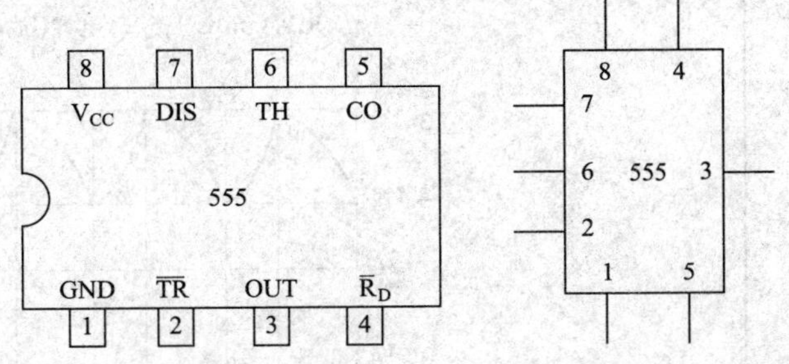

555 定时器的外部引脚　　555 定时器的一般画法

讲授新课（165 min）

三、555 定时器的典型应用

1. 多谐波振荡器

讲授：

多谐波振荡器是一种常用的脉冲波形发生器，在接通电源后，它不需外加信号就能产生一定频率和幅度的矩形波。因该矩形波中含有多谐波成分，故称为多谐波振荡器。

（1）电路组成

讲授：

由 555 定时器构成的多谐波振荡器的电路图如下图所示。

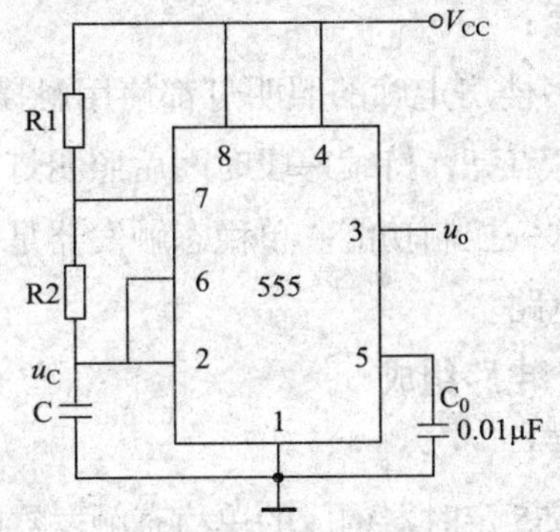

由 555 定时器构成的多谐波振荡器电路图

讲授新课 （165 min）	其中，R1、R2 和 C 为外接定时元件，两个触发端连接在一起，取电容 C 两端电压作为触发信号，0.01 μF 电容为旁路电容，防止干扰信号。 **（2）工作过程** **讲授：** 接通 V_{CC}，V_{CC} 通过 R1、R2 给 C 充电，u_C 按指数规律上升，当 $u_C=\frac{2}{3}V_{CC}$ 时，电路状态翻转，触发器被复位，输出低电平，电容通过内部放电管放电，u_C 随之下降；当 $u_C=\frac{1}{3}V_{CC}$ 时，触发器又实现置位。如此反复循环，在输出端就得到一个周期性的方波脉冲。 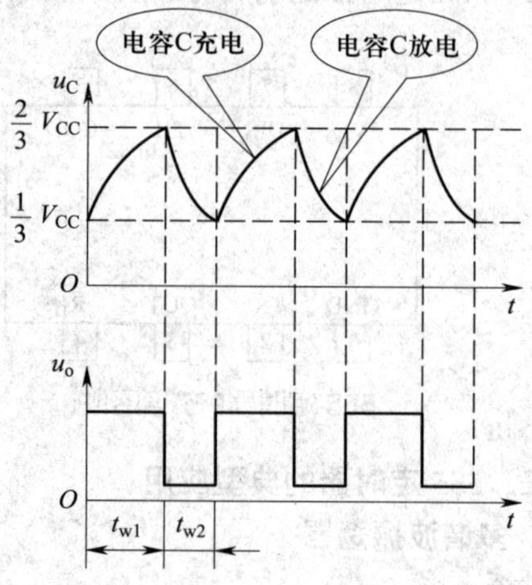 **（3）振荡周期及频率** **讲授：** 1）振荡周期为 $T=0.7(R_1+2R_2)C$。 2）振荡频率为 $f=\frac{1}{0.7(R_1+2R_2)C}$。 **2. 单稳态触发器** **讲授：** 许多楼房走廊的照明灯都使用触摸式延时开关，当用手触摸开关时，照明灯点亮，持续一段时间后照明灯自动熄灭，利用单稳态触发器可以实现这一控制功能。单稳态触发器是指有一个稳态和一个暂稳态的波形变换电路。 **（1）电路组成** **讲授：** 由 555 定时器构成的单稳态触发器电路图如下图所示。

讲授新课
（165 min）

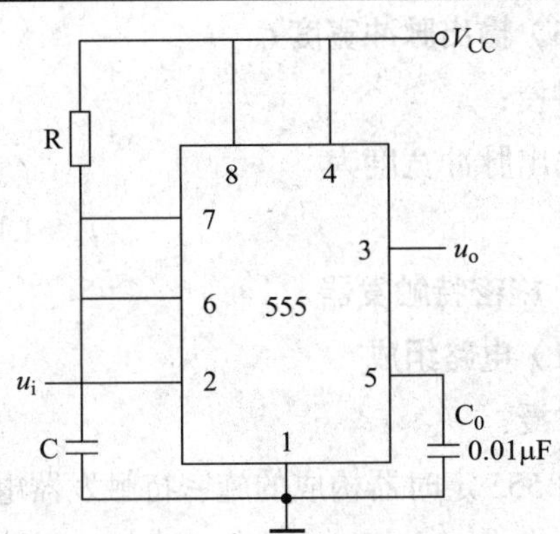

由 555 定时器构成的单稳态触发器电路图

其中，R、C 为定时元件，输入触发信号加在 $\overline{TR}$ 端（2 脚）。

（2）工作过程

讲授：

当无触发信号输入时，电路工作在稳态，u_i 保持高电平，输出 u_o 保持低电平。u_i 下降沿到来时，电路进入暂稳态，触发器发生翻转，输出 u_o 为高电平，放电管 V 截止，电路进入暂稳态。在暂稳态期间，555 定时器内放电管 V 截止，V_{CC} 经电阻 R 给电容 C 充电，电容 C 两端电压逐渐增大，当电容 C 两端电压上升至 $\frac{2}{3}V_{CC}$ 以前，电路将维持暂稳态不变。当电容电压上升到 $\frac{2}{3}V_{CC}$ 时，电路又发生翻转，自动返回到稳态。555 定时器内放电管 V 饱和导通，电容 C 放电。

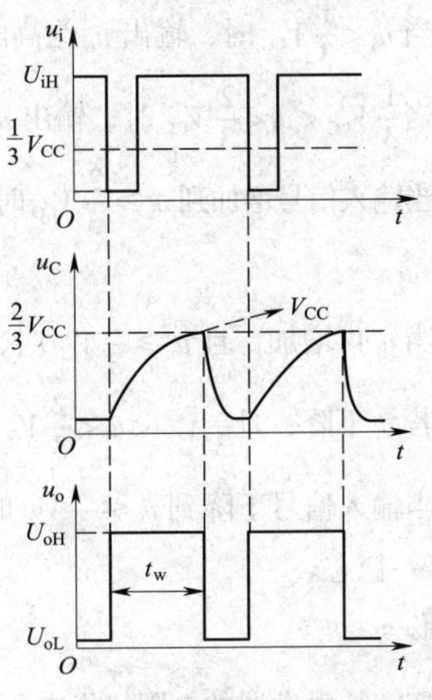

由 555 定时器构成的单稳态触发器波形图

<table>
<tr><td>讲授新课
（165 min）</td><td>

（3）输出脉冲宽度 t_w

讲授：

输出脉冲宽度为

$$t_w \approx 1.1RC$$

3. 施密特触发器

（1）电路组成

讲授：

由 555 定时器构成的施密特触发器电路图如下图所示。

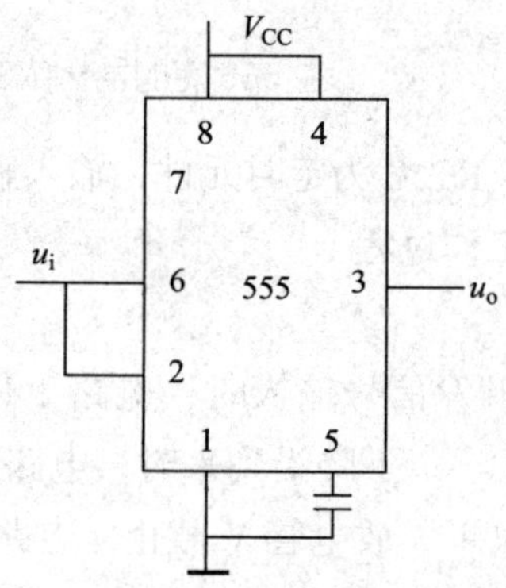

由 555 定时器构成的施密特触发器电路图

其中，555 定时器的 2 脚 $\overline{TR}$ 和 6 脚 TH 相连作为触发输入端。

（2）工作过程

讲授：

1）当 $u_i < \frac{1}{3}V_{CC}$ 时，输出 u_o 为高电平。

2）当$\frac{1}{3}V_{CC} < u_i < \frac{2}{3}V_{CC}$ 时，输出 u_o 为高电平。

3）当输入信号增加到 $u_i \geqslant \frac{2}{3}V_{CC}$ 时，输出 u_o 为低电平，电路处于第二稳态。

4）当 u_i 再增加，且 $u_i \geqslant \frac{2}{3}V_{CC}$ 时，电路维持第二稳态不变。

5）若 u_i 下降，且$\frac{1}{3}V_{CC} < u_i < \frac{2}{3}V_{CC}$，电路状态仍然维持第二稳态不变。

6）当输入信号下降到 $u_i \leqslant \frac{1}{3}V_{CC}$ 时，输出为高电平，电路由第二稳态返回第一稳态。

强调：

1）施密特触发器的上限触发电压为 $U_{T+} = \frac{2}{3}V_{CC}$。

</td></tr>
</table>

<table>
<tr><td>讲授新课
（165 min）</td><td>2）施密特触发器的下限触发电压为 $U_{T-}=\frac{1}{3}V_{CC}$。
3）施密特触发器的回差电压（滞回电压）为 $\Delta U_T=U_{T+}-U_{T-}=\frac{2}{3}V_{CC}-\frac{1}{3}V_{CC}=\frac{1}{3}V_{CC}$。
提示：
回差电压越大，施密特触发器的抗干扰能力越强。</td></tr>
<tr><td>归纳总结
（8 min）</td><td>1. 555 定时器电路的逻辑功能。
2. 单稳态触发器的工作过程及实际应用。
3. 多谐波振荡器的工作过程及实际应用。
4. 施密特触发器的工作过程及实际应用。</td></tr>
<tr><td>布置作业
（2 min）</td><td>1. 作业：习题册 §7–3。
2. 拓展任务：查阅资料，说一说 555 定时器在实际生活中有哪些应用。</td></tr>
<tr><td colspan="2">课　　后</td></tr>
<tr><td>学业评价</td><td>学业评价包括过程性评价和期末考试评价。过程性评价主要包括课前测试、课前讨论、资源学习、课堂签到、课堂活动、课堂考核、课后测试、课后拓展等要素。
课前测试、课后测试、课堂签到、课堂活动参与情况等由互联网学习平台自动记录并打分，课堂考核由学生和老师共同评价，课后拓展主要由教师评价。学业评价贯穿整个学习过程，多方面考核学生的学习效果，有助于全面培养学生的综合职业能力。</td></tr>
<tr><td>教学反思</td><td>一、教学效果及创新

二、回顾与改进</td></tr>
</table>

技能训练 12　叮咚门铃电路的安装与调试

<table>
<tr><th colspan="4">教 案 首 页</th></tr>
<tr><td>序号</td><td>41</td><td>授课地点</td><td></td></tr>
<tr><td>授课专业</td><td></td><td>授课班级</td><td></td></tr>
<tr><td>授课日期</td><td></td><td>授课时数</td><td>2</td></tr>
<tr><th colspan="4">教 学 思 路</th></tr>
<tr><td colspan="4">本实训选取叮咚门铃电路的安装与调试作为实训内容，属于 555 定时器应用电路的真实的、典型的工作任务。本实训是一个完整的工作过程，让学生在“做中学、学中做”的过程中，提升自身的综合职业能力。</td></tr>
<tr><th colspan="4">教 学 目 标</th></tr>
<tr><td>知识目标</td><td colspan="3">1. 了解 555 定时器的结构。
2. 理解 555 定时器各引脚的功能。</td></tr>
<tr><td>技能目标</td><td colspan="3">1. 能正确识读叮咚门铃电路工作原理图。
2. 能结合电路原理图和印制电路板，找到对应元器件的安装位置。
3. 能按要求和计划正确使用工具进行线路焊接和安装。
4. 能够根据测试结果判断电路是否存在故障，并顺利排除故障。
5. 能正确运用示波器和数字频率计观测输出信号的波形和频率，并正确记录测试结果，及时总结测试和安装技巧。</td></tr>
<tr><td>情感目标</td><td colspan="3">1. 通过积极主动地参与训练，培养学习专业技能的兴趣。
2. 培养合作意识和团队精神。
3. 能自觉遵守安全操作规程，通过 6S 现场管理培养良好的工作习惯和劳动光荣的职业素养。</td></tr>
</table>

<table>
<tr><td colspan="2">教学重、难点</td></tr>
<tr><td>教学重点</td><td>叮咚门铃电路的安装与焊接。</td></tr>
<tr><td>教学难点</td><td>叮咚门铃电路的调试。</td></tr>
<tr><td colspan="2">教 学 资 源</td></tr>
<tr><td>教学环境</td><td>电子实训室、开放式的校园网。</td></tr>
<tr><td>教学设备</td><td>一体机、互联网学习平台、移动终端（手机）。</td></tr>
<tr><td>教学材料</td><td>微课、教学课件、叮咚门铃电路原型板、叮咚门铃电路电子套件、数字式万用表、示波器、常用电子装配工具、工作页等。</td></tr>
<tr><td colspan="2">审 批 意 见</td></tr>
<tr><td colspan="2">签字：
年　　月　　日</td></tr>
</table>

<table>
<tr><th colspan="4">教学过程与教学内容</th></tr>
<tr><th colspan="4">课　前</th></tr>
<tr><th>教师活动</th><th>学生活动</th><th>教学手段</th><th>教学方法</th></tr>
<tr><td>1. 通过互联网社交软件群通知学生按时登录互联网学习平台学习，并及时沟通。
2. 在互联网学习平台上传相关的教学课件和微课等学习资料，提醒学生预习，同时上传555定时器及其应用电路的相关学习及复习资料。
3. 针对课程内容在互联网学习平台上发布测试题，对学生的学习结果进行检测。
4. 根据互联网学习平台统计的学生测试成绩将学生分组，实现学生间的优势互补，确定各小组名称。
5. 设计并打印工作页。工作页内容包括任务描述、工作要求、工作计划、元器件清单及检测记录表等。
6. 准备叮咚门铃电路原型板、叮咚门铃电路电子套件、常用电子装配工具、仪器仪表等。</td><td>1. 通过互联网社交软件群与教师及时沟通。
2. 自主查阅教师上传的学习资料并预习。
3. 自主查阅互联网学习平台上发布的测试题，完成测试。
4. 小组讨论，合理安排分工。
5. 准备好教材、笔记本、笔等学习用品。</td><td>互联网社交软件、手机、互联网学习平台、微课、工作页</td><td>自主学习法</td></tr>
</table>

<table>
<tr><th colspan="4">课　中</th></tr>
<tr><th>教师活动</th><th>学生活动</th><th>教学手段</th><th>教学方法</th></tr>
<tr><td>一、组织教学（5 min）
1. 按照课前分组安排学生就座。
2. 组织学生利用互联网学习平台的点名功能签到。
3. 师生相互问好。
4. 组织学生整理着装，并按照职业素养要求检查学生着装。</td><td>一、准备上课
1. 按照课前分组就座。
2. 使用手机登录互联网学习平台，在线签到。
3. 师生相互问好。
4. 整理着装。</td><td>互联网学习平台、手机</td><td></td></tr>
<tr><td>二、下发工作任务单及工作页（5 min）
1. 创设情境，导入新课。
多媒体课件展示：
叮咚门铃成本低、方便快捷、音色优美，利用555定时器组成的多谐波振荡器能模拟出叮咚声，用它制作门铃，简单容易、成本较低。
2. 详细描述工作任务及要求，下发工作任务单。
3. 引导学生小组讨论，明确工作内容、要求和工时等。
4. 发放工作页。</td><td>二、领取工作任务单及工作页
1. 倾听工作任务描述，领取工作任务单。
2. 小组讨论，明确工作内容、要求和工时等，并填写工作任务单。
3. 领取工作页。</td><td>工作任务单、一体机、教学课件、工作页</td><td>情境导入法、任务驱动法</td></tr>
</table>

教师活动	学生活动	教学手段	教学方法
三、指导制订工作计划（10 min） 1. 向学生提出制订工作计划的要求。 2. 引导学生小组讨论，制订工作计划。 3. 引导学生上台展示本组的工作计划，记录各小组的展示情况。 4. 点评各小组的工作计划并提出改进建议。 5. 引导学生填写工作页。	三、制订工作计划 1. 认真倾听并记录制订工作计划的要求。 2. 进行小组讨论，制订工作计划。 3. 各小组派代表展示、讲解本组的工作计划。 4. 根据教师的点评和改进建议优化本组的工作计划。 5. 填写工作页。	工作页、手机、互联网学习平台	任务驱动法、讲授法、展示法、小组合作法、头脑风暴法
四、准备元器件（10 min） **1. 清点元器件** （1）和物料管理员（由学生扮演）一起给各小组学生发放常用电子装配工具、数字式万用表、示波器、电子套件及物料。 （2）引导学生清点元器件，填写工作页。 （3）引导学生分类摆放元器件。 **2. 认识元器件** （1）555定时器：NE555。 （2）碳膜电阻器：R1 ~ R4。 （3）电解电容器：C1。 （4）瓷片电容器：C2、C3。	四、认识元器件 1. 在教师的引导下，认真阅读教材内容，填写工作页中的清单。 2. 各小组组长核查清单并签字。 3. 各小组物料管理员根据工作页中的清单，到物料间领取常用电子装配工具、数字式万用表、示波器、电子套件及物料。 4. 采用角色互换的方式，轮流对照清单清点元器件，填写工作页。	工作页	角色扮演法、演示法

教师活动	学生活动	教学手段	教学方法
（5）二极管：V1、V2。 （6）扬声器：B。 **3. 检测元器件参数** 指导学生检测电路的电子元器件。	5. 分类摆放元器件。 6. 观看教师的示范操作。 7. 轮流使用万用表对电子元器件进行识别和完好性检测。	工作页	角色扮演法、演示法
五、介绍电路原理，展示信息资料（10 min） 1. 引导学生阅读教材相关内容及电路原理图。 2. 复习555定时器的结构及功能。 3. 复习555定时器构成的多谐波振荡电路。 4. 认识电路原理图 （1）通过教学课件展示电路原理图，引导学生讨论电路的工作原理。 （2）引导各小组推选一名代表上台分析电路的工作原理。 5. 记录学生的回答要点，对学生的回答情况进行点评。 6. 引导学生利用专业网站查询555定时器的相关资料。	**五、分析电路原理，查阅信息资料** 1. 使用手机在互联网学习平台上查阅、学习教师上传的学习资源。 2. 进行回顾复习。 3. 展开小组讨论。 4. 各小组推选代表上台讲解电路的工作原理。 5. 倾听教师总结。 6. 利用专业网站查询555定时器的相关资料，记录查询结果。	一体机、教学课件、教学资源库、手机	任务驱动法、头脑风暴法

教师活动	学生活动	教学手段	教学方法
六、指导安装与焊接电路（20 min） 1. 讲授安全操作规程和6S现场管理要求。 2. 讲解电子元器件安装与焊接工艺要求。 3. 示范电子元器件的安装与焊接操作。 4. 巡回指导，针对学生在电路安装与焊接过程中遇到的问题进行针对性答疑。 5. 观察学生焊接过程中存在的共性问题，集中讲解，引导学生按照电子技术规范及焊接工艺要求完成电路焊接。	六、安装与焊接电路 1. 倾听并记录安全操作规程和6S现场管理要求。 2. 观看教师的示范操作，明确电子元器件安装技术规范与焊接工艺要求。 3. 采用角色互换的方式，轮流进行电路安装与焊接。 4. 在教师的指导下及时改正不规范的焊接操作。	工作页	角色扮演法、演示法
七、指导调试电路（15 min） 1. 引导学生认真阅读电路图。 2. 引导学生使用目视检测法轮流对电路板的外观进行检查。 3. 对各小组电路板进行检查，确认无误后，在各小组工作页上签字确认。 4. 利用叮咚门铃电路原型板示范电路的调试及测量方法，讲授操作规范和用电安全。	七、调试电路 1. 在教师的引导下，认真阅读电路图。 2. 使用目视检测法，轮流对电路板的外观进行检查。 3. 观看教师示范调试过程，倾听教师对操作规范和用电安全的讲解。	一体机、互联网学习平台	演示法、任务驱动法、讲授法、讨论法

教师活动	学生活动	教学手段	教学方法
5. 巡回指导，针对学生在电路调试过程中遇到的问题进行针对性指导和答疑。 6. 针对调试过程中的故障，引导学生分组讨论、尝试排查。	4. 电路板经检查合格后，在教师的指导下，采用角色互换的方式，轮流接通4.5 V的直流稳压电源，根据调试步骤进行电路调试，记录测量结果和数据，填写工作页。 5. 对于调试过程中出现的故障，向教师请教或小组讨论分析来查找原因并将其排除，把处理结果填写在工作页相应表格内。	一体机、互联网学习平台	演示法、任务驱动法、讲授法、讨论法
八、清理现场（5 min） 1. 组织各小组物料管理员在物料间收取并复核工具、仪器仪表及物料。 2. 按照6S现场管理要求督促学生清扫、整理工作现场。	**八、清理现场** 1. 按清单返还工具、仪器仪表及物料。 2. 按照6S现场管理要求清扫、整理工作现场。		
九、实训测评（10 min） 1. 引导学生结合实训过程中的成功经验和遇到的问题进行总结。 2. 带领学生回顾本节课的训练目标，总结各小组表现，表扬优点、指出不足，并进行点评，提出改进意见。	**九、自评和互评** 1. 各小组代表上台分享本次实训过程中的心得体会。 2. 倾听教师点评。	一体机、互联网学习平台、手机	演示法、评价法、讲授法

<table>
<tr><th>教师活动</th><th>学生活动</th><th>教学手段</th><th>教学方法</th></tr>
<tr><td>3. 根据学业评价标准，在互联网学习平台上指导小组完成自评和互评，并进行教师评价。</td><td>3. 根据学业评价标准，在互联网学习平台上完成小组自评和互评。</td><td>一体机、互联网学习平台、手机</td><td>演示法、评价法、讲授法</td></tr>
<tr><td colspan="4">课　后</td></tr>
<tr><td>学业评价</td><td colspan="3">1. 采用过程性评价与终结性评价相结合的评价方式。
2. 采用小组自评、互评和教师评价相结合的多元化评价方式。
3. 学业评价贯穿整个技能训练过程，多方面考核学生的学习效果，有助于全面培养学生的综合职业能力。</td></tr>
<tr><td>教学反思</td><td colspan="3">一、教学效果及创新

二、回顾与改进</td></tr>
</table>

§7-4　数/模与模/数转换器

<table>
<tr><td colspan="4">教 案 首 页</td></tr>
<tr><td>序号</td><td>42</td><td>授课地点</td><td></td></tr>
<tr><td>授课专业</td><td></td><td>授课班级</td><td></td></tr>
<tr><td>授课日期</td><td></td><td>授课时数</td><td>2</td></tr>
<tr><td colspan="4">教 学 思 路</td></tr>
<tr><td colspan="4">在工农业生产和生活中，物理量经传感器转换成电压或电流模拟信号，然后转换成数字信号，即可通过数字系统进行处理。将模拟信号转换成数字信号的电路称为模/数转换器，简称为 ADC。经数字系统处理后的数字信号有时还需要再转换成相应的模拟信号作为最后的输出。将数字信号转换成模拟信号的电路称为数/模转换器，简称 DAC。
本节课主要介绍中规模集成芯片 DAC0832 和 ADC0809 的外部引脚功能。</td></tr>
<tr><td colspan="4">教 学 目 标</td></tr>
<tr><td>知识目标</td><td colspan="3">1. 了解数/模与模/数转换的概念及其应用。
2. 了解模/数转换器的结构及各信号的互换过程。
3. 掌握集成芯片 DAC0832 的引脚排列及功能。
4. 掌握集成芯片 ADC0809 的引脚排列及功能。</td></tr>
<tr><td>技能目标</td><td colspan="3">1. 会识别集成芯片 DAC0832 和 ADC0809 的引脚排列及功能，并会接线。
2. 通过小组任务，增强合作意识，提高社交能力。
3. 提高分析、概括、分类等逻辑思维能力。</td></tr>
<tr><td>情感目标</td><td colspan="3">1. 通过参与课堂活动，培养学习兴趣。
2. 通过体验积分奖励等环节，建立和增强学习的自信心。
3. 培养乐于探究的精神。</td></tr>
</table>

<table>
<tr><th colspan="2">教学重、难点</th></tr>
<tr><td>教学重点</td><td>1. 数 / 模转换器和模 / 数转换器的组成及作用。
2. 集成芯片 DAC0832 的引脚排列及功能。
3. 集成芯片 ADC0809 的引脚排列及功能。</td></tr>
<tr><td>教学难点</td><td>数 / 模与模 / 数转换器的应用。</td></tr>
<tr><th colspan="2">教 学 资 源</th></tr>
<tr><td>教学环境</td><td>多媒体教室。</td></tr>
<tr><td>教学设备</td><td>互联网学习平台、移动终端（手机）、演示示教板、黑板。</td></tr>
<tr><td>教学材料</td><td>视频资源、教学课件、集成芯片 DAC0832 和 ADC0809、彩色粉笔。</td></tr>
<tr><th colspan="2">教 学 方 法</th></tr>
<tr><td colspan="2">讲授法、讨论法、探究法、演示法。</td></tr>
<tr><th colspan="2">审 批 意 见</th></tr>
<tr><td colspan="2">签字：
年　　月　　日</td></tr>
</table>

<table>
<tr><th colspan="2">教学过程与教学内容</th></tr>
<tr><th colspan="2">课　　前</th></tr>
<tr><td colspan="2">1. 通过互联网学习平台布置任务，让学生明确学习目标，了解学习任务。
2. 准备教学课件、电子教案，并将其上传至互联网学习平台。
3. 准备演示示教板、电子元器件、电子电路板等。</td></tr>
<tr><th colspan="2">课　　中</th></tr>
<tr><td>教学引入
（5 min）</td><td>准备上课：
组织学生利用互联网学习平台的点名功能签到，师生相互问好。
多媒体课件展示：
用多媒体课件展示生活中常用的数字摄影机、数字照相机、手机、计算机、电视机等，引导学生了解几乎所有的电子设备都已经实现了数字化。并列举一些生活中的非电模拟量实例，如耳朵能听到的声音、手能感知的温度、眼能看到的图像等，引导学生理解要让计算机“认识”和处理这些信号，就必须要将这些模拟量经传感器转换成模拟信号，然后转换成相应的数字信号。有时在对数字信号进行处理后，还需将其再转换成模拟信号，去控制执行机构调节被控对象。模 / 数转换器和数 / 模转换器正是架在模拟信号和数字信号之间的“桥梁”，可由此导入对本节课的教学。
下图所示的方框图为典型数字控制系统框图，它体现了 ADC 和 DAC 在数字系统中的重要性。
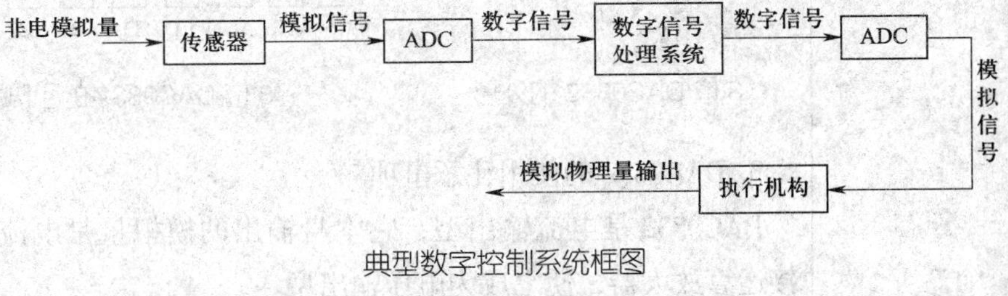
典型数字控制系统框图</td></tr>
<tr><td>讲授新课
（80 min）</td><td>一、数 / 模转换器（DAC）
提示：
1. 可在黑板上画出数 / 模转换器的示意图，如下图所示，并向学生指出输入为数字量，经 DAC 转换后输出为模拟量，且输出的模拟量 u_o 正比于输入的数字量 D。</td></tr>
</table>

讲授新课（80 min）	见下文

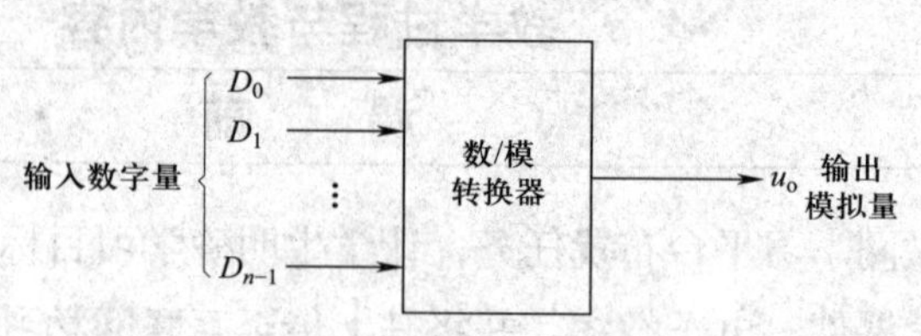

数 / 模转换器示意图

2. 也可用多媒体课件展示 DAC 的组成框图，如下图所示。

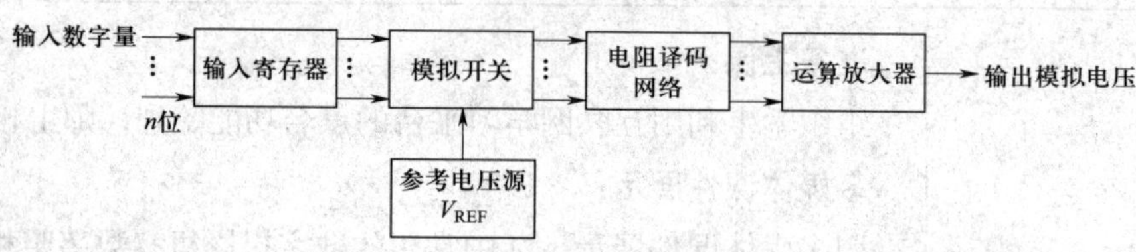

n 位 DAC 的组成框图

讲授：

1. DAC 由参考电压源、输入寄存器、模拟开关、电阻译码网络以及运算放大器组成。

2. 8 位 DAC0832 的外形和引脚排列图如下图所示。

8 位 DAC0832 的外形

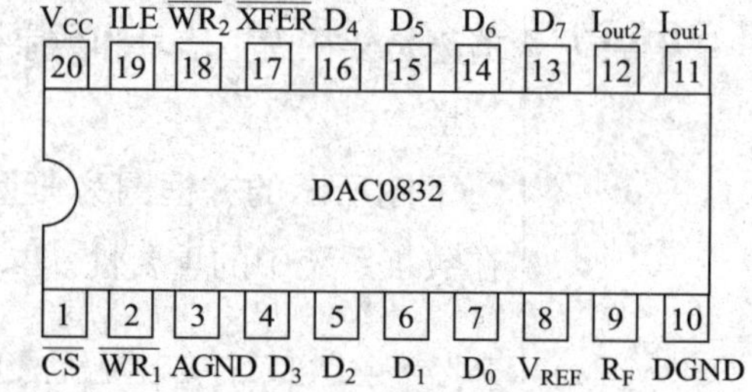

8 位 DAC0832 的引脚排列

3. DAC0832 的使用注意事项

DAC0832 是电流输出型，它本身输出的模拟量是电流，使用时需外接运算放大器，使之成为电压输出型。

二、模 / 数转换器（ADC）

提示：

（1）可在黑板上画出模 / 数转换器的示意图，如下图所示，并向学生指出输入为模拟量，经 ADC 转换后输出为数字量，且输出的数字量 D 正比于输入的模拟量 u_i。

讲授新课 （80 min）	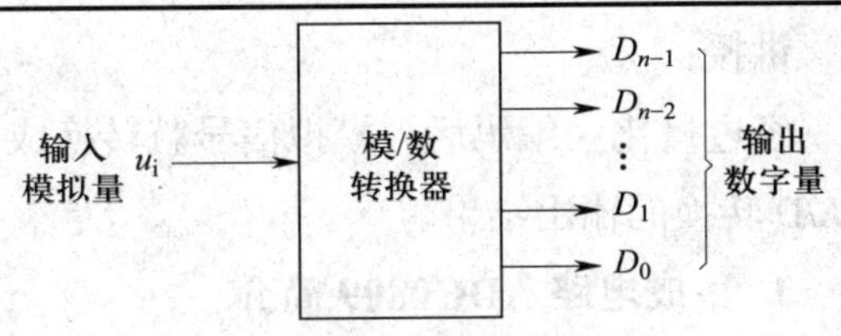 模 / 数转换器示意图 （2）也可用多媒体课件展示 A/D 转换的过程图，如下图所示。 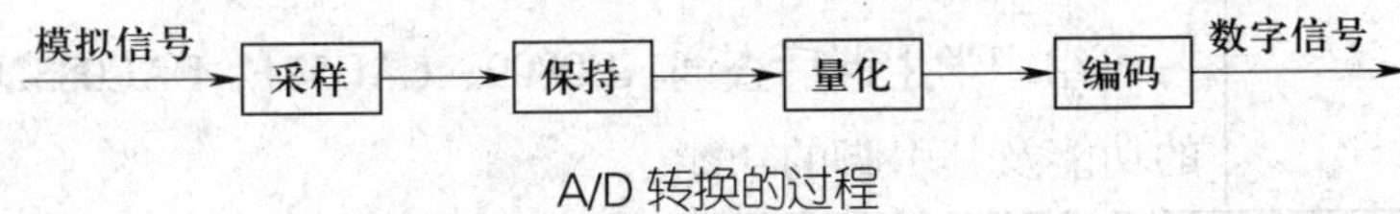 A/D 转换的过程 **讲授：** 模 / 数转换器的转换过程： ADC 根据模拟信号在时间上连续而数字信号离散的特点进行 A/D 转换。A/D 转换只能在一系列选定的瞬间对输入的模拟信号取样，然后再把这些取样值转换成用二进制代码表示的数字量输出，所以 ADC 通常要经过采样、保持、量化和编码四个步骤才能完成 A/D 转换。完成四个步骤的电路分为采样 – 保持电路和量化 – 编码电路两部分。 **提示：** 可向学生说明各组成电路设置的必要性及其作用。 **1. 采样 – 保持电路** **多媒体课件展示：** （1）展示采样 – 保持电路及其波形图。 （2）一个在时间上连续变化的模拟信号通过采样电路，就会被转换为一个随时间断续变化的脉冲信号，经过量化与编码的过程，信号就会转换为相应的数字量。 **提示：** 通常采样与保持是由同一电路一次完成的，所以该电路统称为采样 – 保持电路。 **2. 量化 – 编码电路** **强调：** （1）量化 把采样 – 保持后的阶梯信号按指定要求划分成某个最小量化单位的整数倍的过程被称为量化。 （2）编码 把量化后的结果用代码表示出来，称为编码。

<table>
<tr><td>讲授新课
（80 min）</td><td>讲授：
经过量化－编码后，模拟信号就转换成一系列的代码，这些代码就是 A/D 转换的输出结果。
3. 集成电路 ADC0809 简介
多媒体课件展示：
展示 8 位 ADC0809 的外部引脚功能图，并介绍各引脚的功能。
提示：
可组织学生课后查询 AD0809、CAD571、DAC0832LCN 和 DAC0800LCN 的功能及其引脚的功能。</td></tr>
<tr><td>归纳总结
（4 min）</td><td>1. 数 / 模与模 / 数转换的概念。
2. 数 / 模与模 / 数转换的应用。</td></tr>
<tr><td>布置作业
（1 min）</td><td>作业：习题册 §7–4。</td></tr>
<tr><td colspan="2" align="center">课　　后</td></tr>
<tr><td>学业评价</td><td>学业评价包括过程性评价和期末考试评价。过程性评价主要包括课前测试、课前讨论、资源学习、课堂签到、课堂活动、课堂考核、课后测试、课后拓展等要素。
课前测试、课后测试、课堂签到、课堂活动参与情况等由互联网学习平台自动记录并打分，课堂考核由学生和教师共同评价，课后拓展主要由教师评价。学业评价贯穿整个学习过程，多方面考核学生的学习效果，有助于全面培养学生的综合职业能力。</td></tr>
<tr><td>教学反思</td><td>一、教学效果及创新

二、回顾与改进</td></tr>
</table>

第八章
晶闸管及其应用电路

本章主要介绍晶闸管及其应用电路。本章主要内容及其相互关系如下图所示。

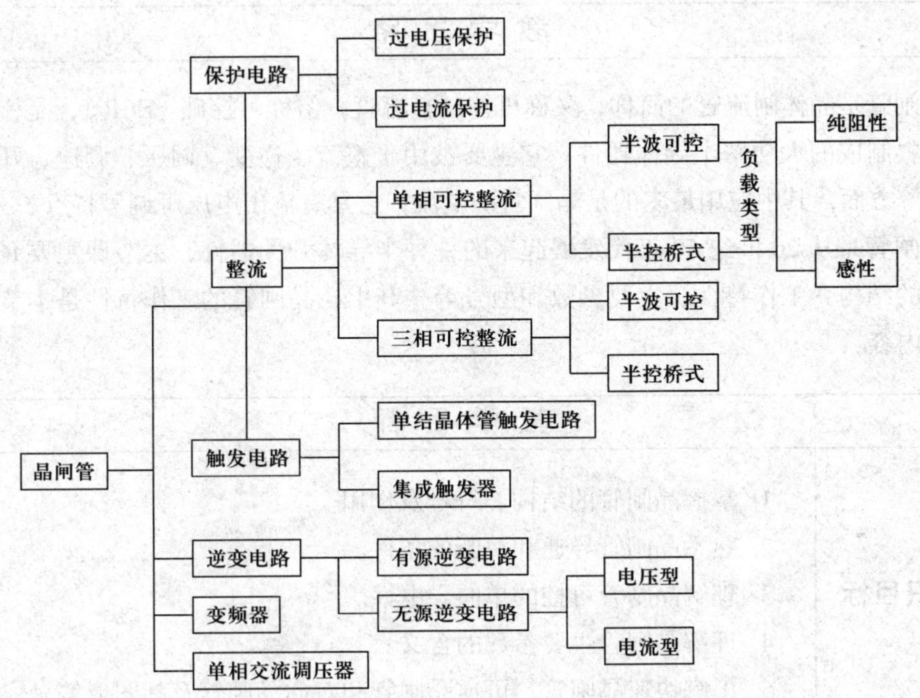

§8-1 晶闸管

<table>
<tr><th colspan="4">教 案 首 页</th></tr>
<tr><td>序号</td><td>43</td><td>授课地点</td><td></td></tr>
<tr><td>授课专业</td><td></td><td>授课班级</td><td></td></tr>
<tr><td>授课日期</td><td></td><td>授课时数</td><td>4</td></tr>
<tr><td colspan="4">教 学 思 路</td></tr>
<tr><td colspan="4">晶闸管是晶体闸流管的简称，又称可控硅整流管，俗称可控硅（SCR），是一种用硅材料制成的大功率半导体器件，它主要被用于整流、逆变、调压、调速、开关和变频等方面，其中应用最多的是晶闸管的整流，它具有输出电压可调等特点。
晶闸管是从 20 世纪 50 年代发展起来的一种半导体开关器件，本节课主要介绍晶闸管的结构、工作特性、主要参数和型号等，其中，晶闸管的工作特性是本节课的重点内容。</td></tr>
<tr><td colspan="4">教 学 目 标</td></tr>
<tr><td>知识目标</td><td colspan="3">1. 掌握晶闸管的结构、符号及作用。
2. 熟悉晶闸管导通和关断的条件。
3. 理解晶闸管可控的单向导电性。
4. 理解晶闸管主要参数的含义。
5. 了解快速晶闸管、可逆晶闸管和双向晶闸管及其图形符号。</td></tr>
<tr><td>技能目标</td><td colspan="3">1. 会画晶闸管的符号，会识别晶闸管的引脚极性及晶闸管的型号。
2. 能根据晶闸管的外部工作电压判断出晶闸管的导通与关断状态。
3. 熟悉晶闸管的主要参数。
4. 通过小组任务，增强合作意识，提高社交能力。
5. 提高分析、概括、分类等逻辑思维能力。</td></tr>
<tr><td>情感目标</td><td colspan="3">1. 通过参与课堂活动，培养学习兴趣。
2. 通过体验积分奖励等环节，建立和增强学习的自信心。
3. 培养乐于探究的精神。</td></tr>
</table>

<table>
<tr><th colspan="2">教学重、难点</th></tr>
<tr><td>教学重点</td><td>1. 晶闸管的结构、符号。
2. 晶闸管可控的单向导电性。
3. 晶闸管导通与关断的条件。
4. 晶闸管的主要参数。</td></tr>
<tr><td>教学难点</td><td>1. 晶闸管可控的单向导电性。
2. 晶闸管导通与关断的条件。</td></tr>
<tr><th colspan="2">教 学 资 源</th></tr>
<tr><td>教学环境</td><td>多媒体教室。</td></tr>
<tr><td>教学设备</td><td>互联网学习平台、移动终端（手机）、演示示教板、黑板。</td></tr>
<tr><td>教学材料</td><td>视频资源、教学课件、电子元器件、电子电路板、彩色粉笔。</td></tr>
<tr><th colspan="2">教 学 方 法</th></tr>
<tr><td colspan="2">讲授法、演示法、讨论法、探究法。</td></tr>
<tr><th colspan="2">审 批 意 见</th></tr>
<tr><td colspan="2">签字：
年 月 日</td></tr>
</table>

<table>
<tr><th colspan="2">教学过程与教学内容</th></tr>
<tr><th colspan="2">课　前</th></tr>
<tr><td colspan="2">1. 通过互联网学习平台布置任务，让学生明确学习目标，了解学习任务。
2. 准备教学课件、电子教案，并将其上传至互联网学习平台。
3. 准备演示示教板、电子元器件、电子电路板等。</td></tr>
<tr><th colspan="2">课　中</th></tr>
<tr><td>教学引入
（10 min）</td><td>准备上课：
组织学生利用互联网学习平台的点名功能签到，师生相互问好。
复习提问：
（1）“常用的半导体材料有哪些？”
（2）“PN 结具有什么特性？”
（3）“二极管的结构、符号、伏安特性是什么？”
多媒体课件展示：
借助多媒体课件展示与生活息息相关的电子设备，如调光灯、电动车及动车组等。在这些电子设备的电源部分都用到了电力电子技术。应用于电力电子技术的主要器件被称为电力电子器件，利用电力电子器件可对电能进行变换和控制。教师可通过列举电力电子器件在工业现场、交通运输、电力系统、日常生活等各方面的广泛应用，来开阔学生的视野，增长学生的见识，激发学生的学习兴趣，引领学生步入学习本章的情境之中。
在能实现电能变换和控制的电力电子器件中，最具代表性的、最普遍的就是晶闸管，可由此导入对本节课的讲解。</td></tr>
<tr><td>讲授新课
（160 min）</td><td>一、晶闸管的结构、符号
实物展示：
展示各种封装形式的晶闸管实物，指导学生认识各类晶闸管及其引脚的对应极性。
讲授：
1. 晶闸管外部有三个电极，内部有 P、N、P、N 四层半导体，三个 PN 结。
2. 晶闸管内部最外层的 P 层和 N 层分别引出阳极 A 和阴极 K，中间的 P 层引出门极（或称控制极）G。
提示：
晶闸管的符号与二极管的符号相似，但晶闸管多了一个门极。</td></tr>
</table>

<table>
<tr>
<td>讲授新课
（160 min）</td>
<td>
提出问题：
“二极管有一个 PN 结，它具有单向导电性；三极管有两个 PN 结，它具有电流放大作用；晶闸管有三个 PN 结，那么它具有什么工作特性？”
二、晶闸管的工作特性
讲授：
1. 晶闸管导通的条件
（1）阳极与阴极间加正向电压。
（2）门极与阴极间加正向电压，即触发电压。
（必须同时满足以上两个条件，晶闸管才能导通）
2. 晶闸管与二极管的对比
（1）共同点：都具有单相导电性。
（2）不同点：{ 二极管正向导通。
晶闸管的导通具有可控性。
3. 晶闸管与三极管的对比
（1）共同点：都具有以小控大的特点。
（2）不同点：{ 三极管是用较小的基极电流控制较大的集电极电流。
晶闸管是用门极控制阳极的导通，晶闸管一旦导通，门极将不再具有控制作用。
4. 由于晶闸管的门极所需的电压、电流比较低（电流只有几十至几百毫安），而阳极 A 与阴极 K 可承受很大的电压，通过很大的电流（电流可达到几百安培以上），因此，晶闸管可实现弱电对强电的控制。
5. 导通后的晶闸管关断的条件
（1）降低阳极与阴极间的电压，使通过晶闸管的电流小于维持电流 I_H。
（2）将阳极与阴极间的电压减小至零。
（3）在阳极与阴极间加反向电压。
（只要具备其中任意一个条件，即可使导通的晶闸管关断）
提出问题：
“晶闸管是一个可控的单向导电开关，在实际使用中，需要考虑晶闸管的哪些参数呢？”
三、晶闸管的主要参数
1. 电压参数
讲授：
（1）断态重复峰值电压 U_{DRM} 和反向重复峰值电压 U_{RRM}
</td>
</tr>
</table>

<table>
<tr>
<td>讲授新课
（160 min）</td>
<td>
一般用 U_{DRM} 和 U_{RRM} 中较小的值作为器件型号的额定电压。由于过大的瞬时电压会使晶闸管损坏，在选用晶闸管时，通常其额定电压应为正常工作时峰值电压的 2 ~ 3 倍。

晶闸管所加的各种电压均应在额定值范围内。如果晶闸管所加正向电压过高、达到某一数值时，虽门极未加触发电压，晶闸管也会导通，即“硬开通”，这会造成“误动作”。如果晶闸管所加反向电压过高、达到某一数值时，晶闸管会被反向击穿，甚至被永久性破坏。

（2）通态平均电压 $U_{T(AV)}$

从降低电路损耗和减少元器件发热的观点出发，$U_{T(AV)}$ 小的晶闸管更好，$U_{T(AV)}$ 的数值一般在 1 V 左右。

2. 电流参数

讲授：

（1）通态平均电流 $I_{T(AV)}$

晶闸管允许通过的电流大小与温度有关，此温度指管芯（三个 PN 结）的温度，也称结温，结温的高低由发热和冷却两方面决定。晶闸管发热的原因是损耗，包括导通、关断和反向时的损耗，开关工作时的损耗和门极的损耗等，其中导通时的损耗是最主要的。

（2）维持电流 I_H

维持电流指晶闸管维持导通所必需的最小电流。

四、晶闸管的型号

提出问题：

“常用的晶闸管的型号各部分表示的含义是什么？”

讲授：

介绍两个系列的晶闸管型号，指出型号各部分表示的含义。

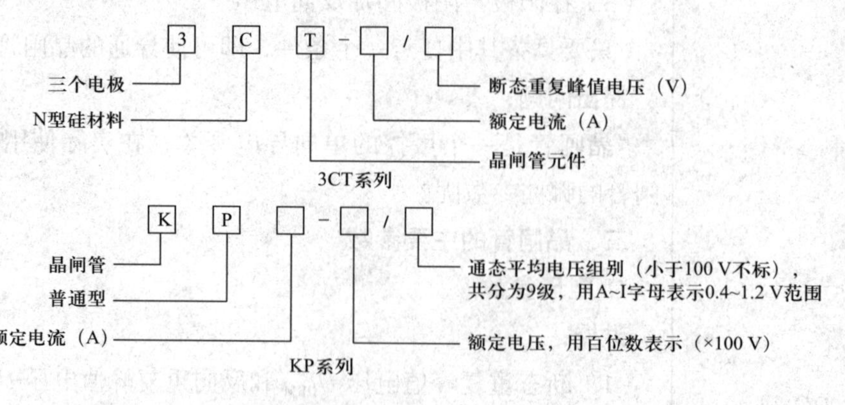

</td>
</tr>
</table>

<table>
<tr><td>讲授新课
（160 min）</td><td>课堂练习：
某晶闸管的型号为 KP200-18F，请说明型号各部分所代表的含义。
提示： 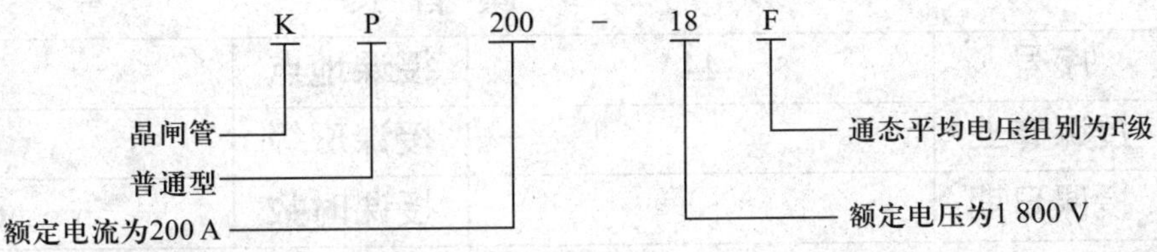
K　P　200　-　18　F
K——晶闸管
P——普通型
200——额定电流为200 A
18——额定电压为1 800 V
F——通态平均电压组别为F级</td></tr>
<tr><td>归纳总结
（8 min）</td><td>1. 晶闸管的结构、符号。
2. 晶闸管可控的单向导电性，导通、关断的条件。
3. 晶闸管的主要参数。</td></tr>
<tr><td>布置作业
（2 min）</td><td>1. 作业：习题册 § 8–1。
2. 拓展任务：查阅资料，说一说晶闸管的派生器件有哪些。</td></tr>
<tr><td colspan="2">课　　后</td></tr>
<tr><td>学业评价</td><td>学业评价包括过程性评价和期末考试评价。过程性评价主要包括课前测试、课前讨论、资源学习、课堂签到、课堂活动、课堂考核、课后测试、课后拓展等要素。
课前测试、课后测试、课堂签到、课堂活动参与情况等由互联网学习平台自动记录并打分，课堂考核由学生和老师共同评价，课后拓展主要由教师评价。学业评价贯穿整个学习过程，多方面考核学生的学习效果，有助于全面培养学生的综合职业能力。</td></tr>
<tr><td>教学反思</td><td>一、教学效果及创新

二、回顾与改进

</td></tr>
</table>

§8-2 晶闸管整流电路

<table>
<tr><th colspan="4">教 案 首 页</th></tr>
<tr><td>序号</td><td>44</td><td>授课地点</td><td></td></tr>
<tr><td>授课专业</td><td></td><td>授课班级</td><td></td></tr>
<tr><td>授课日期</td><td></td><td>授课时数</td><td>6</td></tr>
</table>

<table>
<tr><th colspan="2">教 学 思 路</th></tr>
<tr><td colspan="2">晶闸管组成的整流电路在交流电压不变的情况下，可以方便地改变直流输出电压的大小，即可控整流。可控整流可实现交流到可变直流之间的转换。晶闸管组成的可控整流电路具有体积小、质量轻、效率高以及控制灵敏等优点，目前已取代直流发电机组，用作直流拖动调速装置，也被广泛用于机床、轧钢、造纸、电解、电镀、光电、励磁等领域。
本节课主要介绍单相可控整流电路和三相可控整流电路，在讲述整流的相关内容时，教师可将其同第五章的整流内容作比较，突出晶闸管“可控”的特性。在本节课重点介绍的三相可控整流电路中，三相半控桥式整流电路是最大的难点，在此部分只要求学生了解在不同控制角时输出电压波形的特点。</td></tr>
<tr><th colspan="2">教 学 目 标</th></tr>
<tr><td>知识目标</td><td>1. 掌握单相、三相可控整流电路的电路组成。
2. 掌握单相可控整流电路的工作原理。
3. 了解三相可控整流电路的工作原理，了解在不同控制角下输出电压波形的特点。
4. 了解单相可控整流电路带感性负载时的失控现象及其消除方法。</td></tr>
<tr><td>技能目标</td><td>1. 能根据不同的单相可控整流电路绘制不同控制角下的输出电压和电流波形，会计算输出电压、电流，会选择晶闸管与整流二极管。
2. 能计算可控整流电路的感性负载加续流二极管时的有关参数。
3. 能熟练查阅晶体管手册，正确选择晶闸管与整流二极管。
4. 通过小组任务，增强合作意识，提高社交能力。
5. 提高分析、概括、分类等逻辑思维能力。</td></tr>
</table>

<table>
<tr><td>情感目标</td><td>1. 通过参与课堂活动，培养学习兴趣。
2. 通过体验积分奖励等环节，建立和增强学习的自信心。
3. 培养乐于探究的精神。</td></tr>
<tr><td colspan="2">教学重、难点</td></tr>
<tr><td>教学重点</td><td>1. 单相和三相半波可控整流电路的工作原理。
2. 单相可控整流电路带感性负载时的失控现象。</td></tr>
<tr><td>教学难点</td><td>单相和三相半控桥式整流电路的工作原理。</td></tr>
<tr><td colspan="2">教 学 资 源</td></tr>
<tr><td>教学环境</td><td>多媒体教室。</td></tr>
<tr><td>教学设备</td><td>互联网学习平台、移动终端（手机）、演示示教板、黑板。</td></tr>
<tr><td>教学材料</td><td>视频资源、教学课件、电子元器件、电子电路板、彩色粉笔。</td></tr>
<tr><td colspan="2">教 学 方 法</td></tr>
<tr><td colspan="2">讲授法、演示法、讨论法、探究法、头脑风暴法。</td></tr>
<tr><td colspan="2">审 批 意 见</td></tr>
<tr><td colspan="2">

签字：
年 月 日</td></tr>
</table>

<table>
<tr><th colspan="2">教学过程与教学内容</th></tr>
<tr><th colspan="2">课　前</th></tr>
<tr><td colspan="2">1. 通过互联网学习平台布置任务，让学生明确学习目标，了解学习任务。
2. 准备教学课件、电子教案，并将其上传至互联网学习平台。
3. 准备演示示教板、电子元器件、电子电路板等。</td></tr>
<tr><th colspan="2">课　中</th></tr>
<tr><td>教学引入
（15 min）</td><td>准备上课：
组织学生利用互联网学习平台的点名功能签到，师生相互问好。
复习提问：
“晶闸管导通和关断的条件是什么？”
多媒体课件展示：
展示实际工作中电动机转速的调节、同步发电机励磁电流的变化等例子，说明很多设备要求直流电源电压具有可控的特点，且希望调压方法经济而简便，但是，前面学习的二极管整流电路在交流电源电压一定时，输出的直流电压是固定的。利用晶闸管可控的单相导电性，可组成可控整流电路，这样不必改变交流电源电压就可以很方便地实现对输出电压的调节。</td></tr>
<tr><td>讲授新课
（245 min）</td><td>一、单相可控整流电路
1. 单相半波可控整流电路
提示：
可先引导学生复习单相半波整流电路的相关知识。
讲授：
（1）晶闸管的控制角、导通角的概念。
（2）单相半波可控整流电路的工作原理。
（3）单相半波可控整流电路在不同控制角下的输出电压波形。
提示：
引导学生分析控制角的大小与输出电压的大小、控制角与导通角之间的关系，进而向学生介绍单相半波可控整流电路的移相范围。
课堂练习 1：
有一单相半波可控整流电路，其交流电源电压 U_2= 220 V，R_L= 5 Ω，控制角 $\alpha=60°$，试求其输出电压平均值和负载电流平均值。</td></tr>
</table>

讲授新课（245 min）	**讲授：** 单相半波可控整流电路的电路特点如下： （1）优点：电路简单，只有一只晶闸管，调整方便。 （2）缺点：整流输出电压脉动大，设备利用率不高，只适用于对直流电压要求不高的小功率可控整流设备。 **提示：** 可由单相半波可控整流电路的缺点导入对应用较广的单相半控桥式整流电路的讲解。 **2. 单相半控桥式整流电路** **提示：** 可先引导学生复习单相桥式整流电路的相关知识。 **讲授：** （1）单相半控桥式整流电路的电路组成。 （2）单相半控桥式整流电路的工作原理。 （3）单相半控桥式整流电路在不同控制角下的输出电压波形。 **提示：** （1）引导学生分析控制角的大小与输出电压的大小之间的关系，进而向学生介绍单相半控桥式整流电路的移相范围。 （2）讲解单相半控桥式整流电路的主要参数计算公式，即输出电压平均值 U_L、负载电流平均值 I_L、通过晶闸管的电流平均值 $I_{t(AV)}$ 和晶闸管承受的最大电压 U_{Rm} 的参数计算公式，提醒学生注意它们和单相半波可控整流电路的参数计算公式的区别。 **课堂练习 2：** 某单相半控桥式整流电路的负载 $R_L = 5\ \Omega$，交流电源电压 $U_2 = 220\ V$，控制角 $\alpha = 60°$，试求其输出电压平均值和负载电流平均值。 **讲授：** 单相半控桥式整流电路的电路特点为：整流输出电压较大，脉动较小，设备利用率较高。 **提出问题：** “前面讨论的晶闸管整流电路的负载均为纯阻性负载，这种负载的特点是输出电压与电流的波形相同。但在实际生产中，负载通常是感

<table>
<tr>
<td>讲授新课
（245 min）</td>
<td>
性的，如电动机的励磁绕组、各种电感线圈等。感性负载对单相可控整流电路有什么影响？”
3. 感性负载对晶闸管整流的影响
提出问题：
“若变化的电流通过电感，电路会发生什么现象？”
（1）正常工作情况
讲授：
由于负载中存在电感线圈，当通过线圈的电流变化时，线圈产生自感电动势并阻碍电流变化，使流过线圈的电流不能突变，因此，对于单相半控桥式整流电路，当电源电压将要变负时，晶闸管不会关断，它的导通时间延长，电流通过二极管进行续流，这种现象称为自然续流。整流和自然续流的电流方向如下图所示。
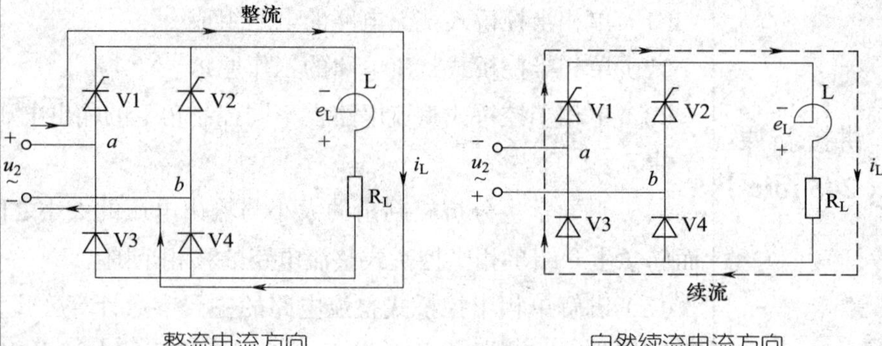

整流电流方向　　自然续流电流方向
提出问题：
“在单相半控桥式整流电路中，如果晶闸管的控制角增大到 180°或者触发信号突然切断，电路会发生什么现象？”
（2）失控现象
讲授：
对于单相半控桥式整流电路，在正常情况下，由于电感的存在，当电源电压将要变负时，晶闸管不会关断，电流通过二极管进行续流。但是在实际运行中，当把控制角增大到 180°或突然切断触发信号时，电路会发生正在导通的晶闸管继续导通，两只二极管轮流导通的失控现象。在失控的情况下，电路的工作情况及输出的电压波形如下图所示。
</td>
</tr>
</table>

讲授新课 （245 min）	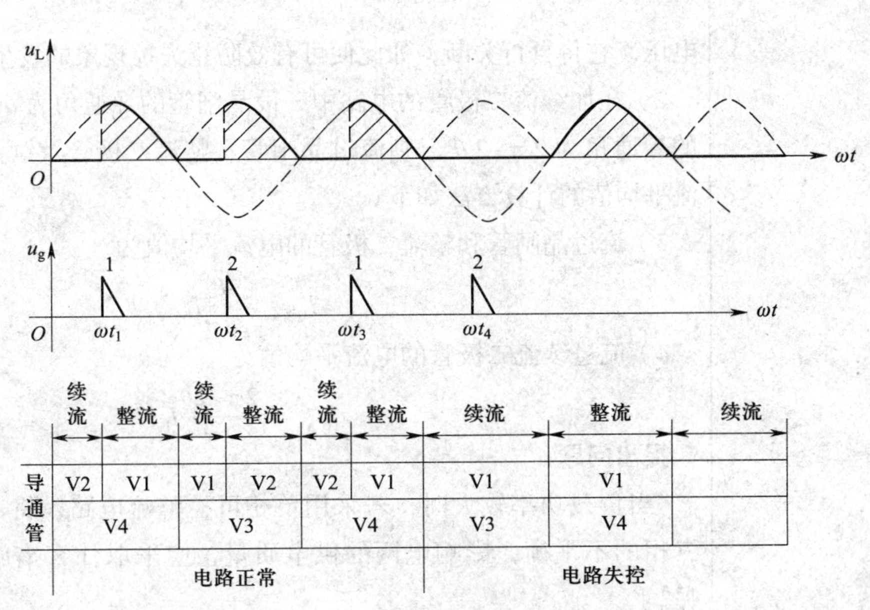 输出电压波形 **多媒体动画演示：** 通过动画，演示失控现象。 **提出问题：** “在实际生产中，一旦电路出现失控，导通的晶闸管将因过热而损坏，若负载电动机无法立即停车，应采取什么措施防止失控现象的发生？” **（3）加续流二极管后工作情况** **讲授：** 单相半控桥式整流电路加续流二极管的电路图如下。 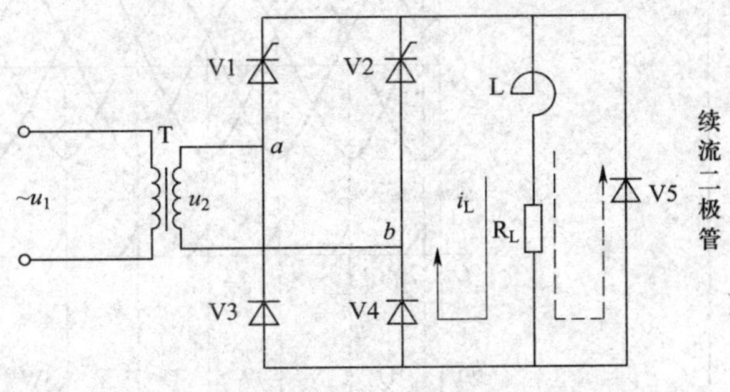 加续流二极管的电路图 1）在负载两端并联一只续流二极管，当电源电压将要变负时，电感释放的电流通过续流二极管进行续流，由于晶闸管此时承受的是反向

电压，它将自行关断，如此便可有效防止失控现象的发生。

2）在加续流二极管的电路中，设晶闸管的导通角为 θ，续流二极管的导通角为 $2\pi-2\theta$，则流过晶闸管、整流二极管及续流二极管的电流平均值的计算方法如下。

3）流过晶闸管和整流二极管的电流平均值为

$$I_{t(AV)}=\frac{\theta}{2\pi}I_L$$

4）流过续流二极管的电流平均值为

$$I'_{t(AV)}=\frac{2\pi-2\theta}{2\pi}I_L$$

提出问题：

“当负载功率较大时，若采用单相可控整流电路，将造成供电线路三相的不平衡，影响电网的供电质量，应采取什么措施解决此问题呢？”

二、三相可控整流电路

1. 三相半波可控整流电路

（1）电路组成及工作原理

讲授新课（245 min）

讲授：

以共阴极电路为例，电路中阳极电位最高的晶闸管受到触发时才能导通。三相半波可控整流电路控制角 α 分别为 0°、30°、60° 和 90° 时电路的工作波形如下。

1）$\alpha=0°$ 时的输出电压波形：

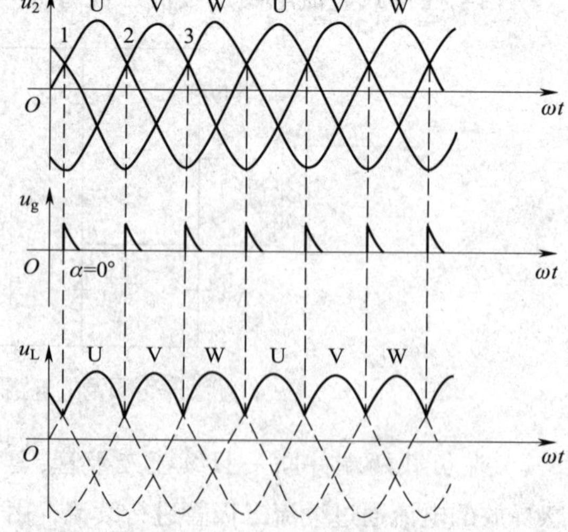

讲授新课 （**245 min**）	2）$\alpha=30°$时的输出电压波形： 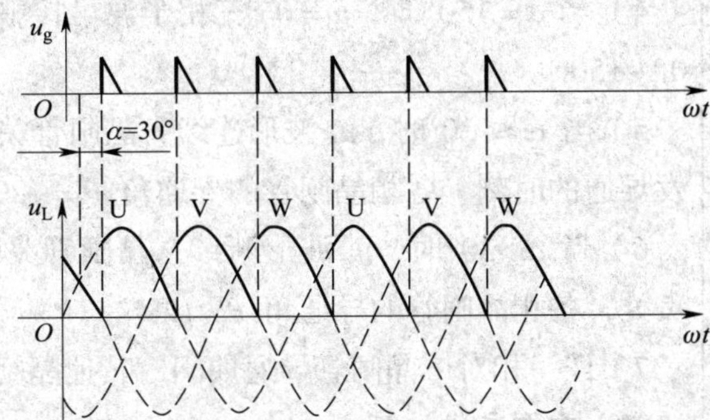 3）$\alpha=60°$时的输出电压波形： 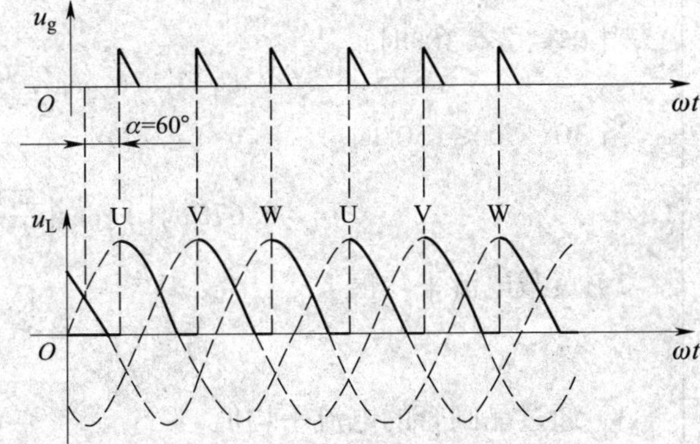 4）$\alpha=90°$时的输出电压波形： 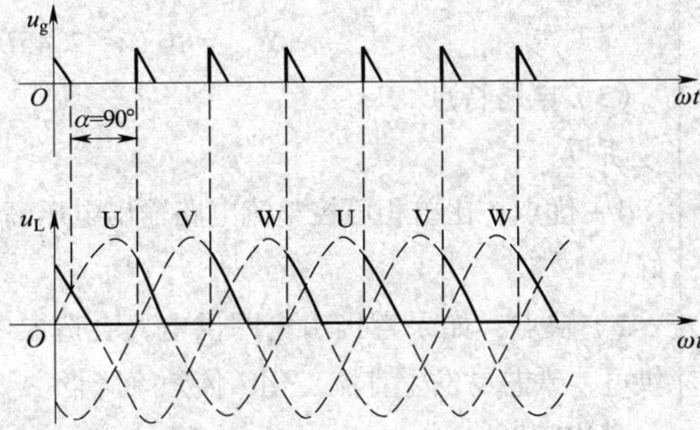 **归纳总结：** 1）自然换相点是三相半波可控整流各相晶闸管控制角 α 的起始点。 2）触发脉冲的相序与交流电源的相序一致，触发脉冲间隔为 120°。

讲授新课 （245 min）	3）当 $\alpha=0°$ 时，输出波形同三相半波整流电路，输出电压最大。 4）当 $\alpha=150°$ 时，$u_L=0$。三相半波可控整流电路的移相范围是 $\alpha=0°\sim150°$。 5）当 $\alpha\leqslant30°$ 时，u_L 波形连续，晶闸管关断点在下一只晶闸管被触发导通的时刻，各相晶闸管的导通角 $\theta=120°$。 6）当 $\alpha>30°$ 时，u_L 波形断续，晶闸管关断点在各自相电压将要变负处，各相晶闸管的导通角 $\theta<120°$。 7）任一相对应晶闸管导通期间，其他晶闸管承受相应的线电压。 **（2）主要参数计算** **讲授：** 1）输出电压平均值 当 $0°\leqslant\alpha\leqslant30°$ 时 $$U_L=1.17U_2\cos\alpha$$ 当 $30°<\alpha\leqslant150°$ 时 $$U_L=0.675U_2\left[1+\cos\left(\frac{\pi}{6}+\alpha\right)\right]$$ 2）负载电流平均值 $$I_L=\frac{U_L}{R_L}$$ 3）通过晶闸管的电流平均值 $$I_{t(AV)}=\frac{1}{3}I_L\quad(0°\leqslant\alpha\leqslant150°)$$ 4）晶闸管承受的最大电压 $$U_{Rm}=\sqrt{6}U_2\approx2.45U_2$$ **（3）电路特点** **讲授：** 1）优点：比单相可控整流电路输出电压高，脉动性小，电源平衡性好。 2）缺点：如果直接由电网供电，会造成电网损耗；如果由变压器供电，铁芯易发生直流磁化，使效率降低。 **提出问题：** “若想克服铁芯直流磁化和效率降低的问题，应采取什么措施？” **2. 三相半控桥式整流电路** **（1）电路组成及工作原理**

讲授新课
（245 min）

讲授：

三相半控桥式整流电路由共阳极的三相半波整流电路与共阴极的三相半波可控整流电路串联而成。三相半控桥式整流电路控制角 α 分别为 0°、30°、60° 和 90° 时电路的工作波形如下。

1）α= 0°时的输出电压波形：

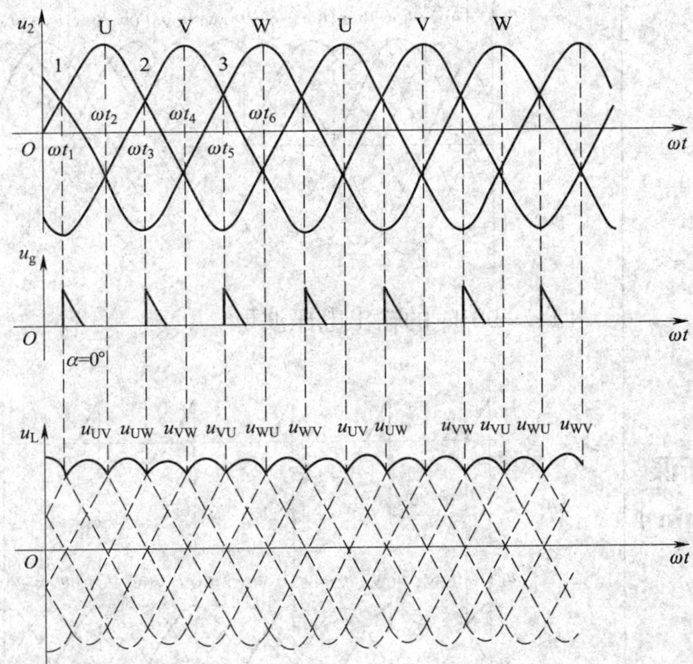

2）α= 30°时的输出电压波形：

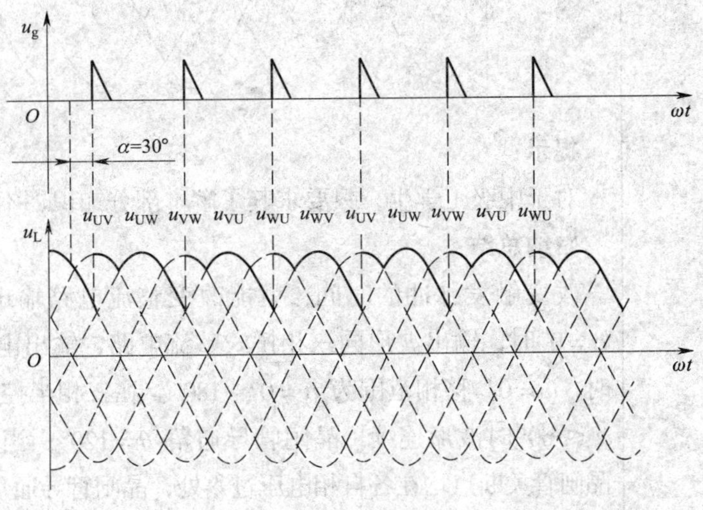

讲授新课
（245 min）

3）$\alpha=60°$时的输出电压波形：

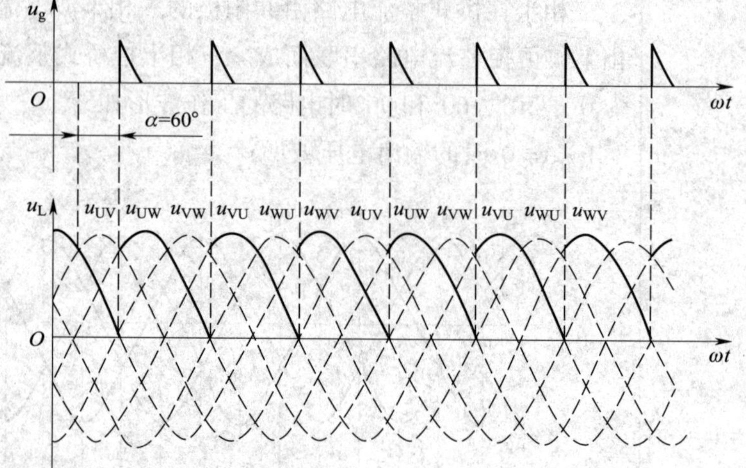

4）$\alpha=90°$时的输出电压波形：

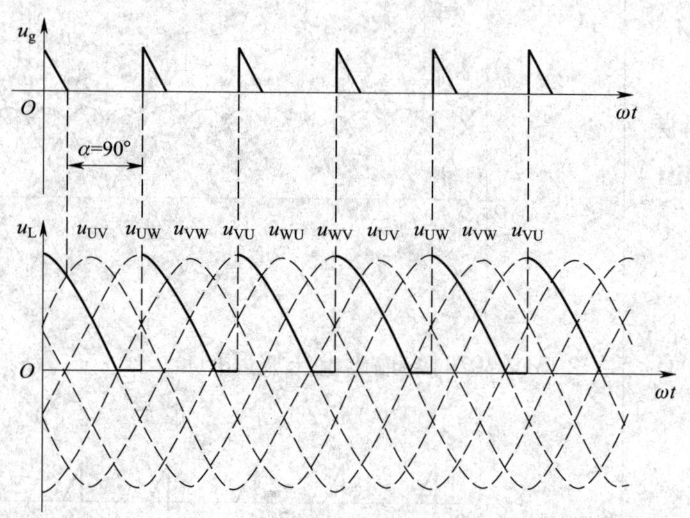

提示：

对于中级工学生，只要求其了解本部分知识，不必掌握其分析过程。

归纳总结：

改变触发脉冲的时间，就能改变整流电路输出电压u_L的大小。当$\alpha=0°$时，输出波形同三相桥式整流电路，输出电压最大；当$\alpha=180°$时，$u_L=0$。移相范围为$\alpha=0°\sim180°$。在三相半控桥式整流电路中，当$\alpha\leqslant60°$时波形连续，晶闸管导通角$\theta=120°$；当$\alpha>60°$时波形断续，晶闸管关断点均在各自相电压过零处，晶闸管导通角$\theta<120°$。

<table>
<tr><td>讲授新课
（245 min）</td><td>任一相对应晶闸管导通期间，其他晶闸管都承受相应的线电压。
（2）主要参数计算
讲授：
1）输出电压平均值
$$U_L=2.34U_2\frac{1+\cos\alpha}{2}\quad(0^\circ\leqslant\alpha\leqslant180^\circ)$$
2）负载电流平均值
$$I_L=\frac{U_L}{R_L}$$
3）通过晶闸管的电流平均值
$$I_{t(AV)}=\frac{1}{3}I_L$$
4）晶闸管承受的最大电压
$$U_{Rm}=\sqrt{6}U_2\approx2.45U_2$$
（3）电路特点
讲授：
1）优点：输出电压较高，脉动较小，输出电压连续可调范围比三相半波可控整流电路宽。
2）缺点：需用三只晶闸管，需三套触发电路。</td></tr>
<tr><td>归纳总结
（8 min）</td><td>1. 单相可控整流电路的工作原理。
2. 单相可控整流电路在不同的控制角下的输出电压、电流波形。
3. 感性负载对单相可控整流电路的影响。
4. 三相可控整流电路的工作原理。
5. 三相可控整流电路在不同的控制角下的输出电压、电流波形。</td></tr>
<tr><td>布置作业
（2 min）</td><td>作业：习题册 § 8-2。</td></tr>
<tr><td colspan="2" align="center">课　　后</td></tr>
<tr><td>学业评价</td><td>学业评价包括过程性评价和期末考试评价。过程性评价主要包括课前测试、课前讨论、资源学习、课堂签到、课堂活动、课堂考核、课后测试、课后拓展等要素。</td></tr>
</table>

学业评价	课前测试、课后测试、课堂签到、课堂活动参与情况等由互联网学习平台自动记录并打分，课堂考核由学生和老师共同评价，课后拓展主要由教师评价。学业评价贯穿整个学习过程，多方面考核学生的学习效果，有助于全面培养学生的综合职业能力。
教学反思	一、教学效果及创新 二、回顾与改进

§8-3　晶闸管的选择和保护

<table>
<tr><th colspan="4">教案首页</th></tr>
<tr><td>序号</td><td>45</td><td>授课地点</td><td></td></tr>
<tr><td>授课专业</td><td></td><td>授课班级</td><td></td></tr>
<tr><td>授课日期</td><td></td><td>授课时数</td><td>2</td></tr>
<tr><td colspan="4">教学思路</td></tr>
<tr><td colspan="4">应根据电路中晶闸管承受的最大峰值电压及最大平均电流来选择晶闸管的额定电压和通态平均电流值。普通晶闸管承受过电流和过电压的能力很差，很短时间的过电流和过电压就会损坏它，在实际工作中，要对晶闸管采取一定的保护措施。本节课主要介绍晶闸管的选择和晶闸管的保护两部分内容。</td></tr>
<tr><td colspan="4">教学目标</td></tr>
<tr><td>知识目标</td><td colspan="3">1. 掌握晶闸管的额定电压、额定电流的估算公式。
2. 了解晶闸管的过压和过流保护电路。</td></tr>
<tr><td>技能目标</td><td colspan="3">1. 对不同的单相可控整流电路，能选择与之相适应的晶闸管。
2. 通过小组任务，增强合作意识，提高社交能力。
3. 提高分析、概括、分类等逻辑思维能力。</td></tr>
<tr><td>情感目标</td><td colspan="3">1. 通过参与课堂活动，培养学生兴趣。
2. 通过体验积分奖励等环节，建立和增强学习的自信心。
3. 培养乐于探究的精神。</td></tr>
<tr><td colspan="4">教学重、难点</td></tr>
<tr><td>教学重点</td><td colspan="3">单相可控整流电路晶闸管的选择。</td></tr>
<tr><td>教学难点</td><td colspan="3">晶闸管的额定电压、额定电流的估算公式。</td></tr>
<tr><td colspan="4">教学资源</td></tr>
<tr><td>教学环境</td><td colspan="3">多媒体教室。</td></tr>
<tr><td>教学设备</td><td colspan="3">互联网学习平台、移动终端（手机）、演示示教板、黑板。</td></tr>
<tr><td>教学材料</td><td colspan="3">视频资源、教学课件、电子元器件、电子电路板、彩色粉笔。</td></tr>
</table>

教 学 方 法
讲授法、演示法、讨论法、探究法。
审 批 意 见
签字： 年　　月　　日

<table>
<tr><th colspan="2">教学过程与教学内容</th></tr>
<tr><th colspan="2">课　　前</th></tr>
<tr><td colspan="2">1. 通过互联网学习平台布置任务，让学生明确学习目标，了解学习任务。
2. 准备教学课件、电子教案，并将其上传至互联网学习平台。
3. 准备演示示教板、电子元器件、电子电路板等。</td></tr>
<tr><th colspan="2">课　　中</th></tr>
<tr><td>教学引入
（15 min）</td><td>准备上课：
组织学生利用互联网学习平台的点名功能签到，师生相互问好。
复习提问：
“晶闸管的主要参数有哪些？”
多媒体课件展示：
晶闸管是可控整流电路中最为关键的元器件，而晶闸管的主要弱点是其承受过流和过压的能力很差，即使是短时间的过流和过压，也可能导致晶闸管的损坏。因此在电路中必须选择合适的晶闸管，并对晶闸管采用适当的保护措施。</td></tr>
<tr><td>讲授新课
（70 min）</td><td>一、晶闸管的选择
提示：
晶闸管的特性参数很多，在实际安装与维修时主要考虑的是晶闸管的额定电压和额定电流，即 U_{RRM} 和 $I_{T(AV)}$。
1. 电压等级的选择
讲授：
晶闸管的额定电压一般可按经验公式估算，即
$$U_{RRM} \geqslant (1.5\sim2)U_{Rm}$$
式中，U_{Rm} 是晶闸管在工作中可能承受的反向峰值电压。
2. 电流等级的选择
讲授：
晶闸管的额定电流一般是按电路最大平均电流来选择的，即
$$I_{T(AV)} \geqslant (1.5\sim2)I_{t(AV)}$$
式中，$I_{t(AV)}$ 是电路最大平均电流。</td></tr>
</table>

新课讲解（70 min）	**讲解教材例 8–4：** （1）单相半控桥式整流电路的输出电压平均值公式为$U_L=0.9U_2\frac{1+\cos\alpha}{2}$，根据已知条件，当 $\alpha=0°$时，输出直流电压最大，求出变压器的三次绕组电压约为 67 V。 （2）考虑到整流器件上压降等因素，得出变压器二次绕组电压的最大值为 U_2=67×（1+ 10%）≈ 74 V。 （3）求出晶闸管工作时承受的反向峰值电压 $U_{Rm}=\sqrt{2}U_2$= 104 V 和通过晶闸管的最大平均电流 $I_{t(AV)}=\frac{1}{2}I_L=5$ A。 （4）根据晶闸管电压等级和电流等级的选择要求，计算出 $U_{RRM}\geqslant(1.5\sim2)U_{Rm}=156\sim208$ V 和 $I_{T(AV)}\geqslant(1.5\sim2)I_{t(AV)}=7.5\sim10$ A。 （5）查阅晶体管手册或厂家产品手册，选用通态平均电流为 10 A、额定电压为 200 V 的 KP10–2 型晶闸管。 **讲解教材例 8–5：** 此题与上一题不同，此电路接入了续流二极管，通过晶闸管的实际平均电流公式发生了变化。 （1）不接续流二极管时，$I_{t(AV)}=\frac{1}{2}I_L=15$ A； （2）接上续流二极管时，$I_{t(AV)}=\frac{\theta}{2\pi}I_L=10$ A。 **二、晶闸管的保护** **讲授：** 普通晶闸管承受过电压、过电流的能力很差，在使用晶闸管时，除了要保证其工作条件留有充分的余地外，还应采取一定的保护措施。 **1. 过电压保护** **讲授：** （1）产生过电压的原因 晶闸管电路中含有电感元件（如变压器、电抗线圈等），在变压器一次侧拉闸、整流装置直流侧切断开关、晶闸管由导通转变为阻断等情况下，电感线圈上都会产生很高的电动势，使晶闸管承受很高的电压（过电压）。 （2）过电压的后果 过电压虽然持续的时间极短，但也可能使晶闸管误导通，甚至被击穿损坏。

<table>
<tr><td rowspan="1">讲授新课
（70 min）</td><td>（3）过电压的解决方法
采用阻容吸收电路或压敏电阻等进行过电压保护。
2. 过电流保护
讲授：
（1）产生过电流的原因
负载过载、短路、其他晶闸管击穿或触发电路使晶闸管误触发等都会产生过电流。
（2）过电流的后果
晶闸管的热容量很小，当产生过电流时，晶闸管温度会急剧升高，若超过允许值，晶闸管就会损坏。
（3）过电流保护的作用
一旦有过电流产生，威胁晶闸管时，过电流保护能在允许时间内迅速将过电流切断，以防晶闸管损坏。
（4）过电流的解决方法
采用快速熔断器进行过电流保护。
提示：
快速熔断器熔断时间比普通熔断器短，所以实际使用时，切不可用普通熔断器来代替快速熔断器。否则，一旦发生过电流，普通熔断器还未来得及熔断，晶闸管就已经烧毁了。</td></tr>
<tr><td>归纳总结
（4 min）</td><td>1. 晶闸管额定电压和额定电流的估算公式。
2. 晶闸管产生过电压、过电流的原因、后果以及应采取的措施。</td></tr>
<tr><td>布置作业
（1 min）</td><td>1. 作业：习题册 § 8–3。
2. 拓展任务：查阅资料，说一说各种类型的晶闸管都适用于哪些场合。</td></tr>
<tr><td colspan="2" align="center">课　　后</td></tr>
<tr><td>学业评价</td><td>学业评价包括过程性评价和期末考试评价。过程性评价主要包括课前测试、课前讨论、资源学习、课堂签到、课堂活动、课堂考核、课后测试、课后拓展等要素。</td></tr>
</table>

学业评价	课前测试、课后测试、课堂签到、课堂活动参与情况等由互联网学习平台自动记录并打分，课堂考核由学生和老师共同评价，课后拓展主要由教师评价。学业评价贯穿整个学习过程，多方面考核学生的学习效果，有助于全面培养学生的综合职业能力。
教学反思	一、教学效果及创新 二、回顾与改进

§8-4　晶闸管的触发电路

<table>
<tr><th colspan="4">教 案 首 页</th></tr>
<tr><td>序号</td><td>46</td><td>授课地点</td><td></td></tr>
<tr><td>授课专业</td><td></td><td>授课班级</td><td></td></tr>
<tr><td>授课日期</td><td></td><td>授课时数</td><td>2</td></tr>
<tr><th colspan="4">教 学 思 路</th></tr>
<tr><td colspan="4">要使晶闸管导通，除了在它的阳极和阴极间加正向电压外，还必须在它的门极加上适当的触发信号（电压、电流）。向晶闸管提供触发信号的电路叫作触发电路。触发电路主要有单结晶体管触发电路和集成触发电路，本节课重点介绍以上两种电路。</td></tr>
<tr><th colspan="4">教 学 目 标</th></tr>
<tr><td>知识目标</td><td colspan="3">1. 掌握单结晶体管的结构、符号及作用。
2. 理解单结晶体管振荡电路的工作原理。
3. 熟悉单结晶体管触发电路各环节的组成、工作原理、工作点波形的形成、电路的特点等。</td></tr>
<tr><td>技能目标</td><td colspan="3">1. 认识单结晶体管的符号、外形。
2. 会分析单结晶体管触发电路的工作原理。
3. 通过小组任务，增强合作意识，提高社交能力。
4. 提高分析、概括、分类等逻辑思维能力。</td></tr>
<tr><td>情感目标</td><td colspan="3">1. 通过参与课堂活动，培养学习兴趣。
2. 通过体验积分奖励等环节，建立和增强学习的自信心。
3. 培养乐于探究的精神。</td></tr>
<tr><th colspan="4">教学重、难点</th></tr>
<tr><td>教学重点</td><td colspan="3">1. 单结晶体管的伏安特性。
2. 单结晶体管振荡电路的工作原理。
3. 单结晶体管触发电路的工作原理。</td></tr>
<tr><td>教学难点</td><td colspan="3">1. 单结晶体管振荡电路的工作原理。
2. 单结晶体管触发电路的工作原理。</td></tr>
</table>

教学资源	
教学环境	多媒体教室。
教学设备	互联网学习平台、移动终端（手机）、演示示教板、黑板。
教学材料	视频资源、教学课件、电子元器件、电子电路板、彩色粉笔。
教学方法	
讲授法、演示法、讨论法、探究法、头脑风暴法。	
审批意见	
签字： 年　　月　　日	

<table>
<tr><th colspan="2">教学过程与教学内容</th></tr>
<tr><th colspan="2">课　　前</th></tr>
<tr><td colspan="2">1. 通过互联网学习平台布置任务，让学生明确学习目标，了解学习任务。
2. 准备教学课件、电子教案，并将其上传至互联网学习平台。
3. 准备演示示教板、电子元器件、电子电路板等。</td></tr>
<tr><th colspan="2">课　　中</th></tr>
<tr><td>教学引入
（10 min）</td><td>准备上课：
组织学生利用互联网学习平台的点名功能签到，师生相互问好。
复习提问：
“晶闸管的导通条件是什么？”
多媒体课件展示：
若要使晶闸管导通，除在它的阳极和阴极间加上正向电压外，还必须在它的门极加上适当的触发信号（电压、电流）。为晶闸管提供触发信号的电路被称为触发电路，对触发电路的要求有以下几条：
（1）与主电路同步；
（2）能平稳移相且有足够的移相范围；
（3）脉冲前沿陡且有足够的幅值与脉宽；
（4）稳定性与抗干扰性能好。
触发电路主要有单结晶体管触发电路和发展很快的集成触发电路。</td></tr>
<tr><td>讲授新课
（75 min）</td><td>一、单结晶体管触发电路
1. 单结晶体管
（1）单结晶体管的结构、符号
实物展示：
展示单结晶体管实物。
讲授：
1）单结晶体管的结构
单结晶体管内部有一个 PN 结，它有三个电极，分别是发射极和两个基极，它有一块高电阻率的 N 型硅片，其两端分别引出两个基极 B1 和 B2。
2）单结晶体管和双基极二极管名称的由来</td></tr>
</table>

<table>
<tr><td>讲授新课
（75 min）</td><td>

因为单结晶体管内部只有一个 PN 结，所以称为单结晶体管；因为单结晶体管有三个电极，分别是发射极和两个基极，所以又称双基极二极管。

（2）单结晶体管的等效电路

讲授：

等效电路元件与单结晶体管结构的对应关系。

R_{B1} 具有随发射极电流 I_E 变化而变化的特性，I_E 增大，R_{B1} 减小，而 R_{B2} 与 I_E 无关。在两基极 B2、B1 间加上正电压 U_{BB}，则

$$U_A=\frac{R_{B1}}{R_{B1}+R_{B2}}U_{BB}=\frac{R_{B1}}{R_{BB}}U_{BB}=\eta U_{BB}$$

式中，η 为分压比，基值一般为 0.3 ~ 0.9。

（3）单结晶体管的伏安特性

讲授：

1）当 $U_E<U_A$ 时，PN 结反向截止，单结晶体管截止。

2）当 $U_E \geqslant U_A$ 时，PN 结正向导通，I_E 显著增加，R_{B1} 阻值迅速减小，U_E 相应下降。这种电压随电流增加反而下降的特性，称为“负阻特性”。

3）峰点电压 $U_P=\eta U_{BB}+U_D$，是单结晶体管由截止区进入负阻区的临界电压，与其对应的电流为峰点电流 I_P。

4）U_V 是谷点电压，与其对应的电流为谷点电流 I_V。

5）过了 V 点，单结晶体管又恢复正阻特性。随着 I_E 增加，U_E 缓慢地上升。

（4）单结晶体管的型号

讲授：

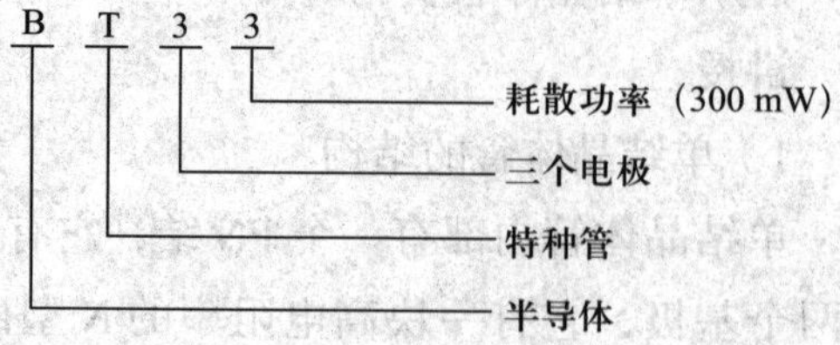

</td></tr>
</table>

<table>
<tr><td>讲授新课
(75 min)</td><td>

课堂练习：

识别单结晶体管型号 BT31、BT35 的意义。

2. 单结晶体管振荡电路

讲授：

（1）单结晶体管振荡电路的作用

利用单结晶体管的负阻特性和 RC 电路的充放电特性，可组成频率可调的振荡电路，用来产生晶闸管的触发脉冲。

（2）工作原理分析

1）假设电源 E_{BB} 未连接，则电容 C 上的电压为零，输出电压为零。

2）接通电源 E_{BB} 后，电源通过 R_P、R_E 给电容 C 充电，电容两端电压 u_C 按指数规律增加，当 $u_C< U_P$ 时，单结晶体管截止，R1 上没有电压输出。当 u_C 达到峰点电压 U_P 时，单结晶体管导通。

3）单结晶体管导通后，R_{B1} 迅速减小，电容 C 通过 R_{B1}、R1 迅速放电，在 R1 上形成脉冲电压。

4）当 $u_C< U_V$ 时，单结晶体管截止，放电结束，输出电压降到零，完成一次振荡。电源对电容再次充电，并重复上述过程。

提示：

改变 RP 的阻值（或电容 C 的大小），便可改变电容充电的快慢，使输出脉冲波形前移或后移，从而控制晶闸管的触发导通时刻。

3. 单结晶体管触发电路

讲授：

（1）单结晶体管触发电路的组成

单结晶体管同步触发电路的主回路为单相半控桥式整流电路，它由两只晶闸管、两只二极管及负载电阻 R_L 组成。交流电经桥式整流输出，再经稳压管稳压，供给由 V6、RP、R_E、C、R2、R1 组成的单结晶体管振荡电路。T 变压器实现主电路与触发脉冲的同步。

（2）工作原理分析

1）交流电经桥式整流，得到整流输出波形，再经稳压管的稳压，在稳压管两端得到梯形波。此梯形波电压和交流电压同步，因为梯形波电压和交流电压同时为零，所以保证了触发电路交流电源电压的同步。该同步电压作为电源又通过 RP、R_E 向电容 C 充电，电容的端电压 u_C 按指数规律上升。

</td></tr>
</table>

<table>
<tr>
<td>讲授新课
（75 min）</td>
<td>

2）当 u_C 小于峰点电压 U_P 时，单结晶体管处于截止状态，输出 u_g= 0。当 u_C 上升到等于 U_P 时，单结晶体管由截止变为导通，其电阻 R_{B1} 急剧减小，于是电容 C 经 E → B1 → R1 迅速放电，放电电流在 R1 上转变为尖脉冲电压 u_g。当 u_C 下降到单结晶体管的谷点电压 U_V 以下时，单结晶体管截止，截止以后，电源再次经 RP、R_E 向电容 C 充电。重复上述过程，便可在电阻 R1 上通过 R4 得到一个又一个的脉冲电压 u_g 波形。

提示：

（1）由于每半个周期内，第一个脉冲将使晶闸管触发，后面的脉冲均无作用，因此，只要改变每半周内的第一个脉冲产生的时间，即可改变控制角的大小。

（2）改变电容 C 的充放电时间常数，可实现脉冲的移相，在实际应用中，通过改变 RP 的大小可改变控制角 α 的大小，从而达到触发脉冲移相的目的。

4. 实际应用电路

讲授：

自动控制的单结晶体管触发电路如下图所示。

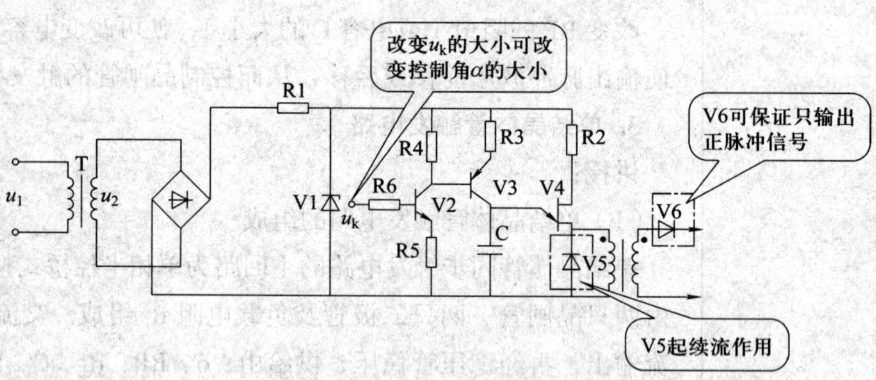

V3 相当于一个可变的电阻，改变控制电压 u_k 便可控制输出脉冲。这样，由控制电压 u_k 实现了对可控整流电路输出电压的自动控制。

提示：

由单结晶体管组成的触发电路具有结构简单、可靠、触发脉冲前沿陡、抗干扰能力强以及温度补偿性能好等优点，多用于 50 A 以下的中小容量晶闸管的单相可控整流电路中。

</td>
</tr>
</table>

讲授新课 （75 min）	**二、集成触发器** **讲授：** 采用集成触发器的单相半控桥式整流电路如下图所示。 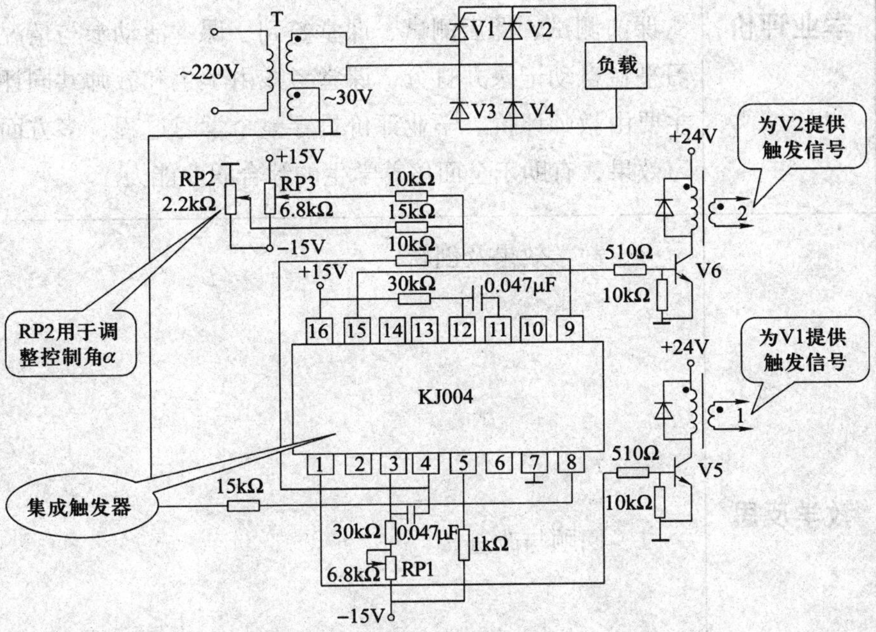 交流同步电压经外接电阻加到集成触发器 KJ004 的 8 端，在同步电压的正半周，1 端输出一个触发脉冲，经三极管 V5 放大后送至晶闸管 V1 的门极。15 端输出的脉冲与 1 端输出的脉冲相位差 180°，该脉冲经三极管 V6 放大后送至晶闸管 V2 的门极。调节 RP2 可改变控制角 α 的大小。
归纳总结 （4 min）	1. 单结晶体管的作用。 2. 单结晶体管振荡电路的工作原理。 3. 单结晶体管触发电路的特点。
布置作业 （1 min）	1. 作业：习题册 § 8–4。 2. 拓展任务：查阅资料，说一说典型的集成触发器有哪些，它们各自有什么特点？分别适用于哪些场合？

课　　后	
学业评价	学业评价包括过程性评价和期末考试评价。过程性评价主要包括课前测试、课前讨论、资源学习、课堂签到、课堂活动、课堂考核、课后测试、课后拓展等要素。 课前测试、课后测试、课堂签到、课堂活动参与情况等由互联网学习平台自动记录并打分，课堂考核由学生和教师共同评价，课后拓展主要由教师评价。学业评价贯穿整个学习过程，多方面考核学生的学习效果，有助于全面培养学生的综合职业能力。
教学反思	一、教学效果及创新 二、回顾与改进

技能训练 13　调光灯电路的安装与调试

<table>
<tr><td colspan="4" align="center">教 案 首 页</td></tr>
<tr><td>序号</td><td>47</td><td>授课地点</td><td></td></tr>
<tr><td>授课专业</td><td></td><td>授课班级</td><td></td></tr>
<tr><td>授课日期</td><td></td><td>授课时数</td><td>2</td></tr>
<tr><td colspan="4" align="center">教 学 思 路</td></tr>
<tr><td colspan="4">本实训选取调光灯电路的安装与调试作为实训内容，并与企业电子产品装配工作岗位的真实、完整工作任务相结合，具有一定的代表性。
本实训以调光灯电路的安装与调试工作过程为导向组织、实施教学，让学生在“做中学、学中做”的过程中，提升自身的综合职业能力。</td></tr>
<tr><td colspan="4" align="center">教 学 目 标</td></tr>
<tr><td>知识目标</td><td colspan="3">理解调光灯电路的工作原理。</td></tr>
<tr><td>技能目标</td><td colspan="3">1. 能正确识读调光灯电路的工作原理图。
2. 会正确写出晶闸管、单结晶体管等元器件的基本性质。
3. 会使用万用表识别及检测晶闸管、单结晶体管等常用电子元器件。
4. 结合电路原理图和印制电路板，能找到对应元器件的安装位置。
5. 根据测试结果，能够判断电路是否存在故障，并顺利排除故障。</td></tr>
<tr><td>情感目标</td><td colspan="3">1. 通过积极主动地参与训练，培养学习专业技能的兴趣。
2. 培养合作意识和团队精神。
3. 能自觉遵守安全操作规程，通过 6S 现场管理培养良好的工作习惯和劳动光荣的职业素养。</td></tr>
<tr><td colspan="4" align="center">教学重、难点</td></tr>
<tr><td>教学重点</td><td colspan="3">调光灯电路的安装与焊接。</td></tr>
<tr><td>教学难点</td><td colspan="3">调光灯电路的工作原理及调试。</td></tr>
</table>

<table>
<tr><th colspan="2">教学资源</th></tr>
<tr><td>教学环境</td><td>电子实训室、开放式的校园网。</td></tr>
<tr><td>教学设备</td><td>一体机、互联网学习平台、移动终端（手机）。</td></tr>
<tr><td>教学材料</td><td>微课、教学课件、调光灯电路原型版、调光灯电路电子套件、常用电子装配工具、万用表、工作页等。</td></tr>
<tr><th colspan="2">审批意见</th></tr>
<tr><td colspan="2">签字：
年　月　日</td></tr>
</table>

教学过程与教学内容			
课　前			
教师活动	学生活动	教学手段	教学方法
1. 通过互联网社交软件群通知学生按时登录互联网学习平台学习，并及时沟通。 2. 在互联网学习平台上传相关的教学课件和微课等学习资料，提醒学生预习，同时上传晶闸管、单结晶体管和单相可控整流电路的相关学习及复习资料。 3. 针对课程内容在互联网学习平台上发布测试题，对学生的学习结果进行检测。 4. 根据互联网学习平台统计的学生测试成绩将学生分组，实现学生间的优势互补，确定各小组名称。 5. 设计并打印工作页。工作页内容包括任务描述、工作要求、工作计划、物料清单及检测记录表等。 6. 准备调光灯电路原型板、调光灯电路电子套件、常用电子装配工具、仪器仪表等。	1. 通过互联网社交软件群与教师及时沟通。 2. 自主查阅教师上传的学习资料并预习。 3. 自主查阅教师在互联网学习平台上发布的测试题，完成测试。 4. 小组讨论，合理安排分工。 5. 准备好教材、笔记本、笔等学习用品。	互联网社交软件、手机、互联网学习平台、微课、工作页	自主学习法

<table>
<tr><th colspan="4">课　中</th></tr>
<tr><th>教师活动</th><th>学生活动</th><th>教学手段</th><th>教学方法</th></tr>
<tr><td>一、组织教学（5 min）
1. 按照课前分组安排学生就座。
2. 组织学生利用互联网学习平台的点名功能签到。
3. 师生相互问好。
4. 组织学生整理着装，并按照职业素养要求检查学生着装。</td><td>一、准备上课
1. 按照课前分组就座。
2. 使用手机登录互联网学习平台，在线签到。
3. 师生相互问好。
4. 整理着装。</td><td>互联网学习平台、手机</td><td></td></tr>
<tr><td>二、下发工作任务单及工作页（5 min）
1. 创设情境，导入新课。
多媒体课件展示：
调光灯在日常生活中应用十分广泛，是青少年学习的好伙伴，也是家居常备装饰品。
2. 详细描述工作任务及要求，下发工作任务单。
3. 引导学生小组讨论，明确工作内容、要求和工时等。
4. 发放工作页。</td><td>二、领取工作任务单及工作页
1. 倾听工作任务描述，领取工作任务单。
2. 小组讨论，明确工作内容、要求和工时等，并填写工作任务单。
3. 领取工作页。</td><td>工作任务单、一体机、教学课件、工作页</td><td>情境导入法、任务驱动法</td></tr>
<tr><td>三、指导制订工作计划（10 min）
1. 向学生提出制订工作计划的要求。
2. 引导学生小组讨论，制订工作计划。</td><td>三、制订工作计划
1. 认真倾听并记录制订工作计划的要求。
2. 进行小组讨论，制订工作计划。</td><td>工作页、手机、互联网学习平台</td><td>任务驱动法、讲授法、展示法、小组合作法、头脑风暴法</td></tr>
</table>

教师活动	学生活动	教学手段	教学方法
3. 引导学生上台展示本组的工作计划，记录各小组的展示情况。 4. 点评各小组的工作计划并提出改进建议。 5. 引导学生填写工作页。	3. 各小组派代表展示、讲解本组的工作计划。 4. 根据教师的点评和改进建议优化本组的工作计划。 5. 填写工作页。	工作页、手机、互联网学习平台	任务驱动法、讲授法、展示法、小组合作法、头脑风暴法
四、准备元器件（10 min） **1. 清点元器件** （1）和物料管理员（由学生扮演）一起给各小组学生发放常用电子装配工具、万用表、电子套件及物料。 （2）引导学生清点元器件，填写工作页。 （3）引导学生分类摆放元器件。 **2. 认识元器件** （1）单结晶体管：V1。 （2）晶闸管：V2。 （3）二极管：VD1 ~ VD4。 （4）碳膜电阻器：R1 ~ R3。 （5）电位器：RP。 （6）电容器：C。 （7）灯泡：EL。 **3. 检测元器件参数** （1）复习单结晶体管的结构及符号。	**四、认识元器件** 1. 在教师的引导下，认真阅读教材内容，填写工作页中的清单。 2. 各小组组长核查清单并签字。 3. 各小组物料管理员根据工作页中的清单，到物料间领取常用电子装配工具、万用表、电子套件及物料。 4. 采用角色互换的方式，轮流对照清单清点元器件，填写工作页。 5. 分类摆放元器件。	工作页	角色扮演法、演示法

教师活动	学生活动	教学手段	教学方法
（2）示范用万用表检测单结晶体管完好性。 （3）复习晶闸管的结构及符号。 （4）示范用万用表检测晶闸管完好性。	6. 观看教师的示范操作。 7. 轮流使用万用表对电子元器件进行识别和完好性检测。	工作页	角色扮演法、演示法
五、介绍电路原理，展示信息资料（10 min） 1. 引导学生阅读教材相关内容及电路原理图。 2. 认识电路原理图 （1）通过教学课件展示电路原理图，引导学生讨论电路的工作原理。 （2）引导各小组推选代表上台分析电路的工作原理。 3. 记录学生的回答要点，对学生的回答情况进行点评。 4. 引导学生利用专业网站查询晶闸管、单结晶体管的相关资料。	**五、分析电路原理，查阅信息资料** 1. 使用手机在互联网学习平台上查阅、学习教师上传的学习资源。 2. 展开小组讨论。 3. 各小组推选代表上台讲解电路的工作原理。 4. 倾听教师总结。 5. 利用专业网站查询晶闸管、单结晶体管的相关资料，记录查询结果。	一体机、教学课件、教学资源库、手机	任务驱动法、头脑风暴法
六、指导安装与焊接电路（20 min） 1. 讲授安全操作规程和6S 现场管理要求。 2. 讲解电子元器件安装与焊接工艺要求。	**六、安装与焊接电路** 1. 倾听并记录安全操作规程和6S 现场管理要求。	工作页	角色扮演法、演示法

教师活动	学生活动	教学手段	教学方法
3. 示范电子元器件的安装与焊接操作。 4. 巡回指导，针对学生在电路安装与焊接过程中遇到的问题进行针对性答疑。 5. 观察学生焊接过程中存在的共性问题，集中讲解，引导学生按照电子技术规范及焊接工艺要求完成电路焊接。	2. 观看教师的示范操作，明确电子元器件安装技术规范与焊接工艺要求。 3. 采用角色互换的方式，轮流进行电路安装与焊接。 4. 在教师引导下及时改正不规范的焊接操作。	工作页	角色扮演法、演示法
七、指导调试电路（15 min） 1. 引导学生认真阅读电路图。 2. 引导学生使用目视检测法轮流对电路板的外观进行检查。 3. 对各小组电路板进行检查，确认无误后，在各小组工作页上签字确认。 4. 利用调光灯电路原型板示范电路的调试及测量方法，讲授操作规范和用电安全。 5. 巡回指导，针对学生在电路调试过程中遇到的问题进行针对性指导和答疑。 6. 针对调试过程中的故障，引导学生分组讨论、尝试排查。	**七、调试电路** 1. 在教师的引导下，认真阅读电路图。 2. 使用目视检测法，轮流对电路板的外观进行检查。 3. 观看教师示范调试过程，倾听教师对操作规范和用电安全的讲解。 4. 电路板经检查合格后，在教师的指导下，采用角色互换的方式，轮流接通 12 V 交流电源，根据调试步骤进行电路调试，	一体机、互联网学习平台	演示法、任务驱动法、讲授法、讨论法

教师活动	学生活动	教学手段	教学方法
	记录测量结果和数据，填写工作页。 5. 对于调试过程中出现的故障，向教师请教或小组讨论分析来查找原因并将其排除，把处理结果填写在工作页相应表格内。 6. 倾听教师点评，总结小组存在的不足。	一体机、互联网学习平台	演示法、任务驱动法、讲授法、讨论法
八、清理现场（5 min） 1. 组织各小组物料管理员在物料间收取并复核工具、仪器仪表及物料。 2. 按照6S现场管理要求督促学生清扫、整理工作现场。	**八、清理现场** 1. 按清单返还工具、仪器仪表及物料。 2. 按照6S现场管理要求清扫、整理工作现场。		
九、实训测评（10 min） 1. 引导学生结合实训过程中的成功经验和遇到的问题进行总结。 2. 带领学生回顾本节课的训练目标，总结各小组表现，表扬其优点、指出不足，并进行点评，提出改进意见。	**九、自评和互评** 1. 各小组代表上台分享本次实训过程中的心得体会。 2. 倾听教师点评。	一体机、互联网学习平台、手机	演示法、评价法、讲授法

<table>
<tr><th colspan="2">教师活动</th><th>学生活动</th><th>教学手段</th><th>教学方法</th></tr>
<tr><td colspan="2">3. 根据学业评价标准，在互联网学习平台上指导小组完成自评和互评，并进行教师评价。</td><td>3. 根据学业评价标准，在互联网学习平台上完成小组自评和互评。</td><td>一体机、互联网学习平台、手机</td><td>演示法、评价法、讲授法</td></tr>
<tr><td colspan="5">课　后</td></tr>
<tr><td>学业评价</td><td colspan="4">1. 采用过程性评价与终结性评价相结合的评价方式。
2. 采用小组自评、互评和教师评价相结合的多元化评价方式。
3. 学业评价贯穿整个技能训练过程，多方面考核学生的学习效果，有助于全面培养学生的综合职业能力。</td></tr>
<tr><td>教学反思</td><td colspan="4">一、教学效果及创新

二、回顾与改进</td></tr>
</table>

§8-5 晶闸管的其他应用电路

<table>
<tr><th colspan="4">教 案 首 页</th></tr>
<tr><td>序号</td><td>48</td><td>授课地点</td><td></td></tr>
<tr><td>授课专业</td><td></td><td>授课班级</td><td></td></tr>
<tr><td>授课日期</td><td></td><td>授课时数</td><td>3</td></tr>
<tr><th colspan="4">教 学 思 路</th></tr>
<tr><td colspan="4">本节课主要介绍晶闸管的逆变电路、变频器和单相交流调压器等应用电路。
逆变分有源逆变和无源逆变两种。在有源逆变部分，介绍有源逆变需满足的两个条件。在无源逆变部分，简单介绍电压型逆变和电流型逆变电路的特点。在变频器和单相交流调压器部分，只需介绍其基本工作原理。本节课的难点是有源逆变电路的工作原理。</td></tr>
<tr><th colspan="4">教 学 目 标</th></tr>
<tr><td>知识目标</td><td colspan="3">1. 理解整流与逆变的区别。
2. 掌握有源逆变电路和无源逆变电路的区别。
3. 理解有源逆变的逆变条件。
4. 了解电压型逆变电路和电流型逆变电路的特点。
5. 了解变频器和单相交流调压器的基本工作原理。</td></tr>
<tr><td>技能目标</td><td colspan="3">1. 根据有源逆变的逆变条件，判断电路是否能实现有源逆变。
2. 能够识别电压型逆变电路和电流型逆变电路。
3. 通过小组任务，增强合作意识，提高社交能力。
4. 提高分析、概括、分类等逻辑思维能力。</td></tr>
<tr><td>情感目标</td><td colspan="3">1. 通过参与课堂活动，培养学习兴趣。
2. 通过体验积分奖励等环节，建立和增强学习的自信心。
3. 培养乐于探究的精神。</td></tr>
<tr><th colspan="4">教学重、难点</th></tr>
<tr><td>教学重点</td><td colspan="3">1. 有源逆变的逆变条件。</td></tr>
</table>

<table>
<tr><td>教学重点</td><td>2. 有源逆变和无源逆变的区别。
3. 电压型逆变电路和电流型逆变电路的特点。
4. 变频器和单相交流调压器的基本工作原理。</td></tr>
<tr><td>教学难点</td><td>有源逆变的逆变条件。</td></tr>
<tr><td colspan="2">教 学 资 源</td></tr>
<tr><td>教学环境</td><td>多媒体教室。</td></tr>
<tr><td>教学设备</td><td>互联网学习平台、移动终端（手机）、演示示教板、黑板。</td></tr>
<tr><td>教学材料</td><td>视频资源、教学课件、电子元器件、电子电路板、彩色粉笔。</td></tr>
<tr><td colspan="2">教 学 方 法</td></tr>
<tr><td colspan="2">讲授法、演示法、讨论法、探究法。</td></tr>
<tr><td colspan="2">审 批 意 见</td></tr>
<tr><td colspan="2">签字：
年　　月　　日</td></tr>
</table>

<table>
<tr><th colspan="2">教学过程与教学内容</th></tr>
<tr><th colspan="2">课　前</th></tr>
<tr><td colspan="2">1. 通过互联网学习平台布置任务，让学生明确学习目标，了解学习任务。
2. 准备教学课件、电子教案，并将其上传至互联网学习平台。
3. 准备演示示教板、电子元器件、电子电路板等。</td></tr>
<tr><th colspan="2">课　中</th></tr>
<tr><td>教学引入
（15 min）</td><td>准备上课：
组织学生利用互联网学习平台的点名功能签到，师生相互问好。
复习提问：
“整流电路的作用是什么？”
多媒体课件展示：
展示逆变电路广泛应用的相关实例，由此导入对本节课的教学。</td></tr>
<tr><td>讲授新课
（115 min）</td><td>一、有源逆变电路
1. 直流发电机－电动机系统的功率传递
提示：
可根据直流发电机－电动机系统电路图，引导学生讨论直流发电机G和电动机M的功率传递形式。
讲授：
（1）当G与M同极性相连，$E_G > E_M$时，G发出功率，M吸收功率，把电能转变为机械能，电阻消耗功率。
（2）当G与M同极性相连，$E_G < E_M$时，M发出功率，G吸收功率，M上的机械能转变为电能反送给G。
（3）当G与M反极性相连时，G和M均输出电能向电阻R供电，两电源短路。
2. 有源逆变电路的工作原理
复习提问：
“三相半波可控整流电路在不同控制角下的工作原理是怎样的？”
提示：
以提升机提升重物和下放重物为例，结合之前所学的三相半波可控整流电路，说明在什么情况下电路工作在整流状态，什么情况下电路工作在逆变状态。</td></tr>
</table>

<table>
<tr>
<td>讲授新课
（115 min）</td>
<td>

讲授：

（1）提升重物，整流电路工作在整流状态

1）提升重物时，可控直流电压 U_d 代替电源 E_G 向直流电动机供电。电能由交流侧输向直流侧，整流器为电源输出功率，电动机为负载吸收功率，工作在电动状态。

2）当控制角 α 在 0°～90° 范围内变化时，U_d 方向不变。当 α 减小时，U_d 增大，电磁转矩增大，电动机转速提高；反之，当 α 增大时，电动机转速减小。

3）改变晶闸管控制角 α，可以很方便地对电动机进行调速，从而改变提升机的速度。

（2）下放重物，整流电路工作在逆变状态

1）下放重物时，电动机反转，产生的电动势也相反，为了防止两电动势顺向串联，要求 U_d 极性也必须反过来。

2）当控制角 α 在 90°～180° 范围内变化时，U_d 为负值，其极性与整流时相反。为了维持 I_d 的流通，E_M 应稍大于 U_d。

3）调节 α 到大于 90°，当 $E_M > U_d$ 时，I_d 流过，电动机产生制动转矩，当制动转矩增大到与重物产生的机械转矩相等时，重物保持匀速下降。

4）电动机在重物的带动下，运行在发电状态，产生的直流功率通过整流电路逆变为 50 Hz 交流功率并反送给电网，这就是有源逆变工作状态。在 90°～180° 的范围内调节 α 值，就可方便地改变重物匀速下降的速度。

3. 实现有源逆变的条件

讲授：

实现有源逆变的条件如下：

（1）有直流电动势，其极性和晶闸管的导通方向一致，其值大于 U_d；

（2）晶闸管的控制角 $\alpha > 90°$。

以上两个条件缺一不可。

二、无源逆变电路

讲授：

有源逆变电路与无源逆变电路的区别为有源逆变电路是交流侧接电网，无源逆变电路是交流侧接负载。

</td>
</tr>
</table>

<table>
<tr>
<td>讲授新课
（115 min）</td>
<td>
1. 无源逆变电路的基本工作原理
提示：
纯阻性负载输出电流 i_o 与输出电压 u_o 波形相同，感性负载输出电流 i_o 与输出电压 u_o 波形的形状不同。
2. 电压型逆变电路与电流型逆变电路
讲授：
（1）电压型逆变电路的特点
1）直流侧并联大电容，输入直流电源为恒压源，交流侧输出电压波形为矩形波。
2）当交流侧为阻感负载时，直流侧电容起缓冲无功能量的作用，逆变桥各臂都并联了反馈二极管。
（2）电流型逆变电路的特点
1）直流侧串联大电感，输入直流电源为恒流源。
2）电路中开关器件的作用仅是改变直流电流的流通路径，因而交流侧输出电流波形是矩形。
3）当交流侧为阻感负载时，直流侧电感起缓冲无功能量的作用，无需给开关器件反并联二极管。
提出问题：
“空调、洗衣机等家用电器是变频的吗？变频空调的工作原理是什么？”
三、变频器
讲授：
1. 将某一频率的电源转换成另一频率（或频率可调）的电源称为变频。
2. 变频器可分为交—交变频器和交—直—交变频器。
（1）交—交变频器是一种直接变频器，由两组反向并联的整流器组成，如果令正组整流器和反组整流器轮流导通，即可改变输出电压的频率。
（2）交—直—交变频器是一种间接变频器，由整流器和逆变器组成，如果令两组晶闸管 V1、V4 和 V2、V3 轮流切换导通，即可改变输出电压的频率。
四、单相交流调压器
多媒体课件展示：
展示电动机的调压、调速与正反转控制过程，以及机场、摄影、舞
</td>
</tr>
</table>

讲授新课 （115 min）	台灯的调光和加热炉的温度控制等交流调压器的常见具体应用。引导学生了解单相交流调压器的基本原理。
归纳总结 （4 min）	1. 有源逆变电路与无源逆变电路的区别。 2. 电压型逆变电路与电流型逆变电路的特点。 3. 变频器的类型。 4. 单相交流调压器的应用。
布置作业 （1 min）	1. 作业：习题册 §8-5。 2. 拓展任务：查阅资料，说一说在实际生活中变频器和单相交流调压器有哪些应用。
课　　后	
学业评价	学业评价包括过程性评价和期末考试评价。过程性评价主要包括课前测试、课前讨论、资源学习、课堂签到、课堂活动、课堂考核、课后测试、课后拓展等要素。 课前测试、课后测试、课堂签到、课堂活动参与情况等由互联网学习平台自动记录并打分，课堂考核由学生和教师共同评价，课后拓展主要由教师评价。学业评价贯穿整个学习过程，多方面考核学生的学习效果，有助于全面培养学生的综合职业能力。
教学反思	一、教学效果及创新 二、回顾与改进